高温对花岗岩物理力学性质的损伤作用

GAOWEN DUI HUAGANGYAN WULI LIXUE XINGZHI
DE SUNSHANG ZUOYONG

田 红　窦 斌　郑 君　　著
朱振南　赖孝天

图书在版编目(CIP)数据

高温对花岗岩物理力学性质的损伤作用/田红等著.—武汉:中国地质大学出版社,2022.12
　　ISBN 978-7-5625-5396-0

Ⅰ.①高…　Ⅱ.①田…　Ⅲ.①花岗岩-热损伤-物理力学　Ⅳ.①P588.12

中国版本图书馆CIP数据核字(2022)第241843号

高温对花岗岩物理力学性质的损伤作用	田　红　窦　斌　郑　君	著
	朱振南　赖孝天	

责任编辑:张旻玥	选题策划:徐蕾蕾	责任校对:何　煦

出版发行:中国地质大学出版社(武汉市洪山区鲁磨路388号)　　邮编:430074
电　　话:(027)67883511　　传　　真:(027)67883580　　E-mail:cbb@cug.edu.cn
经　　销:全国新华书店　　　　　　　　　　　　　　　　　　http://cugp.cug.edu.cn

开本:787毫米×1 092毫米　1/16	字数:448千字　印张:17.5
版次:2022年12月第1版	印次:2022年12月第1次印刷
印刷:武汉市籍缘印刷厂	
ISBN 978-7-5625-5396-0	定价:88.00元

如有印装质量问题请与印刷厂联系调换

前　言

能源危机和环境污染是当前世界各国面临的两大难题。为缓解并最终解决能源的供需矛盾,改善日益严峻的环境状况,能源绿色低碳已成为世界能源的发展趋势。当前新一轮能源革命正在世界范围内兴起,以太阳能、风能、水能、地热能、生物质能、核能等为代表的清洁能源受到重视。其中,地热能具有储量大、分布广、绿色低碳、产能稳定、利用系数高、服务周期长等优点,是一种现实可行且极具竞争力的清洁能源,受到广泛关注。

我国是地热资源大国,近年来,在能源革命、大气污染治理、北方清洁供暖的大背景下,地热能在我国能源系统中发挥着日益重要的作用。而在所有地热资源中,干热岩型地热是最具潜力的。干热岩通常指距地表数千米范围内、温度在 180 ℃ 以上、不含或仅含少量流体,其热能在当前技术经济条件下可以利用的高温岩体。其能量来自地球内部的热能,理论上任何地区达到地下一定深度都可以开发干热岩。可见干热岩资源量巨大,极具发展前景。

干热岩开发通常采用增强型地热系统(enhanced geothermal systems,EGS),其基本原理是在低渗透性高温岩体内通过人工激发手段形成高渗透性的裂隙网络,即人工储层,然后由注入井注入冷流体,注入的流体与人工储层充分换热后经生产井返回地面发电,发电后尾水再次从注入井注入地下热交换,进行循环利用。在 EGS 钻井过程中,井壁围岩发生应力卸荷,同时与相对低温的钻井液接触;在 EGS 运行过程中,循环工质(通常为水)不断与干热岩发生热交换。在这些工况中,温度变化给岩石带来热冲击,使岩石物理力学性能发生一定程度的改变。总的说来,EGS 过程中,储层岩石会遭受高温下、高温自然冷却、高温遇水冷却、高温遇水冷却循环以及水岩相互作用五种工况,在这五种工况下岩石的物理力学特征会发生一定程度的改变与劣化。

本书通过对花岗岩进行一系列实时高温、高温自然冷却、高温遇水冷却、高温遇水冷却循环和水化学作用后物理力学行为实验研究与理论分析,揭示了花岗岩在不同工况下的物理力学行为随温度的变化规律,并结合微观实验手段和理论分析,揭示了其各自的损伤机理。结合文献调研,系统地分析了高温对花岗岩物理力学特性的影响,揭示高温岩石在 EGS 工况下的物性变化、力学行为及损伤机理,以期为 EGS 工程钻井和储层改造提供岩石力学方面的理论参考。

国家重点研发计划"砂岩热储层采灌增效技术及装备"子课题"砂岩储层水-热-化动态监测与模拟方法（2019YFB1504204）"、"砂岩热储层物性双重损伤及损害机理研究（2019YFB1504201）"和"热储内多场耦合流动传热机理与取热性能优化（2019YFB1504203）"，为本书相关内容的研究与撰写提供了支持，在此一并表示感谢。

在撰写本书的过程中，作者参阅了大量国内外相关的文献资料，在此向所有论著的作者表示由衷的感谢！钟涛、喻勇、罗生银等研究生参与了本书相关实验实施、数据处理与插图绘制，对此作者表示感谢。

本书可作为普通高等院校相关研究方向如干热岩开发、高放核废料地下存储的教学用书，也可作为相关工程技术人员的参考用书。

由于作者水平和经验有限，书中难免存在不妥之处，敬请专家及读者批评指正。

著者
2022 年 12 月

目　录

第一章　绪　论 …………………………………………………………………（1）
第一节　地热资源开发利用现状 ………………………………………………（2）
第二节　干热岩国内外研究现状 ………………………………………………（17）

第二章　实时高温下花岗岩物理力学特性研究 ………………………………（27）
第一节　实时高温下岩石力学试验仪器 ………………………………………（27）
第二节　实时高温下花岗岩物理力学特性分析 ………………………………（32）
第三节　损伤机理 ………………………………………………………………（41）

第三章　高温自然冷却后花岗岩物理力学特性研究 …………………………（44）
第一节　试验概况 ………………………………………………………………（44）
第二节　基本物性试验结果与分析 ……………………………………………（47）
第三节　加载下力学特性试验结果 ……………………………………………（55）
第四节　卸荷下力学特性试验结果 ……………………………………………（64）
第五节　微观表征 ………………………………………………………………（70）
第六节　损伤机理分析 …………………………………………………………（72）
第七节　花岗岩物理力学性质随温度变化规律 ………………………………（77）

第四章　干热花岗岩遇水冷却后物理力学特性研究 …………………………（100）
第一节　试验概况 ………………………………………………………………（100）
第二节　物性试验结果 …………………………………………………………（102）
第三节　力学试验结果 …………………………………………………………（112）
第四节　微观表征 ………………………………………………………………（117）
第五节　讨论 ……………………………………………………………………（117）

第五章　花岗岩高温遇水冷却循环后力学特征研究 …………………………（148）
第一节　试验概况 ………………………………………………………………（148）
第二节　试验结果与分析 ………………………………………………………（151）
第三节　微观表征 ………………………………………………………………（162）

第四节　讨论 …………………………………………………………………… (166)
第六章　干热花岗岩水化学作用后力学特性研究 …………………………………… (177)
　第一节　试验概况 ……………………………………………………………… (177)
　第二节　溶蚀试验结果与分析 ………………………………………………… (179)
　第三节　水化学作用后花岗岩力学性质 ……………………………………… (185)
　第四节　水化学作用对花岗岩损伤机理 ……………………………………… (195)
第七章　干热花岗岩可钻性研究 ……………………………………………………… (200)
　第一节　试验概况 ……………………………………………………………… (200)
　第二节　试验结果与分析 ……………………………………………………… (211)
　第三节　微观表征与损伤机理 ………………………………………………… (219)
　第四节　高温遇水冷却花岗岩钻井速度模型初探 …………………………… (221)
第八章　高温岩石统计热损伤本构模型研究 ………………………………………… (225)
　第一节　基于正态分布的岩石统计热损伤本构模型研究 …………………… (225)
　第二节　考虑压密阶段的岩石统计热损伤本构模型研究 …………………… (232)
　第三节　卸荷作用下岩石统计热损伤本构模型研究 ………………………… (241)
附　录 …………………………………………………………………………………… (245)
主要参考文献 …………………………………………………………………………… (253)

第一章 绪 论

能源是人类文明生存发展进步的根本基石,攸关国计民生和国家战略竞争力。21世纪以来,随着人类社会的高速发展,能源需求持续增长,能源问题已成为人类不能回避的重大课题。长期以来,人类社会能源结构以不可再生的化石能源(如煤炭、石油和天然气)为主,但因其可采储量日渐枯竭,开采难度日益增大,且其所产生的温室气体使全球气候变化日益加剧,环境问题与生态问题日益严重,已严重制约了人类社会的可持续发展。当前,世界能源格局深刻调整,能源绿色低碳发展是大势所趋,各国都在加快能源转型,构建多元化能源结构,开发新型、清洁、可再生的能源已成为世界经济可持续发展的迫切需要。

当前,以太阳能、风能、水能、地热能、生物质能、核能等为代表的清洁能源,越来越受到人们的重视。其中,地热能储量巨大,具有洁净环保、开采过程安全且受环境影响小、产能稳定、利用系数高、服务周期长等优点,是一种现实可行且极具竞争力的连续稳定可再生能源(武强等,2020),其开发利用和产业化应用正成为全球焦点。据国际能源署(IEA)和我国科研机构估算,全球地热能基础资源约 1.25×10^{27} J,约合 4.27×10^{16} t 标准煤,按现阶段全球年消耗 1.90×10^8 t 标准煤核算(周总瑛等,2015),地热资源足够满足人类 2 亿年的能源需求(王成福等,2020)。目前全球范围内有效开发利用地热资源的国家已达百余个,并以每年 12% 的速度递增(钱伯章,2010)。但相较于传统能源,全球地热资源开发利用起步较晚,相应的开发利用技术有限,地热资源整体利用程度还较低(王成福等,2020)。

根据自然资源部中国地质调查局发布的《全球矿业发展报告》,2018 年我国能源产量占全球总产量的 19%,消费量占全球能源消费量的 24%,原油对外依存度达 70%,天然气对外依存度超 40%(王志刚等,2020),能源供给形势严峻。我国能源结构以煤为主,在一次能源消费构成中,煤炭所占比例高达 60%,高居全球首位,而发达国家这一比例平均仅为 28% 左右(方圆等,2018);煤炭燃烧造成严重的大气污染,因此大力发展清洁可再生能源迫在眉睫。我国地热资源潜力巨大,每年可开采量相当于 2015 年煤炭消耗量的 70%,而目前全国地热资源利用量仅占我国能源消耗总量的 0.6%(王贵玲等,2020)。可见,大力开发利用地热资源,对于优化我国能源结构,实现碳达峰、碳中和目标具有重要意义。因此,在进一步"优化能源消费结构、坚决降低碳排放"战略的实施过程中,我国先后发布了《可再生能源发展"十三五"规划》《地热能开发利用"十三五"规划》等政策文件,将地热能产业列为新能源发展重要方向,并在对我国地热能产业进行中长期规划时提出绿色可持续发展的要求。

第一节 地热资源开发利用现状

一、全球及我国地热资源

地热能为地球内部蕴含的热资源,广泛赋存于地球内部岩土体、流体和岩浆体中。据估计,地球内部的整体热量约为已知全球煤炭总储量的1.7亿倍;其中,地球内部距离地表5000m范围内15℃以上的岩石和流体的总含热量约为$1.45×10^{27}$J,相当于4948万亿吨标准煤(赵旭等,2020)。

地热资源是指赋存于地球内部岩土体、流体和岩浆体中,满足现阶段经济要求,可被人类开发和利用的热能。目前全球可利用的地热资源主要包括:天然出露的温泉、以热泵技术开采利用的浅层地温能、通过人工地热井直接开采的地热流体以及干热岩中的地热资源(李文等,2020)。地热资源按照热储介质、构造成因、水热传输方式等可划分为不同类型,综合考虑地热温度范围、可被开发利用方式等影响因素,通常可分为浅层地温能、水热型地热能和干热岩型地热能3种类型,其温度范围如表1-1所示。

表1-1 地热资源分类

分类	浅层地温能(深度<200m)	水热型地热能			干热岩
		低温地热能	中温地热能	高温地热能	
温度范围	温度<25℃	温度<90℃	90℃≤温度<150℃	温度>150℃	温度>180℃

全球范围内地热资源的分布是极不平衡的。全球高温地热资源主要集中分布在构造板块边缘地带,而中低温地热资源则广泛分布在板块内部,主要存在于褶皱山系及山间盆地等构成的地壳隆起区和以中新生代沉积盆地为主的沉降区内。全球主要有4个高温地热带:环太平洋地热带、地中海-喜马拉雅地热带、红海-亚丁湾-东非裂谷地热带和大西洋中脊地热带(图1-1)。

环太平洋地热带位于太平洋板块与欧亚板块、印度洋板块、美洲板块的碰撞边界处,可分为——东太平洋洋中脊、西太平洋岛弧和东南太平洋3个地热亚带,已知分布范围包括阿留申群岛、堪察加半岛、千岛群岛、日本、中国台湾、菲律宾、印度尼西亚、新西兰、智利、墨西哥和美国西部(徐世光和郭远生,2009)。该地热带热储温度在250~300℃内较为常见。目前,世界上已开发利用的高温地热田大多集中在该带上,如日本的松川地热田(250℃)、中国台湾的大屯地热田(293℃)、新西兰北岛的怀拉基地热田(266℃)、美国加利福尼亚盖瑟尔斯地热田(288℃)、墨西哥塞罗普列埃托地热田(388℃)。

地中海-喜马拉雅地热带位于欧亚、非洲和印度洋等大陆板块碰撞边界处,分布范围西起意大利,向东延伸到土耳其、巴基斯坦直至我国云南西部。在此地热带较著名的地热田有意大利的拉德瑞罗地热田、中国云南腾冲地热田与西藏羊八井地热田。该地热带热储温度

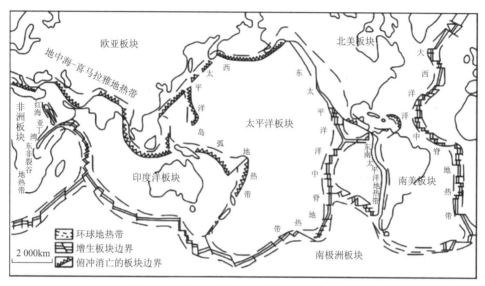

图 1-1 全球地热带分布示意图(李文等,2020)

一般在 150~200℃。我国高温地热田均分布于此带。

红海-亚丁湾-东非裂谷地热带位于阿拉伯板块与非洲板块的边界处,北起亚丁湾至红海,南至东非大裂谷,主要包括吉布提、埃塞俄比亚、肯尼亚等多国的大小地热田。该地热带热储温度普遍超过 200℃。

大西洋中脊地热带位于大西洋板块开裂部位,绝大部分存在于大洋底部,其位于洋中脊出露海面的部分主要在美洲、欧亚、非洲等板块边界处展布,较著名的地热田包括冰岛的克拉弗拉、纳马菲雅尔和雷克雅未克等高温地热田。该地热带热储温度多在 200℃以上。

中低温地热资源主要分布在板块内部盆地,分布范围广,地热田面积大,地热资源丰富,开发利用方便且用途广泛,全球著名的中低温地热田有匈牙利潘诺宁地热田、法国巴黎地热田、俄罗斯西西伯利亚地热田等。

我国地处亚欧板块东南缘,北接太平洋板块,南交印度洋板块,与地中海-喜马拉雅地热带和环太平洋地热带相交,已探明地热资源总量约占全球总量的 8%,地热开发利用具有巨大的潜力和广阔的前景(Zhao and Wan,2014)。全国地热资源调查评价研究显示,我国地热资源禀赋良好,但受构造、岩浆活动、地层岩性、水文地质条件等因素的控制,整体以中低温地热资源为主,分布广泛但分布不均,具有明显的地带性和规律性(图 1-2)。我国高温地热资源主要分布于藏南、川西、滇西及台湾一带,中低温地热资源主要分布在沉积盆地中(王贵玲等,2020)。

我国地热资源根据地质构造特征、热流传输方式、温度范围以及开发利用方式等,也可分为:浅层地温能、水热型地热能和干热岩型地热能 3 种类型。再从地热资源富集赋存的关键要素出发,类比含油气系统,依照源(热源和水源)—通(通道及传输)—储(储集体)—盖(盖层)等地质要素和热的传输、储集、保存、散失等地质作用的特征,可以将水热型地热资源进一步细分为岩浆型(II_1)、隆起断裂型(II_2)和沉降盆地型(II_3)3 个亚类,将干热岩型地热

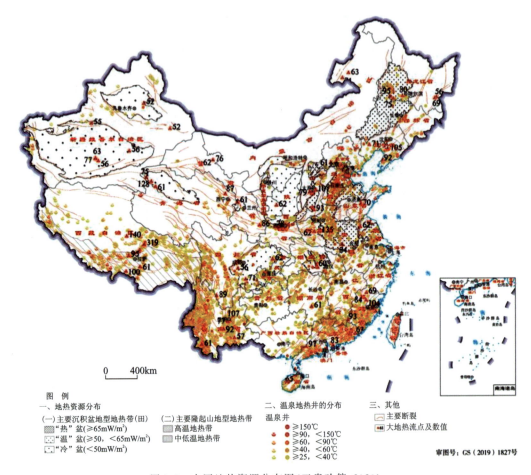

图 1-2 中国地热资源分布图(王贵玲等,2020)

能细分为强烈构造活动带型(Ⅲ₁)、沉积盆地型(Ⅲ₂)、高放射性产热型(Ⅲ₃)和近代火山型(Ⅲ₄)4个亚类。各类特征如表1-2所列。

目前,我国可确定的地热田总数超250处,出露温泉总数达2334个,地热开采井成井总数超5800眼,已知水热型地热资源量折合标准煤超过1.25万亿t,年可开采量折合标准煤累计达18.65亿t(李文等,2020)。其中,已探明高温地热资源量折合标准煤多达141亿t,年可开采量折合标准煤累计为0.18亿t,估算可发电量超846万kW;已探明中低温地热资源量折合标准煤超1.23万亿t,年可开采量折合标准煤累计超18.5亿t,估算可发电量超150万kW(王贵玲等,2017)。我国浅层地温能年可利用量折合标准煤约7亿t/a,结合浅层地温能的开发利用方式分析,在全国范围内地埋管热泵系统适宜区占总面积的近30%,较适宜区超50%;地下水热泵系统适宜区占总面积的11%,较适宜区占近30%。现已分析确认,在全国336个地级或地级以上城市的土地面积中,超80%的土地面积是适宜利用浅层地温能对建筑物进行取暖和制冷的(李文等,2020)。由此可见,我国地热资源储量丰富,分布广泛,开发潜力巨大,但现今整体行业发展水平尚处在起步阶段,资源开发利用程度仍需进一步提高。

第一章 绪论

表1-2 我国地热资源系统分类方案（王转转等，2019）

地热资源类型	浅层地温能地热资源（Ⅰ型）<200m	水热型地热资源（Ⅱ型）200～3000m				干热岩（Ⅲ型）>3000m			
		岩浆型（Ⅱ₁）	隆起断裂型（Ⅱ₂）	沉降盆地型（Ⅱ₃）	强烈构造活动带型（Ⅲ₁）	沉积盆地型（Ⅲ₂）	高放射性产热带（Ⅲ₃）	近代火山型（Ⅲ₄）
热源	热传导、太阳辐射	地壳浅部岩浆囊	深循环对流正常热传导	深循环热对流正常热传导	高温熔融体机械热能	放射性物质、有机质降解	地球深部传热、放射性物质	高温熔融体
水源	大气降水	大气降水、少量岩浆水	大气降水、近海岸海水	大气降水、古沉积水	无或少量沉积水、岩浆水	无或少量大气降水、沉积水	无或少量沉积水	无或少量岩浆水、沉积水
水热传导方式	热辐射、热传导	对流为主	对流为主	传导为主	对流	对流、传导	传导为主	对流
通道条件	—	断裂发育	断裂发育	深部断裂可能发育	深部大型活动断裂	隐伏断裂	深部断裂可能发育	断裂破碎可能发育
储集特征 热储孔隙类型	浅层土壤、地下水 孔隙型	火成岩、沉积岩、松散沉积 裂隙型为主、部分孔隙型	花岗岩、变质岩、沉积岩 裂隙型为主、部分孔隙型	碳酸盐类沉积岩、砂岩 碳酸盐岩岩溶裂隙型、砂岩孔隙型	花岗岩为主 无或有天然孔隙、裂缝	冲洪积、花岗岩、河湖相堆积物 无或有天然孔隙、裂缝	大型中生代酸性花岗岩岩体 无或有天然孔隙、裂缝	新近纪长石岩岩浆岩构造破碎带 无或有天然孔隙、裂缝
热储形状	广泛分布	带状为主，部分为层状	条带状分布，面积较小	层状兼带状，面积较大	块状热储为主	层伏或块状为主	块状热储为主	层状或块状热储
温度/℃	<25	>150	40～150	40～150	>150	>150	>150	150～300及以上
地表显示	—	沸泉、喷泉、水热爆炸、硅华	一般为温泉、钙质泉华	无显示或边缘有温泉出露	温泉等	无显示	温泉等	具有明显的水热活动现象
盖层	地表沉积物	火山岩、矿物蚀变自封闭及水热蚀变岩、沉积岩	大多数无盖层、少数薄层第四系松散沉积	巨厚中新生代碎屑沉积	三叠系砂岩、新近纪岩浆岩为主	沉积岩	沉积岩或无	新近纪砂岩、泥岩、火山岩、沉积岩
分布特征	全国遍布、江淮、华北适宜性最好	云南腾冲、西藏羊八井	广东邓屋、福州、漳州	华北、苏北、四川等盆地	青藏高原	关中、贵德、共和、松辽等盆地	广东、福建等东南沿海	腾冲、长白山、五大连池
地热资源量	7亿	1.25万亿	19亿			17万亿	856万亿		
可利用量折合标准煤/(t·a⁻¹)									(提取量2%)

浅层地温能是指蕴藏于地表以下一定深度范围内(一般为恒温带至200m埋深)的岩土体、地下水和地表水中,且在现有的技术条件下具有一定开发利用价值的低位热能,温度通常低于25℃,来源以太阳辐射为主,还有一小部分来自地心热量,具有可循环再生、清洁环保、分布广泛、储量巨大、埋藏较浅、可就近开发利用等优点。现阶段主要采用地源热泵系统(图1-3)开发利用浅层地温能,通过冬、夏两季反向温度补给实现地温场的动态平衡,从而保证系统的长期循环利用,主要用于城市冬季供暖和夏季制冷。

图1-3　浅层地温能开发利用示意图

我国浅层地温能资源适宜区主要分布在中东部京津冀、山东、江苏、安徽、河南、陕西和东北地区。我国336个地级以上城市规划区范围内浅层地温能资源年可采量折合7亿t标准煤,可实现建筑物供暖制冷面积320亿m^2(王贵玲等,2020)。2017年底我国地源热泵装机容量位居世界第一,供暖制冷面积已超过5亿m^2,主要集中在京津冀、长江中游、长三角、辽中南、中原等人口密集城市群,其中京津冀地区开发利用规模最大(王转转等,2019)。

水热型地热能泛指赋存于埋藏深度较深(200～3000m)的天然地下水及其水蒸气中的地热资源,是现阶段地热勘探开发利用的常规资源,根据不同温度通常被应用于发电、食品生产、工业加工、农牧业、供暖洗浴等不同领域(图1-4)。资料显示,我国水热型地热资源总量折合标准煤1.25万亿t,每年可采量折合标准煤19亿t(回灌情况下),相当于2015年全国能源消耗的44%;现阶段,我国水热型地热能资源年开采量折合标准煤415万t(王贵玲等,2017),还有很大开发利用空间。

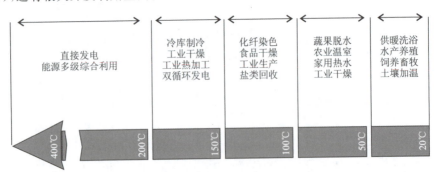

图1-4　不同温度地热能利用方向(王成福等,2020)

我国水热型地热资源以中低温为主、高温为辅。受构造、岩浆活动、地层岩性、水文地质条件等因素的控制,水热型地热资源分布有明显的规律性和地带性,依据构造成因可分为沉积盆地型和隆起断裂型地热资源。沉积盆地型地热资源主要分布于我国东部中、新生代平原盆地,包括华北平原、江淮平原、松辽盆地等地区(图1-2)。这些大型沉积盆地,热储多、厚度大且分布较广,随深度增加热储温度升高,赋存有大量的中低温热水资源,地热资源量折合标准煤1.6万亿t,是我国重要的地热开发潜力区。隆起断裂型中低温地热资源主要分布于东南沿海、胶东、辽东半岛等山地丘陵地区,高温地热资源主要分布在我国台湾和藏南、滇西、川西等地区(图1-2)。

目前,地热发电已成为地热能利用的重要方式。世界上水热型地热发电已有100多年。1904年,意大利在拉德瑞罗地热田建成世界第一台试验性地热发电机组,并于1913年建成第一座商业性地热电站。截至2019年7月底,全球地热发电总装机容量约为14.9 GW,有超过24个国家运营地热发电厂,其中,美国、印度尼西亚、菲律宾、土耳其、新西兰的地热发电装机容量均超过1000 MW(赵旭等,2020)。据国际能源署(IEA)预测,2050年全球地热发电的装机容量将达到150 GW,2100年将突破250GW,达全球能源供应的3.5%左右。我国目前已建成和在建的地热发电总装机容量约70MW(表1-3)。

表1-3　中国目前各地热电站基础数据及运行状态(荆铁亚等,2018)

电站名称	建成时间	机组容量/kW	发电系统	井口温度/℃	运行状态
广东省丰顺地热试验电站	1984年4月	300	单极闪蒸	91	运行
河北省怀来地热试验电站	1971年9月	200	双工质循环	85	拆除
西藏羊八井地热电站	1981—1991年	25 180	两极闪蒸	140～160	运行
	2009年	2000	螺杆膨胀机	329.8	运行
西藏羊易地热电站	2011年	900	双工质循环	150	运行
	2018年	32 000	双工质循环	150	在建
河北献县地热试验电站	2017年12月	280	双工质循环	104	运行
云南瑞丽	2017年7月	1200	螺杆膨胀机	130～150	运行
	2018年	10 000	螺杆膨胀机	130～150	在建
西藏康定	2017年	1400	螺杆膨胀机	218	运行

干热岩是指地下3km以深,不含或仅含少量流体,其热能在当前技术经济条件下可以利用的高温岩体,多为黑云母片麻岩、花岗岩、花岗闪长岩等结晶类岩体。考虑地热能发电的经济性和可行性,我国将干热岩的温度下限定义为180℃,未来随着干热岩开发技术的不断成熟与深部地热开采成本的下降,将会进一步拓宽其温度利用下限(蔺文静等,2021)。

干热岩在地球内部普遍存在,但有开发潜力的干热岩资源分布主要在新火山活动区、地壳较薄地区等板块或构造体边缘。干热岩在地球上的蕴藏量十分丰富,若将它开采出来加以利用,可以满足人类长期使用。保守估计地壳中 3～10km 深处干热岩所蕴含的能量相当于全球所有石油、天然气和煤炭所蕴藏能量的 30 倍(荆铁亚等,2018)。干热岩所储存的地热资源约占已探明地热资源总量的 30%,比蒸汽、热水和地压型地热资源要大得多。中国地质科学院水文地质环境地质研究所开展了国家"863"计划项目"干热岩地热地质资源评价与开发技术研究",对中国陆区干热岩资源潜力进行了估算。估算结果显示,在中国大陆 3～10km 深处干热岩资源量约合 856 万亿 t 标准煤,占世界资源量的 1/6 左右;若开采其中的 2%,则相当于 2019 年全国能源消费总量的 3000 倍以上。可见干热岩资源量巨大,极具发展前景。尽管干热岩利用价值高,但因储藏深、开发利用技术难度大,在全世界范围内其商业开发利用受到极大的限制。

中国干热岩型地热资源按成因机制和赋存条件可分为 4 种类型:高放射性产热型、沉积盆地型、近代火山型和强烈构造活动带型。高放射性产热型[图 1-5(a)]集中在我国东南沿海地区,以燕山期形成的大范围酸性岩体为赋存体,形成干热岩的有利目标区。沉积盆地型[图 1-5(b)]主要分布在关中、咸阳、贵德、共和、东北等白垩系形成的盆地下部,上部为新生界盖层,下面有酸性岩体,其下深部的壳源有产热机制。近代火山型[图 1-5(c)]分布在腾冲、长白山、五大连池等地区,热源特征与底部岩浆活动历史和特征密切相关。强烈构造活动带型[图 1-5(d)]主要分布在青藏高原地区,受欧亚板块和印度洋板块的挤压,新生代以来我国青藏高原逐渐隆升,局部有岩浆入侵的存在(王贵玲等,2020)。目前我国首批干热岩勘查靶区如图 1-6 所示,包括共和盆地、贵德盆地、雷琼地区、松辽盆地以及西藏、冀东地区。

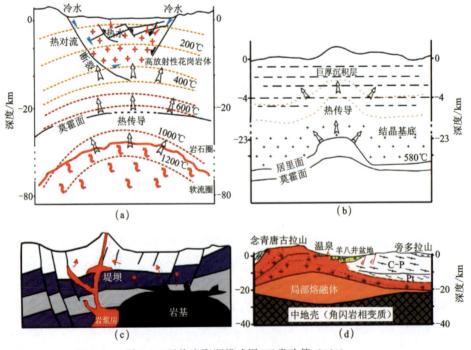

图 1-5　干热岩资源模式图(王贵玲等,2020)

第一章 绪 论

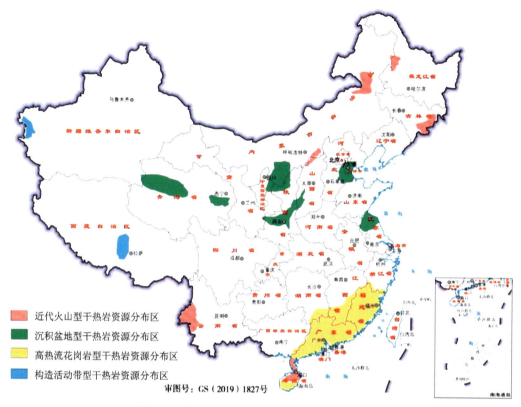

图 1-6　我国干热岩资源分布图(王贵玲等,2020)

目前干热岩地热资源主要用于发电,成本仅为太阳能发电的10%、风力发电的一半,也可以用于供暖、强化石油开采等,应用潜力巨大。自1973年美国能源部在 Fenton Hill 建立了最早的干热岩发电示范研究场地以来,这种发电技术引起了世界各国的广泛关注。通过国际合作和各国不断努力,美国、日本、英国、法国、德国等国家在过去40多年间相继进行了有关方面的试验,试验电厂的发电量也逐渐由3MW增大到11MW。虽然干热岩发电技术已被美国、日本、德国、法国、意大利、英国和澳大利亚等国掌握,但其商业化开发利用在全球范围内尚较少。我国干热岩勘查开发利用工作起步较晚,20世纪90年代初仅有少数科研单位参与了部分干热岩国际合作研究。目前已初步评估了陆区干热岩资源量,圈定了首批有利靶区(包括共和盆地、贵德盆地、雷琼地区、松辽盆地以及西藏、冀东地区),实施开发试验,追踪国际技术。总的说来,我国的干热岩开发还处于起步阶段,相比国外存在较大差距,规模化利用和商业化运行尚待时日(武强等,2020)。

如表1-4所列,不同类型地热资源的利用方向不尽相同,主要包括发电和直接利用,直接利用又包括采暖烘干、洗浴理疗、温室、旅游、养殖及农灌等用途。由于地热资源的品位及其分布具有较明显的区域性,因地制宜地开发利用地热资源十分重要。我国形成了以沈阳为代表的浅层水源热采供热制冷,以大连为代表的海水源热泵供热制冷,以西藏羊八井为代表的地热发电,以天津、陕西、河北为代表的地热供暖,以北京、东南沿海为代表的疗养与旅游,以及以华北平原为代表的种植和养殖的开发利用格局(王转转等,2019)。

表 1-4 我国地热资源开发利用现状(王转转等,2019)

地热类型		应用领域	主流技术	技术特色	
				利用优势	利用劣势
浅层地热资源		供暖、制冷	热泵技术、土壤源地埋管技术	资源分布广泛,供暖(制冷)技术已基本成熟,经济成本低	地下水回灌困难;能量交换系统热贯通;管道腐蚀结垢
水热型地热资源	岩浆型(Ⅱ₁)	发电工业利用	高温干(湿)蒸汽发电技术	资源温度高,高温干蒸汽发电技术成熟,成本低,高温湿蒸汽次之	资源有地域分布局限性;勘察难度与风险大;成井率低,回灌难,耗资大
	隆起断裂型(Ⅱ₂)	供暖、烘干、矿产提取、医疗洗浴、养殖种植	热泵技术、梯级利用技术	水温较高,直接用于采暖、供热水等,方式简单,经济性好;含有多种于人体有益的矿物成分和化学元素,用于医疗洗浴及旅游	发电的技术成熟度和经济性低;回灌成本高;腐蚀结垢严重
	沉降盆地型(Ⅱ₃)				
干热岩		发电、供暖、强化石油开采	EGS 技术	温度高,开发利用潜力大,应用前景广阔,发电成本较低	处于现场试验阶段,技术研究薄弱,还未达到商业开发水平;初期投资大;成井深度大,存在经济风险

二、全球 EGS 现状

目前,干热岩的开发利用主要用于发电。由于干热岩天然渗透系数极低,无法像水热型地热通过抽采地热水的方式经济地提取出热能,通常采用增强型地热系统(enhanced geothermal systems,EGS)从干热岩中提取热能。EGS 是在干热岩技术基础上提出的,其基本原理是通过人工激发手段(如水力压裂、热刺激和化学刺激),在低渗透性的干热岩内形成高渗透性的人工储层,然后由注入井注入冷流体,注入的流体与人工储层充分换热后经过生产井返回地面用于发电,发电后尾水再次从注入井注入地下热交换,进行循环利用(图 1-7)。

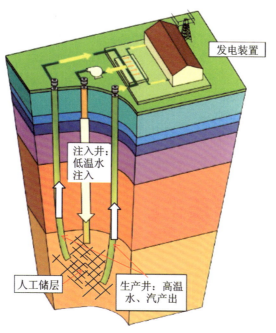

图 1-7 增强型地热系统原理示意图(修改自 Gallup,2009)

EGS 的开发和研究工作在国际上已经持续了近 50 年。美国是世界上首个提出干热岩地热资源开发设想的国家,自 20 世纪 70 年代开始不断推进干热岩勘查与开发研究。1973年,美国能源部在新墨西哥州 Fenton Hill 建立了最早的 EGS 示范研究场地,以水力压裂方法建立了人工热储,并驱动了一个 60kW 的双工质发电机;最终因无法实现预期产能以及经费不足等于 1995 年终止(Breede et al.,2013)。该项目虽然没有实现深层地热能商业化开发,但它证实了在渗透系数很低的干热岩中通过人工致裂的方法进行储层改造,并使用循环流体提取地热能的概念是可行的,为地热能的开采开创了新方向(陆川和王贵玲,2015)。自此,德国、英国、法国、日本、澳大利亚等多个国家相继开展了干热岩资源开发研究,建立了一批 EGS 试验基地并取得了很多成果。

据统计,全球目前先后实施了 60 余个干热岩开发项目(Pollack et al.,2021),大部分项目的具体信息如表 1-5 所列,主要分布在欧洲、北美洲、澳大利亚、亚洲、中美洲的 14 个国家,除中国、萨尔瓦多为发展中国家外其余均为发达国家,其中德国、美国、澳大利亚为实施干热岩开发项目最多的国家。这些项目主要分布在欧亚板块板内地热域、印澳板块板内地热域、东太平洋离散-汇聚板缘型地热域、西太平洋汇聚板缘型地热域、加勒比海火山活动岛弧区(图 1-8)。其中,仅北美、欧洲中北部、加勒比海和日本地区处于传统认为地热资源丰富的环太平洋火山地震带,欧洲南部近阿尔卑斯山区域、亚洲和澳大利亚的干热岩开发项目均不处于传统认识的地热资源丰富区(毛翔等,2019)。

表 1-5 全球主要干热岩开发项目统计表（按启动时间排序）(Breede 等，2013；Lu，2018；毛翔等，2019；Pollack 等，2018)

序号	项目名称	国家	现状	运行年份	发电能力/MW	储层岩石类型	钻井深度/m	热储温度/℃
1	Fenton Hill	美国	结束	1974—1995	0.06	结晶岩	2932～4390	200～327
2	Falkenberg	德国	结束(技术不足,温度流量低)	1976—1985	—	花岗岩	300	85
3	Rosemanowes	英国	结束(技术不足,温度流量低)	1977—1992	—	花岗岩	2000～2600	79～100
4	Bad Urach	德国	终止(技术不足,财务困难)	1977—2008	—	变质岩	4300～4445	170
5	Le Mayet	法国	结束(技术不足,温度流量低)	1978—1994	—	花岗岩	200～800	33
6	Lardarello	意大利	运行	1979 至今	—	变质岩	2500～400	300
7	Fjallbacka	瑞典	结束(技术不足,温度流量低)	1984—1989	—	花岗岩	70～500	16
8	Hijiori	日本	结束(漏失,结垢)	1985—2002	0.13	花岗闪长岩	2300	270
9	Bruchsal	德国	运行	1983 至今	0.55	砂岩	1930～2540	120～130
10	Neustadt-Glewe	德国	运行	1984 至今	0.21	砂岩	2320	99
11	Soultz	法国	运行	1987 至今	1.5	花岗岩	3600～5000	165
12	Ogachi	日本	结束(资金问题)	1989—2002	—	花岗闪长岩	400～1100	60～228
13	Altheim	奥地利	运行	1989 至今	1	灰岩	2165～2306	106
14	Bouillante	法国	运行	1996 至今	15(含水热发电)	火山岩	1000～1500	250～260
15	Basel	瑞士	终止(伴生地震)	1996—2009	—	花岗岩	5000	200
16	Hunter Valley	澳大利亚	终止(缺少政策及资金支持)	1999—2015	—	花岗岩	1946	275
17	Gros Schoenebeck	德国	运行	2007 至今	1	砂岩,安山岩	4309～4400	145
18	Berlin	萨尔瓦多	运行	2001 至今	最大增产 6	火山岩	2000～2380	179～196
19	Coso	美国	结束(钻井,压裂事故)	2002—2012	2.8	闪长岩,花岗岩	2430～2956	300
20	Desert Peak	美国	运行	2002 至今	1.7	变质凝灰岩	1768	204
21	Landau	德国	暂停(2013 年工区发生地震)	2003—2013	2.9	花岗岩	3170～3300	159

续表 1-5

序号	项目名称	国家	现状	运行年份	发电能力/(MW)	储层岩石类型	钻井深度/m	热储温度/℃
22	Genesys Horstberg	德国	结束	2003—2007	—	沉积岩	3800	150
23	Cooper Basin	澳大利亚	终止（经济问题）	2003—2015	1	花岗岩	3700~4459	242~278
24	Habanero	澳大利亚	运行	2003 至今	40	花岗岩	4325~4421	250
25	Unterhaching	德国	运行	2004 至今	3.36	灰岩	3350~3380	123
26	Paralana	澳大利亚	暂停（经济问题）	2005—2014	计划 3.75	花岗岩	1807~4003	170
27	Insheim	德国	运行	2007 至今	4.8	砂岩,花岗岩	3600~3800	165
28	Raft River	美国	运行	2008 至今	1.5	变质岩	1800	—
29	Bradys	美国	结束	2008—2015	2~3	流纹岩	—	—
30	Southeast Geysers	美国	终止（井筒垮塌）	2008—2009	—	杂砂岩	1341	—
31	Northwest Geysers	美国	运行	2009 至今	增产 3.5	变质沉积岩	3058~3396	280~400
32	Genesys Hannover	德国	仅研究（结垢严重）	2009 至今	—	砂岩	2900~3900	150~160
33	St. Gallen	瑞士	终止（伴生地震）	2009—2014	3~5	灰岩	4450	130~150
34	Pohang	韩国	终止（工区地震）	2010—2017	1.5	花岗闪长岩	4348~4361.8	约 180
35	Rittershoffen	法国	运行	2010 至今	25	砂岩,灰岩	2707~3196	170
36	Eden	英国	计划	2010 至今	计划 4	花岗岩	4000	估计 180~190
37	Newberry Volcano	美国	运行（已钻探）	2010 至今	计划 35	火山岩	3066	315
38	共和	中国	试验（已钻探）	2011 至今	—	花岗岩	2927~3705	150~236
39	Mauerstetten	德国	仅研究（造储效果不佳，经费问题）	2011—2012, 2015 重启至今	—	灰岩	4545	130
40	Milford	美国	试验（尚未钻探）	2015 至今	—	—	—	—
41	Szeged	匈牙利	计划	2016 至今	计划 8.9	—	—	—
42	GEOSTRAS	法德合作	计划	2016 至今	计划 6.7	—	4000	150
43	Fallon FORGE	美国	试验（已钻探）	2016 至今	—	—	—	—

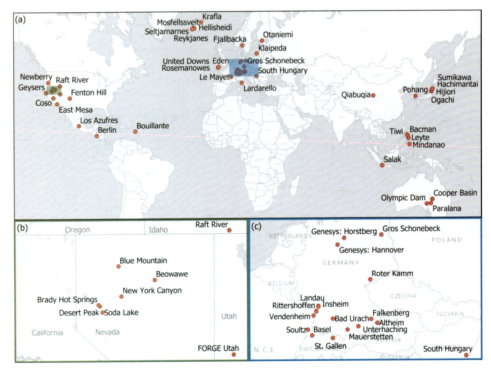

图 1-8　全球 EGS 项目分布图

图(b)和图(c)分别为图(a)中 EGS 项目高度集中的两个区域(绿色和蓝色部分)放大图(Pollack et al.,2018)

我国干热岩地热开发研究起步稍晚,但经过多年的努力,近年来也取得了丰硕的成果。2010 年,国土资源部启动公益性科研项目"中国干热岩勘查关键技术研究",主要开展干热岩高温钻探技术方面的研究,包括钻探工艺、器具及设备配套研究和孔底连通技术预研究。2011 年,中国地质调查局开展了中国陆区干热岩资源潜力评估,结果显示我国陆区干热岩资源量巨大、赋存条件较好,据初步估算,中国大陆 3~10km 深处干热岩资源总计 2.52×10^{25} J(美国的估计结果为 1.67×10^{25} J,不含黄石公园地区),合 856 万亿 t 标准煤,具有广阔的发展前景(陆川和王贵玲,2015)。2012 年,吉林大学、天津大学、清华大学和中国科学院广州能源研究所先进能源系统实验室承担了国家高技术研究发展计划("863"计划)项目"干热岩热能开发与综合利用关键技术研究",开启了国内专门针对干热岩工程的研究,这标志着我国对干热岩资源的专项研究已进入了实质性研究阶段(许天福等,2012)。2013 年,中国地质科学院水文地质环境地质研究所承担的地质调查项目"全国干热岩资源潜力评价与示范靶区研究",国内干热岩资源调查评价与开发研究进入实质性阶段(蔺文静等,2015)。2014 年,国土资源系统分别在青海、西藏、四川、福建、广东、湖南、松辽盆地、海南等高热流区域进行了干热岩资源地质勘查,并在青海贵德和共和、山东利津、广东惠州、四川康定等地相继开展干热岩初步钻探(许天福等,2018)。2015 年,中国地质调查局组织在福建漳州实施了国内第一口干热岩综合科研钻探深井(陆川和王贵玲,2015)。

综上所述,目前全球 EGS 的开发尚处于现场试验研发阶段,部分 EGS 进入了试验性运行发电阶段,虽然其商业性开发还面临着技术、资金、政策和民众接受程度等诸多方面的挑战(许天福等,2018),但国际上普遍认为 EGS 大规模商业运营前景可期(Reinsch et al., 2017)。事实上,到目前为止,所有 EGS 项目中有超过一半的项目是由商业投资而不是示范或研发,近年来的项目更是如此。2010 年和 2015 年世界地热大会预测 EGS 开发应用前景为:到 2050 年全球 EGS 发电装机容量将达到 70GW(Bertani,2012;Bertani,2015)。长期来看,一旦干热岩资源商业开发获得突破,有可能改变未来全球的能源供给与消费格局。国外 EGS 研究的诸多经验表明,EGS 投资周期长、风险大,因此政府支持关键技术开发及集成示范研究,是最终实现 EGS 可持续商业化开发的必经之路。

三、EGS 关键技术

全球众多 EGS 工程项目已证明利用 EGS 开发干热岩在技术上是完全可行的,但目前在开发过程中还存在很多工程问题和关键技术急需解决和攻克,主要包括资源靶区定位技术,储层改造技术,微地震、示踪等监控监测技术,资源评价方法,地热地质模型,地下高温岩体多场耦合过程,地热介质的换热特性机制,能源转换效率评价,发电系统高效利用,示范试验现场建立等(许天福等,2012)。其中,储层改造技术是最关键的技术,主要包括高温岩体深钻技术和水力压裂技术等。

深钻技术在石油勘探和综合科研等领域已趋于成熟,但 EGS 工程与之有显著不同,其钻井施工具有如下特点(张伟,2016):

(1)定向钻进与微地震监测。EGS 项目的生产井必须钻进在水力压裂后产生的人工热储(裂缝系统)范围内,从而使注水井与生产井之间建立良好的水力联系,以获得最佳的热能产出。这就要求必须要定向钻进与微地震监测相结合,以通过微地震数据实时监测地下情况,进而指导定向钻井施工。

(2)硬岩钻进。EGS 项目储层的主要岩性为花岗岩、闪长岩等结晶岩,故其钻井施工遇到的岩石主要是坚硬岩石。

(3)高温深井钻进。EGS 项目的井深一般在 2000m 以上,最深超过 5000m;温度一般在 150℃以上,最高为 400℃(Breede et al.,2013)。

(4)以全面钻进为主。除了前期的勘探钻孔外,EGS 项目的钻孔钻进过程中一般不取岩芯,主要采用牙轮钻头进行全面钻进。

因此,高温岩体深井钻进涉及的关键技术问题包括钻进技术、轨迹控制技术、钻井液技术、固井技术和井控技术等。一般情况下,高温测井设备是限制定向钻进的主要因素。在克服硬质岩层与耐磨性地层的钻进、套管柱的热膨胀、泥浆漏失等方面还需改善,如何有效地降低成本仍是制约其发展的主要障碍之一。

EGS 储层改造的目的是在低渗透性岩层中建立大体积的裂缝系统,使原有天然裂缝扩展延伸或形成新的裂缝,从而使注入井和生产井之间建立适当的连通性,增大储层的换热性能。常用的储层改造技术可分为:热刺激法、化学刺激法和水力压裂法三类,其中水力压裂法是最主要的 EGS 储层改造方法,目前国外几乎所有 EGS 工程都采用了水力压裂技术来改造干热岩储层(表 1-6)。

表1-6 国外主要EGS工程储层激发方法(郭盼等,2020)

EGS项目	储层改造方法		
	水力压裂法	化学刺激法	热刺激法
美国Fenton Hill	√		
英国Rosemanowes	√		
日本Hijiori	√		
日本Ogachi	√		
法国Soultz	√	√	
澳大利亚Cooper Basin	√		
美国Desert Peak	√	√	
瑞典Falkenberg	√		
美国Geysers			√
美国Coso	√	√	√
奥地利Altheim			
意大利Landerello	√	√	√

热刺激法是一种利用岩石组成成分热膨胀系数的差异性,通过对岩石加热或冷却,使岩石发生热破裂,进而产生裂隙的方法(Siratovich,2015)。对于干热岩储层改造,一般以冷水注入高温井中几天或几周,高温围岩与冷水之间的温度差在岩体内会诱发温差裂隙,从而实现储层改造。该方法广泛应用于火成岩和变质岩地质的高热焓地热田,能显著地提高生产井的速率。

化学刺激法是以低于地层破裂压力的注入压力向井附近热储层注入化学刺激剂,依靠其化学溶蚀作用使热储层隙通道堵塞物溶解来增加井孔附近和远处地层的渗透性的方法(Luo et al.,2018)。常用的酸性化学刺激剂有土酸、螯合酸、碳酸、转向酸,常用的碱性化学刺激剂有氢氧化钠和碳酸钠、螯合碱、NH_3。在刺激过程中,刺激液与岩体矿物发生化学反应,扩大与之接触岩石的孔、缝、洞,可有效增加井附近裂隙通道的渗透系数,改善热储层渗流条件,常见用于碳酸岩地层或清理井筒附近的堵塞。

水力压裂法是利用高压水压裂岩体从而形成人工热储裂隙网络的方法。它的基本原理是:利用地面高压泵组,以超过地层吸收能力的排量将高黏液体(压裂液)泵入井内,在井底憋起高压,当该压力克服井壁附近地应力达到岩石抗张强度后,就在井底产生裂缝。水力压裂法包括清水压裂、支撑剂压裂和混合压裂。清水压裂主要应用在低渗透性或致密的岩体中,以大量清水注入到储层中产生低宽度大范围的裂缝;一般来说,清水压裂产生的裂缝,长度可达几百米而开度仅为1mm,所以渗透系数较小,还需要进行支撑剂压裂。支撑剂压裂是使用高黏度的压裂液携带支撑剂注入储层中,而后将压裂液抽出,而支撑剂均匀分布在裂缝中,形成的裂缝长度较短但开度可达10mm,渗透性较好。在混合压裂中,第一阶段首先注入清水或压裂液形成裂缝的长度,而后再注入带有支撑剂的压裂液,形成裂缝的开度。该压裂应用在低渗透性储层中,产生的裂缝能满足工程要求。因此,在 EGS 工程中,目前最常用的储层改造技术是水力压裂。但在深部地热储层改造中,由于热储地层埋深大、岩石坚硬致密,现有的水力压裂技术存在破岩峰值压力不足、水体滤失严重、难以形成大规模体积裂隙、易诱发微地震等问题,难以满足深部地热商业化开发的需求。

基于全球的 EGS 工程经验发现,目前因储层改造而造成 EGS 工程失败的原因主要有两个:①水力压裂失败导致储层没有形成长期有效的裂缝网络;②储层改造过程诱发强度较高的地震导致 EGS 工程被迫终止。其中前者为目前导致 EGS 工程失败最常见的原因。

与此同时,EGS 工程实施过程中还涉及多个基础科学的研究,如岩石物理学、岩石力学、渗流力学、岩石地球化学等。EGS 工程实施过程中,必须要钻注入井和生产井,并进行储层改造,在注入井和生产井间建立渗流通道,形成热交换系统。原储层岩石处于高温高压状态;注入井和生产井钻井施工过程中,井壁围岩发生应力卸荷,并与相对低温的钻井液接触,产生一定的热冲击;EGS 运行过程中,循环工质(通常为水)不断与储层岩石发生热交换。在这些过程中,热储层岩石温度发生变化,并与流体相互作用,其物理力学特性会发生一定程度的改变,即对岩石产生损伤作用,这些改变将对 EGS 工程的顺利完成和长期运行有一定影响。因此,需要开展高温岩石力学、高温岩石与流体相互作用等方面的理论研究。总的来说,EGS 工程中储层岩石温度变化情况可分为:高温自然冷却、高温遇水冷却、高温遇水冷却循环等。笔者所在课题组就这些方面开展了一系列研究,本书内容为相关研究成果的归纳总结与分析,揭示高温岩石在 EGS 工况下的物性变化及力学行为,以期为 EGS 工程钻井和储层改造提供岩石力学方面的理论参考。

第二节 干热岩国内外研究现状

一、干热花岗岩试验方法研究现状

高温岩石力学一直是岩石力学领域的重要研究课题。自 20 世纪 60 年代以来,国内外学者主要采用"高温下"和"高温后"两种方法研究高温作用对岩石物理力学性质的影响。"高温下"方法,也称实时高温方法,即将岩石加热到高温状态,直接在高温状态进行各种物理力学试验。"高温后"方法,先将岩样在高温炉中缓慢加热到目标温度,恒温一段时间,然后冷却到室温再进行其他试验。

可见,"高温下"方法对试验设备要求较高,目前国内仅有少数单位具有相关试验设备,如太原理工大学自主研制的 600℃高温高压岩体三轴试验机(阴伟涛等,2020)、武汉岩土力学研究所自主研制的 460℃实时高温真三轴试验系统(马啸等,2019)、中国矿业大学研制的 600℃20MN 伺服控制高温高压岩体三轴试验机系统(冯子军等,2010)。而"高温后"方法,相对比较容易实现,只需增加一台温度可控的高温炉,一般的岩石力学实验室都可开展相关研究,目前大部分研究采用这种方式。当然,对于相同的岩石,"高温下"方法与"高温后"方法所测结果不同,但是整体趋势基本一致,因此,用简单易行的"高温后"代替"高温下"方法研究高温对岩石性质的影响也是可行的。

"高温后"方法,根据冷却方式的不同,又可分为高温后自然冷却、高温后遇水冷却、高温后液氮冷却等。高温后自然冷却,即将岩石在高温炉中加热到目标温度,恒温一段时间后,直接在高温炉中自然冷却或控制降温速度冷却至室温,也有学者将其拿出置于空气中自然冷却至室温。Wu 等(2019b)认为高温炉中自然冷却降温速率约为 0.5℃/min,空气中自然冷却降温速率约为 7℃/min。高温后遇水冷却,即将岩石在高温炉中加热到目标温度,恒温一段时间后,取出置于室温水浴中,使岩石与水充分接触快速冷却,降温速率约为 300℃/min(Wu et al. ,2019)。高温后液氮冷却,与高温后遇水冷却相似,只是将岩样取出后置于液氮中快速冷却(黄中伟等,2019)。常压下液氮温度为 −196℃,同一温度下的岩石放入液氮中冷却比自然冷却和遇水冷却的温差大,降温速率更快。

这些研究方法为促进人们对高温岩石物理力学行为的研究起了巨大的作用。但实际上干热岩原岩处于高温高压状态下,目前我们难以获得保持其温度应力状态不变的原位岩石开展试验,只能采取对岩石加热以模拟干热岩,然后开展相关试验。因此,这些"高温下"与"高温后"试验方法已大量应用于干热岩的研究中。

二、高温对干热岩物理特性影响研究现状

高温对干热岩物理特性影响的研究主要集中在块体密度、孔隙度、渗透系数、纵波波速、线膨胀系数、热导率和热扩散率等方面。

块体密度是岩石的最基本物理量,是岩石工程设计与计算的重要参量之一。杜守继等(2003)研究发现高温后花岗岩密度随温度升高而减小,800℃时与常温相比减小约 3%。徐小丽(2008)发现花岗岩密度在 500℃前变化幅度很小(小于 0.5%),之后随温度升高而减小,1000℃时约减小 1%。秦严等(2015)发现闪长岩密度随温度升高而减小,400℃前减小量小于 1%,1000℃时约减小 7%。He 等(2018)得出高温后花岗岩密度减小率随温度的升高呈近直线增长的趋势。Jin 等(2019)对比高温自然冷却和遇水冷却后花岗岩密度,发现当温度小于 600℃时,高温遇水冷却后花岗岩密度低于自然冷却后花岗岩密度。可见,高温对岩石块体密度有一定影响,使密度有所减小,但减小量一般都比较小。

高温作用产生的热膨胀对岩石微结构有不可忽视的影响,并导致岩体内部微裂隙的形成与发展。造岩矿物具有不同的热膨胀属性,如石英和云母的体膨胀系数大约是长石的 5 倍(Siegermund et al. ,2008),而且同种矿物不同晶轴的热膨胀系数也是不同的,这也将导致高温后岩石结构的破坏。同时,随着温度的升高,岩体内的热应力增大,当热应力大到一定程度后,就会生成微裂隙,甚至在岩体内彼此贯通成微裂隙网络,从而使岩石的孔隙度和渗透系数随温度升高而增大。Molen(1981)发现 200℃前花岗岩孔隙度减小,200℃后随温度的升高而增加。Géraud 等(1992)认为花岗岩 300℃前基本不变,之后随温度的升高而增加;Chaki 等(2008)也提出了类似的观点,不过认为该温度点为 500℃。徐小丽(2008)通过实验发现高温后花岗岩孔隙度随温度的升高呈指数增长。冯子军等(2014)认为热破裂花岗岩的渗透系数随温度变化存在一个临界温度值(300℃),低于该临界温度时,渗透系数较小,高于该温度时,渗透系数出现了突变。陈亮等(2014)认为在低围压条件下,花岗岩渗透性随围压增大而迅速减小,当围压增大到一定程度后,对渗透性的影响减弱。但 Tian 等(2020)发现,

温度较低时,随温度与围压的升高,岩石孔隙度、渗透系数都减小。

超声波的传播受到岩石矿物成分、结构、孔隙度、含水量、压力和温度等因素的影响。通过对比岩石高温前与高温后纵波波速的变化,可以间接地揭示高温对岩石的损伤作用。很多学者都开展了这方面的实验研究,发现高温后花岗岩纵波波速呈现出随温度升高而减小的趋势(杜守继等,2003;Homand-Etienne and Troalen,1984;支乐鹏等,2012;朱振南等,2018)。

线膨胀系数是重要的热物理参数之一。Heuze(1983)总结得出花岗岩的线膨胀系数随温度的升高呈指数关系增长,500~600℃时,线膨胀系数迅速增大。万志军(2006)对高温下三轴条件下花岗岩的线膨胀系数进行了测定,1000m 埋深静水应力下花岗岩的线膨胀系数仅为自由条件下的 1/20,120℃以内线膨胀系数较小,120~450℃线膨胀系数随温度升高呈非线性增加。Heard 和 Page(1982)对高温后两种花岗岩线膨胀系数进行测量发现,升温过程中,其线膨胀系数初始增加趋势较慢,随温度的升高,线膨胀系数呈线性增长,当升温至一定时间后,两种花岗岩线膨胀系数曲线趋于平缓,线膨胀系数不再继续增长,曲线呈水平状。

热物性参数也是干热岩热量提取需要参考和研究的重要参数,国内外研究人员就温度影响岩石热学性质的课题进行了较深的研究。从温度对导热系数影响关系的内部机理出发,Sass 等(1971)认为高温会使岩石的各种不同的组成矿物产生不同的热膨胀,进而使得岩石裂隙以及颗粒胶结缺陷变得更加明显,热传递阻碍因素增加,导致导热系数降低。温度的升高会逐渐降低岩石的热扩散及比热容。Zhao 等(2016)发现与常温下相比,北山花岗岩在 150℃条件下热导率有所降低,降低约 5.7%~8.7%,说明低温时温度对岩石热导率影响较小。岩石热导率与围压呈非线性关系,且岩石热导率增长速率随岩石孔隙率增大而增大。Sun 等(2019)发现花岗岩热导率和热扩散率随温度的升高而减小,比热容随温度升高而降低。然而,Kant 等(2017)指出花岗岩热导率、热扩散率和比热容随高温(500℃)循环次数(5次)的增大变化不大。

可见,大量的研究显示:随着热处理的温度升高,岩石体积、线膨胀系数、孔隙率和渗透系数随温度的升高而增大,质量、密度、波速、热导率和热扩散率大体上随温度升高呈现降低的趋势。

三、高温对干热岩力学特性影响研究现状

高温对干热岩力学性质产生巨大的影响。自 1970 年开始至今,国内外学者开展了大量的高温后岩石单轴与三轴压缩、巴西劈裂等试验研究,取得了大量成果。总体上,随着温度的升高,岩石抗拉强度、抗压强度和弹性模量等强度参数逐渐降低,岩石的力学性质表现出不同程度的劣化,脆性特征降低,塑性逐渐增强。

Alm 等(1985)将花岗岩进行不同程度的热处理实验,采集了其力学性质的数据变化,且探讨了岩石细部结构破裂与温度作用的关系。张静华等(1987)、王靖涛等(1989)研究了温度作用下花岗岩的弹性模量、峰值应力等的变化,发现岩石韧性在 200℃存在较大变化。刘泉声和许锡昌(2000)研究花岗岩在 600℃范围内力学特性的变化趋势,发现试样弹性模量的温度阈值为 75℃,单轴抗压强度的温度门槛为 200℃。万志军等(2007)对 600℃花岗岩进行

三轴应力下应力-应变关系研究,发现在高温和高围压条件下出现明显的延性转化。徐小丽(2008)与 Shao 等(2015)发现实时高温作用下花岗岩力学性能随温度降低,而吴刚等(2015)提出 400℃以内花岗岩单轴抗压强度和弹性模量变化降低幅度较小,而之后迅速降低。基于高温后单轴压缩试验,杜守继等(2004)、陈有亮等(2011)、Homand－etienne 和 Houpert(1989)的观点与吴刚等(2015)基本一致,而徐小丽(2008)则认为此门槛温度为 800℃。朱合华等(2006)研究认为花岗岩力学性能从室温到 800℃高温作用后随温度升高而降低。众多学者在抗压强度、抗拉强度、弹性模量、蠕变变形、峰后破坏特征、泊松比、黏聚力和内摩擦角等方面开展了深入的试验与理论研究(Dwivedi et al.,2008;徐小丽等,2014;Liu and Xu,2015;Zhao et al.,2015;Kumari et al.,2017;Zhao et al.,2018;罗生银等,2020;邓龙传等,2020;杨圣奇等,2021)发现:随着温度的升高,岩石抗拉强度、抗压强度和弹性模量逐渐降低,脆性特征降低,塑性逐渐增强;温度对岩石的泊松比、黏聚力和内摩擦角也有较大的影响,但不同岩石表现出的变化规律不尽相同。总的说来,不管是高温作用下还是作用后试验方法,总体而言高温对花岗岩的力学性质具有损伤作用。

以上研究都是基于加载条件下进行的,在干热岩钻井过程中,井壁围岩处于卸荷状态,而岩石卸荷力学机制与加载力学机制是有本质区别的。轴向加载压缩破坏是使轴向应力增加到岩石的承载能力,而卸荷破坏则是使承载力降低到岩石轴向应力而导致屈服破坏。因此有必要对高温和高应力下岩体的卸荷力学特征进行深入研究。Lau 和 Chandler(2004)发现卸荷试验更符合工程实际,采用卸荷条件下的三轴试验测定的岩石力学参数更为准确。卸荷岩体力学的研究,主要涉及卸荷速率、卸荷应力途径、破坏准则、卸荷能量演化、卸荷本构模型等方面。黄润秋和黄达(2008)发现岩石卸荷开始后侧向变形明显加快,且表现出显著扩容,如果忽略卸荷前岩样变形,则体积变形几乎按照侧向变形的规律增大。李地元等(2016)得出泊松比随着卸荷的进行(即卸荷比的增大)而不断增大,其开始变化速率较为平缓,但临近卸荷破坏时,变化速率呈指数型增长。在卸荷初始围压相同时,加轴压卸围压试验泊松比变化速率较恒轴压卸围压试验大。临近卸荷点时,试样泊松比超过了 0.5 并呈继续增大的趋势(弹塑性材料极限泊松比为 0.5)。侯公羽等(2019)发现初始围压相同时,卸荷速度增大,卸荷阶段应变率加快,变形总量越小;卸荷速度相同时,初始围压增大,卸荷阶段应变率加快,变形总量越大。近期一些学者(蔡燕燕等,2014;Chen et al.,2018;Kang et al.,2020)对高温作用后花岗岩开展了卸荷试验研究。

干热岩开采过程中通常先将水或其他适合流体沿一个或多个注入井循环注入,流经高温裂隙地热储层吸收热量后从生产井导出地面,在这一过程中低温水可能循环流经干热岩井壁,导致高温干热岩井壁物理力学性质发生变化,进而影响干热岩开采过程中井壁稳定性和井眼安全性。这一方面的研究较少报道,因而有必要了解高温岩石遇水冷却和循环遇水冷却后的力学特征。

对岩石进行高温遇水冷却处置,一方面,会在岩石内部不同位置形成较大的温度梯度而产生巨大的热冲击,矿物颗粒快速收缩,在岩石内部表面拉用力,进而加剧和扩展岩石内部原生裂纹及热应力形成的既有裂纹,由于急剧冷却在岩体内所产生的温度梯度比供给稳定热流所产生的温度梯度要大得多,因而由热冲击产生的热应力更大,破坏性更强。研究发现遇水冷却后岩石温度迅速降低更容易在岩石内部产生微裂纹(Isaka et al.,2018)。另一方面,当岩石遇水快速冷却时,水可能会沿裂隙和孔隙侵入岩石内部,使岩石矿物颗粒间的联系进一步被削弱,进而加剧了试样微裂隙的扩展(Kumari et al.,2017),从而导致高温遇水冷却后花岗岩力学性质较自然冷却后进一步劣化。邵保平和赵阳升(2010)发现高温状态花岗岩遇水冷却过程中岩体力学性能劣化,从而导致超声波速、单轴抗压强度、抗拉强度及弹性模量随温度逐渐减小。靳佩桦等(2018)对室温至600℃高温遇水冷却后花岗岩开展试验研究,发现随着温度的升高,遇水冷却后试样的密度、纵波速度、抗压强度、弹性模量及抗拉强度均单调下降,渗透系数先缓慢后急剧增加。邵保平等(2020)通过试验发现高温遇水冷却后花岗岩的抗压强度约为自然冷却的85%～90%。邓龙传等(2020)通过试验发现高温自然冷却和遇水冷却后花岗岩的抗拉强度、纵波波速、弹性模量以及泊松比均随温度的升高而呈现下降的趋势,且遇水冷却时下降幅度更大。近年来,黄中伟等(2019)提出利用液氮代替水作为压裂液,并开展一系列试验研究了高温花岗岩经液氮冷却后的力学性质,发现由于液氮具有极低的温度(-195.8℃),液氮冷却高温岩石能使岩石的岩石力学性质发生更加明显劣化。

当岩石经历高温循环作用后,循环热应力的作用使得岩石内部微观结构进一步改变,从而导致岩石力学性质进一步劣化。Li和Ju(2018)通过对650℃自然冷却后花岗岩循环高温处理100次发现,随着循环次数的增加,岩石的峰值应力、弹性模量逐渐降低,且岩石脆性减弱,塑性不断增强。当循环次数达到20以后,峰值应力、弹性模量基本保持。Rong等(2018)对花岗岩经高温600℃循环16次后,测定其力学性质得出,在循环次数小于5次(尤其是循环次数为1次)时,高温循环冷却后花岗岩的力学性质降低,劣化较明显,之后物理力学性质变化量趋于平缓。Yu等(2020)通过对花岗岩经高温300℃循环20次后的力学性质进行分析,发现类似的现象。

四、水化学作用对岩石的影响研究现状

水化学作用对岩石的影响,指水化学溶液与岩石之间发生水-岩化学反应导致岩石结构及矿物成分的变化,削弱或增强了矿物颗粒之间的联系,进而对岩石物理、化学、力学等性质产生影响。通常情况下,水化学作用会腐蚀矿物晶格,使岩石强度降低、变形加大。

已有研究主要是研究不同岩石(如砂岩、灰岩、花岗岩)在不同化学溶液(酸性或碱性)浸泡后的物理力学性质及微观结构的变化以及腐蚀机理。王伟等(2017)对不同pH值的酸性溶液侵蚀后的砂板岩进行单轴压缩试验,发现随溶液酸性增强,砂板岩受腐蚀程度逐渐增大,峰值强度降低,浸泡时间越长,强度损伤越大。凌斯祥等(2016)发现页岩在硫酸溶液腐蚀后,易溶性矿物成分减小,黏土矿物增加,矿物胶结变松散,单轴抗压强度和弹性模量有随pH值减小和浸泡时间的增长而减小的趋势。Feng等(2009)、何春明和郭建春(2013)、李光雷等(2017)系统地研究了水化学腐蚀对灰岩力学性质的劣化影响。汤连生等(2002)、乔丽苹等(2007)、崔强等(2008)、李鹏等(2011)、韩铁林等(2013)、邓华锋等(2017)、邹乾胜等(2017)研究了不同水化学环境下砂岩的微细观与宏观物理力学性质,分析了砂岩的水物理化学损伤机制,建立了水-岩作用下砂岩的损伤本构方程。牛传星等(2016)通过对蚀变岩进

行不同饱水-失水循环次数的单轴压缩试验,分析了循环次数对蚀变岩力学性质的影响及力学性质在水岩作用下的变化规律,发现水-岩作用后,蚀变岩的力学性质有明显弱化,且水-岩作用越强,弱化现象越明显。

陈四利等(2003)探讨了碱性化学溶液对花岗岩表面的腐蚀以及对力学特性的影响。申林方等(2010)通过开展单裂隙花岗岩在恒定三轴应力及酸性化学溶液渗透压作用下的试验,研究了单裂隙岩石在应力-渗流-化学耦合环境下的综合响应机制。岳汉威等(2011)利用冲击球压法研究浸泡于盐酸溶液(质量分数为6%)中的花岗岩的侵蚀损伤规律,发现花岗岩的表面弹性模量随浸泡时间增长缓慢降低。王伟等(2015)利用岩石三轴测试系统对3种不同pH值的碱性化学溶液浸泡后的花岗岩进行三轴压缩试验,探讨不同pH值碱性溶液对花岗岩力学特性的腐蚀效应,获得碱性溶液对花岗岩强度和变形特性的影响规律。王宏伟等(2016)试验研究了酸性溶液侵蚀环境下花岗岩的宏观力学特性。丁歌等(2017)利用高压釜设备开展大气水、有机酸、大气水+有机酸3种不同流体与花岗岩进行相互作用实验,发现有机酸溶液对花岗岩样品在提高储层物性上较其他两种溶液效果明显。王苏然等(2018)通过对花岗岩进行酸性溶液浸泡不同时间,试验研究酸性腐蚀下花岗岩的物理力学性能及微观结构变化。

这些研究对水-岩相互作用下岩石单轴抗压强度与破坏形式、岩石内部细观结构、弹性模量、蠕变特性、腐蚀机理等方面进行了试验研究与理论分析。考虑化学腐蚀作用下的岩石及类岩石材料力学特性数值模型和数学模型研究也取得了一定的进展(Ann et al.,2008;Pietruszczak et al.,2006)。

五、岩石可钻性研究现状

岩石可钻性用来说明破岩工具(钻头)和岩石性质之间的关系。目前有3种定义,即岩石可钻性是指:在一定技术条件下钻进岩石的难易程度;钻井过程中岩石抗破碎的能力;岩石的坚固性及强度在钻孔被破碎方面的表现。岩石的可钻性反映了钻进时岩石破碎的难易程度,是合理选择钻进方式、钻头类型和设计钻进参数的依据,是决定钻井效率的基本因素。

岩石的可钻性常采用数量指标,如钻时(min/m)、钻速(m/s)等来表示,并用数量的大小来划分好钻、难钻(或软、硬地层)的可钻性范围。从岩石的可钻性和分级的研究方法来看,目前国内外主要采用以下5种不同的研究方法。

(1)用岩石物理力学特性评价岩石的可钻性。其实质是从众多的岩石物理力学性质中找出一种或几种与岩石可钻性(或钻进难易程度)关系最密切的因素,以便通过测定某几种主要的岩石物理性质来定量地反映岩石可钻性的指标(张厚美和薛佑刚,1999),如岩石的静压入硬度、肖氏硬度和摆球硬度、岩石的研磨性和塑性等。其优点是测量压入硬度、研磨性的过程和钻进时钻头在轴向载荷下吃入岩石的过程是相似的,而且方法简便,所测物理量相对稳定。因此,至今在石油钻井和地质勘探钻井中仍被采用。大量的工程实践和实验数据表明,岩石的可钻性与压入硬度存在着一定的相关关系(Chen et al.,2017)。但岩石的压入硬度对钻速的影响并不是唯一的,岩石的研磨性、塑性等也起着重大的作用。换句话说,岩石的某些特性影响其硬度,另一些特性可能影响其研磨性,而其他性质又可能影响其弹(塑)

性系数,而且这3种因素之间的关系并不是线性关系。例如,硬度大的岩石,研磨性不一定高;研磨性高的,塑性系数也可能较小(Hoseinie et al.,2008)。

(2)用微钻速评价岩石的可钻性。它是采用微型设备和工具,在室内进行模拟试验,用微钻速来反映某一钻进条件和技术的综合指标。室内测试条件较稳定,测量记录较准确,在一定程度上避免了人为因素的干扰。我国石油钻井界采用微钻法来测定岩石的可钻性,有行业标准《岩石可钻性测定及分级方法(SY/T 5426—2000)》。该标准规定的钻头类型为PDC钻头或牙轮钻头,对于硬度很大的花岗岩,实验室条件下的微钻钻进难以实现,一般采用金刚石钻头进行花岗岩的微钻实验,而迄今国内外尚未建立一种被广泛认可的、确定金刚石钻进岩石可钻性及其分级的方法。

(3)用实钻速度评价岩石的可钻性。它反映了不同地层岩石和技术工艺等多种因素的综合影响,所得的钻速指标可以直接用于制订生产指标。但是由于实际的机械钻速受很多因素的影响,采用实际钻速指标表示岩石的可钻性时,具有暂时性和局部性。尤其是随着技术的不断更新,原定指标也应修正。

(4)用破碎比功评价岩石的可钻性。它是利用单位时间内破碎岩石体积的量来计算相应钻进速度的,可用于对比分析各种钻进方式破碎岩石的有效性(Anemangely et al.,2019)。但由于各种钻进方式的破岩比功本身也不是一个常量,其变化规律尚待进一步研究。

(5)数学方法预测岩石的可钻性。用最小二乘法(谢祥俊等,2010;Ru et al.,2019)、灰色聚类法(刘之的等,2004)、神经网络(沙林秀等,2013;董青青和梁小丛,2012)、模糊数学(胡绍波,2019)等评价与预测岩石可钻性。该类方法可避免较为繁琐的实验或实钻施工,然而其应用区域与条件有相当大的局限性。

目前对于岩石的可钻性研究,多集中于基于常温状态下的岩石微钻实验,通常采取改变某项钻进工艺条件或岩石某项物理性质的方法探究该参数对岩石可钻性的影响。

卢世红等(1984)等运用中型钻头实验平台,采用不同钻速和不同钻压对不同硬度岩石进行微钻实验,得到了钻速与钻压、转速、岩石硬度的拟合关系。史晓亮等(2002)采用自行设计的金刚石钻头进行室内微钻实验,计算出可钻性分级的综合参数 W 值并与其岩石等级相对照,指出了微钻法仍需解决的问题,即金刚石钻头标准化、测量长度应超过钻头性能变化的周期长度、钻头性能变化不定问题等。张晓东等(2003)在室温无围压状态下研究了PDC钻头的切削参数与切削效果的关系。Yaşar等(2011)用混凝土试样进行单轴压缩、钻进等模拟实验,探究了施加载荷、扭矩、渗透系数和旋转速度等对钻进参数的影响。Zhang等(2016)通过开展欠平衡钻进实验,指出钻速随压差(井底压力减去地层孔隙压力)的下降而增大,岩石表面的温度差(地层温度减去井底温度)降低了岩石的抗钻性。

同时,目前将岩石的可钻性与岩石力学性质如单轴抗压强度、巴西劈裂强度、点荷载强度等联系起来并探究其内在联系的研究同样不少。Yarali等(2013)实验探究了钻进速度指标与岩石单轴抗压强度、巴西劈裂强度、肖氏硬度、点荷载实验强度等力学性质之间的关系,指出单轴抗压强度是最常应用于可钻性指标的力学参数,并对岩石钻速指数与单轴抗压强度进行了线性拟合。

而目前由于高温实验设备的相对匮乏等,对于高温条件下岩石可钻性的研究仍然较少。

赵金昌等(2009)使用 PDC 钻头对大尺寸鲁灰花岗岩进行微钻实验,深入研究了高温及三轴应力条件下花岗岩的切削规律。杨玮(2014)对 3 种岩石进行高压高温可钻性实验研究,总结出深部地层环境下的压力、温度对岩石可钻性的影响规律。吴海东(2017)设计和制造了高温钻进试验装置,选取有代表性的金刚石钻头和 PDC 钻头及不同岩石、不同温度梯度进行钻进实验,探究温度对钻进岩石速度、破碎比功等的影响及其细观机理。

六、高温对岩石物性损伤机理研究现状

大量的实验研究已经证明岩石的物理力学性质是受温度影响的,温度对岩石的物理力学性质有一定的损伤作用。岩石是由不同矿物颗粒通过结晶、胶结等形成的非均质体,且岩石内部存在大量的微裂纹、微孔洞等微细观特征结构。组成岩石的造岩矿物颗粒在高温条件下的热膨胀系数不尽相同,同种矿物沿着不同的结晶轴有不同的热膨胀系数。因此,岩石受热后,各种矿物颗粒的变形不同,而岩石作为一个连续体,岩石内部各矿物颗粒不可能相应地按照各自固有的热膨胀属性随温度变化而自由变形;从而矿物颗粒之间产生约束,变形大的受压缩,变形小的受拉伸,由此在岩石中形成一种由温度引起的热应力(康健,2008)。这种热应力其最大值往往发生在矿物颗粒交界处,如果此处的应力达到或超过岩石的强度极限(抗拉强度或抗剪强度),则沿此交界面矿物颗粒之间的联结断裂,产生微裂纹(张晶瑶等,1996)。随着温度的升高,众多小微裂纹逐步汇聚、沟通形成裂纹网络,使岩石微结构受到损伤,由完整结构变成碎裂结构,很多学者通过扫描电镜(SEM)、偏光显微镜、电子计算机断层扫描(CT)及声发射(AE)等微观手段对此进行了观察和分析。

Tian 等(2017)通过对常温至 1000℃高温后闪长岩试样微观结构的观察,发现花岗岩闪长岩常温至 400℃试验微观结构变化不大,600℃后产生晶间和晶内裂纹,这与试样单轴抗压强度和弹性模量 400~1000℃迅速降低相对应。赵亚永等(2017)运用偏光显微技术发现热处理花岗岩内热裂纹发育明显,800℃处理后最大裂纹宽度可达 100m,较 400℃时增加约 1 个数量级。Rong 等(2018)通过偏光显微图形分析了高温 600℃循环作用对花岗岩微观结构变化的影响,得出高温后花岗岩微观结构随循环次数扩展的趋势与岩石的力学性质变化趋势相一致。Miao 等(2020)利用光学显微镜观测得出,300℃经循环作用后花岗岩内部的微裂纹会随循环次数的升高而不断生成、扩展和增多,并且随循环次数的增加穿晶裂纹数量相比晶间裂纹增长得更加迅速,且与声发射结果相对应。

Shao 等(2015)利用扫描电子显微镜(SEM)观察到花岗岩微裂纹随温度扩展的过程。Chen 等(2017)观察到花岗岩的微裂纹随温度升高发生扩展的过程,且在温度高于 573℃时微裂纹类型由晶间裂纹逐渐转变为穿晶裂纹。Gautam 等(2018)利用扫描电子显微镜(SEM)发现,常温下红砂岩存在许多微观孔隙和裂隙,当温度达到 300℃时,观测到由于矿物热膨胀使得原生孔隙和裂隙闭合,当温度进一步增大时,新的微裂隙产生,温度越大,产生的微裂隙越多。Isaka 等(2018)通过对比自然冷却和遇水冷却花岗岩试样微观结构得出,相同温度条件下,遇水冷却后花岗岩微裂纹密度大于自然冷却后花岗岩微裂纹密度。Shang 等(2019)通过 SEM 发现高温后大理岩渗透系数随温度变化趋势与微裂纹密度变化趋势一致。

赵阳升等(2007)通过 CT 图片观察到高温后花岗岩内部微裂隙随着温度的升高而扩展和增加。Yang 等(2017)利用 X 射线衍射电子计算机断层扫描技术(CT)观察到由于热损伤破坏产生的花岗岩微裂纹密度在温度达到 600～800℃时基本呈增大的趋势,同时利用光学显微镜发现,花岗岩内部初始结晶良好,随热处理温度的增大,晶体受热膨胀,当温度进一步增大时,热应力超过岩石拉伸或剪切的极限应力时,矿物晶体间及晶体内部会观测到大量微裂纹,由于热应力使得岩石内部微观结构发生变化,利用声发射技术(AE)检测到花岗岩声发射事件的特征随温度的升高而发生变化。上述这些试验研究从宏观及微观尺度上证明了温度对岩石是具有热损伤作用的。Li 和 Ju(2018)通过 CT 图像分析了高温循环作用对花岗岩微观结构的影响,发现高温后花岗岩微裂纹密度随循环次数变化的趋势与岩石的力学性质变化趋势相一致。Fan 等(2018)通过 CT 及 3D 重建技术得到了高温后花岗岩微裂纹的立体图像,更加直观地显示温度对岩石微观结构的影响。

七、干热岩本构模型研究现状

目前考虑温度作用的岩石本构模型主要分三大类:①基于损伤理论和热弹性理论建立的热弹塑性损伤模型;②基于蠕变试验和热黏塑性理论建立的流变模型;③基于统计分布建立的岩石热损伤本构模型。统计损伤本构模型可以直接而又准确地描述岩石损伤演化过程的缺陷,从而更好地刻画岩石损伤的力学机制,因而该类模型较前两类模型具有明显的优势。

对于基于损伤理论和热弹性理论建立的热弹塑性损伤模型,李长春等(1991)根据岩石类材料受载时的损伤破坏原理,首次引入两个损伤变量用以反映外荷载和偏量的作用,在内时理论的基础上考虑温度效应的岩石损伤本构方程,并导出具有明确物理意义的本构方程增量型关系式。Hueckel 等(1994)基于金属的热弹塑性理论建立了岩石热塑性本构方程,它与试验数据吻合很好,但数学表达非常复杂并所需参数过多。对于基于蠕变试验和热黏塑性理论建立的流变模型,刘泉声等(2002)从非线性材料不可逆过程热力学的基本理论出发,阐明了岩石的时-温等效原理在客观上是存在的。刘泉声等(2002)从理论和实验两个方面具体研究岩石时-温等效原理中的主曲线、主曲线中的移位因子及其参数的确定方法。邵保平和赵阳升(2009)从热力耦合作用下花岗岩的流变机制研究出发,建立热力耦合作用下花岗岩的流变模型,从而推导流变本构方程是一种可行的方法。高峰等(2009)以西原体模型为基础,引入热膨胀系数、黏性衰减系数和损伤变量,综合考虑温度对岩石弹性变形、黏性流动以及结构损伤的共同影响,建立岩石热黏弹塑性本构模型,推导考虑温度效应的岩石蠕变方程和卸载方程。

众所周知,统计物理学是把连续体力学、损伤力学和材料力学联系起来的纽带,在本构关系的发展中起着重要的作用。Lemaitre(1984)提出等效性假说,此假说认为名义应力下含损伤岩石产生的应变等价于有效应力下含损伤岩石产生的有效应变。唐春安(1993)利用统计损伤理论初步建立岩石材料变形破坏全过程模拟的方法。许多学者在此基础上进行了深入的研究,主要集中在应力状态和损伤阈值的影响(曹文贵等,1998;Wang et al.,2007)、微元强度的度量方法(Deng et al.,2011;Xie et al.,2020)、微元强度随机分布形式(Cao et al.,2007;Li et al.,2017)、本构参数的确定方法(Li et al.,2012;Zhang et al.,2020)以及残余强度阶段模拟方法(Cao et al.,2019;Bai et al.,2020)等方面,使得所建立的统计损伤本构模型在模拟岩石变形破坏过程时取得了良好的成效,但是这些统计本构模型没有考虑到高温作用对岩石力学性能的影响。最近一些学者考虑了这一问题,李天斌等(2017)通过考虑温度对统计参数的影响建立了考虑温度启裂应力的热-力-损伤本构模型,因为其试验温度低于130℃而未验证其在更高温度作用下的适用性。Xu等(2018)通过考虑温度对统计参数的影响建立了高温下岩石损伤本构模型,但是模型没有考虑孔隙压缩阶段,在屈服阶段之前的应力-应变曲线设定为一条直线。岩石经历长期的地质作用不可避免地存在许多原生的孔隙和裂隙,这些存在的微缺陷经高温作用后逐渐扩展,并在岩体中产生新的裂隙和微裂纹,因此,在建立高温后岩石变形分析模型时,应考虑微观缺陷的影响。

第二章　实时高温下花岗岩物理力学特性研究

深部地热储层岩石处于高温高压状态,在地热开发过程中,必然引起一定范围内岩石的温度与应力的变化。大量研究已表明,温度变化会在岩石内部产生热应力和热损伤,进而影响岩石的物理力学特性。因此,开展相关高温岩石力学研究对深部地热开发等深部地下岩石工程具有重要的理论意义与工程实用价值。本章在大量国内外文献调研的基础上,介绍了目前国内外实时高温岩石力学试验仪器的现状,分析了实时高温下花岗岩热膨胀系数、渗透率、抗压强度和弹性模量等物理力学性质随温度的变化规律,并结合实时高温下花岗岩微观结构变化揭示实时高温下花岗岩的损伤劣化机制。

第一节　实时高温下岩石力学试验仪器

常规岩石力学性质试验包括岩石单轴压缩试验、三轴压缩试验、抗拉强度试验、抗剪强度试验及点荷载试验等。经过几十年的发展,这些试验相关仪器设备与试验方法规程都已经很成熟。而开展实时高温岩石力学试验,对这些试验仪器的一个最大挑战是各零部件的耐高温性以及高温条件下仪器的密封性与长期工作稳定性。目前,国内外可以进行实时高温下岩石力学试验仪器比较少,商业化的岩石高温力学试验机一般耐温最高200℃,不能很好地满足高温岩石力学试验的要求,因此现有大多数仪器是各研究机构在现有的仪器基础上进行改进或自主研发的。

一、实时高温下岩石单轴压缩试验仪器

现有实时高温下岩石单轴压缩试验仪器主要是通过对常规岩石单轴试验机改造而成,即在压力试验系统外部配置高温加热装置,如中国矿业大学深部岩土力学与地下工程国家重点实验室的实时高温岩石单轴试验机、澳大利亚Monash大学土木工程系深地能源研究试验室(DEERL)的实时高温单轴压缩试验机。

中国矿业大学深部岩土力学与地下工程国家重点实验室的实时高温岩石单轴压缩试验系统,由美国MTS公司生产的MTS810电液伺服试验系统(图2-1)以及与之配套的MTS653.04高温炉(图2-2)组成。该高温炉整体高度为220mm,热区域高度为185mm,热区域宽度和深度都为62.5mm,标距长度50mm,施加的温度范围为100~1400℃,精度为±1℃。力学试验过程由试验系统配套的TeststarⅡ系统按照事先设定的程序完成,试验过

程可以同步记录下轴向荷载、轴向位移、轴向应力及应变等相关物理量的值。

图 2-1　MTS810 电液伺服试验系统　　　　图 2-2　MTS653.04 高温炉

澳大利亚 Monash 大学的实时高温单轴压缩试验机采用 Instron 公司生产的伺服控制试验机配备对应的高温加热装置，可以开展 600℃ 及以下实时高温单轴压缩试验，其最大荷载能力为 100kN(Shao et al.,2015)，如图 2-3 所示。当需要进行更高温度(＞600℃)的试验时，其试验室对万能试验机进行改进，配备圆筒高温炉，其最大荷载能力可以达到 500kN(Shao et al.,2015)，如图 2-4 所示。

图 2-3　Instron 试验机和配套的高温炉　　　　图 2-4　配备圆筒高温炉的万能试验机

二、实时高温下岩石三轴压缩试验仪器

实时高温岩石三轴压缩试验机需要考虑仪器耐高温性的同时对试样施加稳定围压,并保证高温条件下仪器的密封性,代表性的仪器有中国矿业大学自主研制的 20MN 伺服控制的高温高压岩体三轴试验机(图 2-5)、太原理工大学自主研制的 600℃高温高压岩体三轴试验机(图 2-6)、美国 GCTS 公司的 RTX 系列多场耦合岩石三轴仪(图 2-7)。

图 2-5 20MN 伺服控制的高温高压岩体三轴试验机及其高温三轴压力室(赵阳升等,2008)

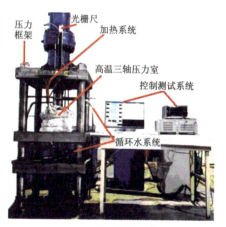

图 2-6 高温高压岩体三轴试验机

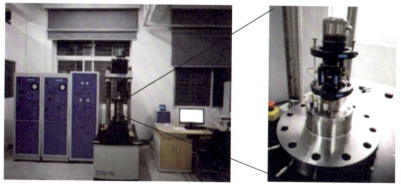

图 2-7 RTX-1000 多场耦合三轴仪

中国矿业大学自主研制的20MN伺服控制的高温高压岩体三轴试验机,主要由主机加载系统、高温三轴压力室及温控系统、辅机装料系统以及测试系统4个部分组成。试验尺寸 $\phi 200\text{mm} \times 400\text{mm}$,试样最大轴压318MPa,最大侧向固体传压250MPa,最大孔隙压力250MPa,最高加热稳定温度600℃。

图2-6所示为太原理工大学自主研制的600℃高温高压岩体三轴试验机,可对 $\phi 50\text{mm} \times 100\text{mm}$ 标准试件进行最高温度600℃、最大围压60MPa条件下岩体三轴压缩试验(阴伟涛等,2020)。

美国GCTS公司生产的RTX系列多场耦合岩石三轴仪可以实现高温高压下岩石流变特征、渗透特性和动力响应试验。图2-7为RTX-1000多场耦合三轴仪,它可达到最高温度150℃、最大围压70MPa、最大孔压70MPa,可以测得高温高压条件下岩石的弹性模量、泊松比、抗压强度、抗拉强度、体积模量、剪切模量、内摩擦角、黏聚力和渗透系数的参数。图2-8为RTX-4000多场耦合三轴仪,它可达到最高温度为200℃。如图2-9所示,澳大利亚Monash大学土木工程系深地能源研究试验室(DEERL)自主研发的高温高压三轴仪可实现的最高温度为300℃(Kumari et al.,2017)。这些仪器都使用硅油作为围压施加介质,由于硅油耐高温极限约为300℃,因此这些仪器的最高耐温也限制300℃。

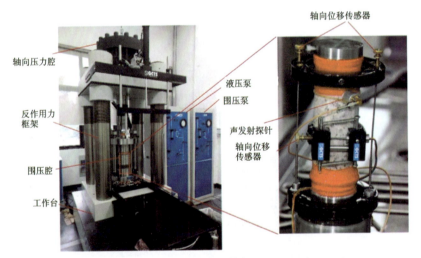

图2-8 RTX-4000多场耦合三轴仪(Yang et al.,2019)

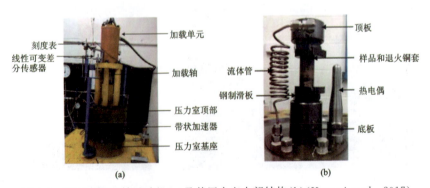

图2-9 高温高压三轴试验机(a)及其压力室内部结构(b)(Kumari et al.,2017)

三、实时高温下岩石真三轴压缩试验仪器

深部岩石处于高温、三向不等的高压状态,即高温真三轴状态,开展实时高温岩石真三轴试验有助于更深入研究深部岩石的力学特性、能量释放耗散规律与变形破坏机制等,因此,研制实时高温岩石真三轴试验系统是十分必要的。但对于试验温度高于200℃的高温真三轴试验机而言,若采用液压油进行侧向加压,会出现以下问题:①高温(>200℃)、高压(>100MPa)环境下侧向液压油长期保持稳定将会受到考验;②压力室的刚性加载杆长时间处于高温液压油中,会导致热量传递至整个实验系统,使整个系统都处于高温状态,这时,位移传感器和加载油缸等精密构件将无法保证其高温状态下的长期工作稳定性;③大部分构件都需采用耐高温材料,导致系统造价过于昂贵(马啸等,2019)。

如图2-10所示,中国科学院武汉岩土力学研究所自主研制了实时高温真三轴试验系统,主要由全刚性力学加载系统、高温温控系统和伺服控制与数据采集系统3个子系统构成。其试样尺寸为50mm×50mm×100mm,最高可在460℃(岩样表面温度)温度下进行单轴、常规三轴、真三轴、蠕变与循环加卸载等多种应力路径试,最大输出应力为1000MPa,两侧向方向最大输出应力为200MPa,可真实模拟岩石在深部地层中温度和三维应力场耦合环境(马啸等,2019)。

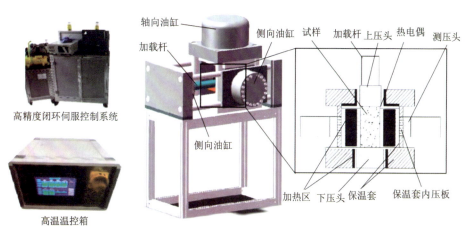

图2-10 实时高温真三轴试验系统(马啸等,2019)

四、实时高温下岩石微观结构观测仪器

为了揭示实时高温下岩石宏观力学变化的微观机理,开展实时高温下岩石细观试验十分必要。吴刚等(2015)使用德国莱卡DM4500P智能数字式自动偏光显微镜和高温热台(室温至1500℃)及配套数码照相系统对高温下花岗岩的细观结构进行观察(图2-11)。该套系统可以观测实时高温条件下岩石裂纹萌生及扩展速度。其测试温范围为室温至1400℃,加温速率为20℃/min。试验采用反射光;显微镜放大倍数:目镜×物镜=10×20;真空度为200Pa(吴刚等,2015)。

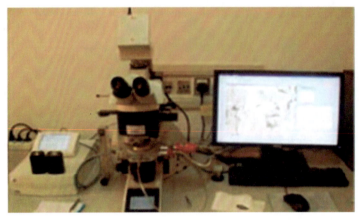

图 2-11　莱卡 DM4500P 显微镜及其配套测试系统(吴刚等,2015)

赵阳升等(2008)利用高精度显微 CT 试验系统对实时高温下岩石微观结构进行观测。该系统由微聚焦 X 射线机、数字平板探测器、高精度转台、夹具、支架、水平运动部件和数据采集分析系统组成,最大可以放大 400 倍,试样尺寸最大 50mm,可以观察到最小 1mm 的微裂纹。该系统通过增加一套加热装置和外部测量系统实现对试样加热,从而观察实时高温试样内部结构的演化。

第二节　实时高温下花岗岩物理力学特性分析

花岗岩是高温地热资源开发、高放核废料地下深埋处置等高温岩体工程中所涉及的最主要岩石之一,因此开展高温下花岗岩物理力学性能的研究具有理论意义及工程实用价值。但由于进行实时高温下岩石物理力学试验需要耐高温试验系统,常规的岩石力学试验机无法满足要求,因此,与高温后试验相比,实时高温下花岗岩性质的研究少得多。本节对实时高温下花岗岩相关国内外文献进行了调研,归纳了文献中实时高温下花岗岩物理力学性质试验数据,分析了实时高温下花岗岩物理力学特性随温度的变化规律,同时借助文献中不同实时高温下花岗岩微观结构的变化,揭示其微观变化机理。所用文献中花岗岩实时高温处置试验参数及其力学参数与矿物组成见表 2-1 和表 2-2。

表 2-1　不同类型花岗岩实时高温试验参数及岩样初始力学参数

产地	ρ_0/(g·cm^{-3})	UCS$_0$/MPa	E_0/GPa	σ_{t0}/MPa	加热速率/(℃/min)	恒温时长/h	试样尺寸(直径×高)/(mm×mm)	参考文献
三峡	3.36	185.00	83.3	—	2	2	20×40	许锡昌和刘泉生(2000)
—	—	191.9	38.37	—	2	1/3	25×50	徐小丽(2008)
临沂	2.92	114.27	19.18	—	100	1/4	20×45	翟松韬(2013)
潍坊	2.612	69.10	7.25	—	50	1/3	20×50	徐小丽等(2015)

续表 2-1

产地	ρ_0/(g·cm^{-3})	UCS$_0$/MPa	E_0/GPa	σ_{t0}/MPa	加热速率/℃/min	恒温时长/h	试样尺寸(直径×高)/mm×mm	参考文献
Strathbogie	1.806	215.97	8.97	—	5	2	22.5×45	Shao 等(2015)
—	2.639	140.00	27.22	—	2	2	50×100	Yin 等(2016)
Strathbogie	2.703	118.20	9.10	—	2.5	—	22.5×45	Kumari 等(2017)
山东	—	—	58.70	—	5	5	200×400	Zhao 等(2017)
玉门	2.63	121.00	21.90	—	—	0.5	25×50	李二兵等(2018)
河南	—	145.00	11.60	—	2	2	30×60	赵国凯等(2019)
北山	—	112.04	8.27	9.55	5	2	25×50	闵明(2019),闵明等(2020)
平邑	—	195.93	17.97	—	—	0.5	50×100	李利峰等(2020)
共和	—	137.00	7.78	—	2	2	50×100	罗生银等(2020)
湖南	2.768	—	—	—	—	2	*	Ma 等(2020)
山东	2.71	113.00	13.5	—	4	2	50×100	张洪伟等(2021)

注:ρ_0、UCS$_0$、E_0 和 σ_{t0} 分别表示为岩石初始密度、单轴抗压强度、弹性模量和抗拉强度。
　* Ma 等(2020)所用岩样为 50mm×50mm×100mm 的长方体。

表 2-2　文献所用岩样矿物组成(%)

岩石产地	斜长石	钾长石	石英	云母	黏土矿物	白云石	其他	参考文献
—	37.95*	—	46.54	9.72	5.76	—	0.03	Yin 等(2016)
Strathbogie	16	13	50	15	4	2	—	Kumari 等(2017)
河南	35	40~45	20~25	3~5	—	—	—	赵国凯等(2019)
平邑	49	22	23	6	—	—	—	李利峰等(2020)
共和	81.65	—	10.96	7.39	—	—	—	罗生银等(2020)
湖南	66.52*	—	19.87	12.32	1.29	—	—	Ma 等(2020)
山东	35	32	33	—	—	—	—	张洪伟等(2021)

注:* 文献中岩样矿物成分描述中只写了长石含量,未细分长石类型。

一、热膨胀系数

岩石的热膨胀性通常用热膨胀系数来表示,分为线膨胀系数和体积膨胀系数。一般情况下,体积膨胀系数约等于线膨胀系数的 3 倍,因此实际上采用线膨胀系数来表示材料的热膨胀性。岩石热膨胀性会直接影响地热开采活动,因此需要研究花岗岩的热膨胀性,以指导地热开采实践。

本书测量了实时高温下无围压条件下花岗岩的线性热膨胀系数,具体见本书第三章。Zhao 等(2017)测量了实时高温下 25MPa 围压下细粒花岗岩的线性热膨胀系数,而 Yin 等(2021)测量了实时高温下 4MPa 围压下粗粒和细粒两种花岗岩的热膨胀系数。花岗岩随温度的变化规律如图2-12所示。从图中可见,室温约400℃,花岗岩的热膨胀系数均随温度的升高而增大,最大增幅约为原岩的9倍。在400～500℃,Zhao等(2017)测得花岗岩热膨胀系数陡降,认为这可能是由于花岗岩矿物颗粒发生熔融或相变,而笔者进行的试验在这一温度范围内并未测得陡降现象。因此,还需要更深入的研究来确定实时高温下花岗岩热膨胀系数随温度变化规律。

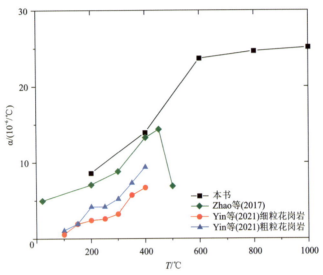

图2-12 花岗岩热膨胀系数随温度变化规律

二、渗透率

EGS储层改造的基本原则就是提高储层的渗透率。对此,国内外学者进行了大量研究。根据文献调研,实时高温下花岗岩气体渗透率的试验结果见图2-13—图2-16。从图中可以得出,当温度较低时,实时高温作用下不同类型花岗岩渗透率随温度升高有轻微增大;当温度超过某一阈值后,实时高温作用下不同类型花岗岩渗透率开始迅速增大,对于花岗岩而言,渗透率随温度变化的阈值温度为300～400℃。

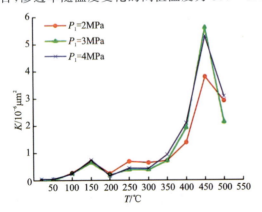

图2-13 实时高温下花岗岩渗透率(K)随温度(T)变化关系(Zhao et al.,2017)

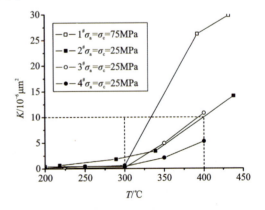

图2-14 实时高温下花岗岩渗透率(K)随温度(T)变化关系(Feng et al.,2018)

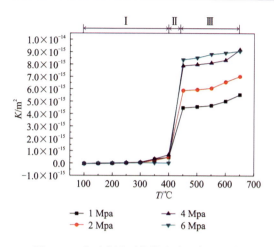
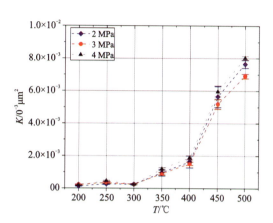

图 2-15 实时高温下花岗岩渗透率(K)随温度(T)变化关系(Meng et al.,2018)

图 2-16 实时高温下花岗岩渗透率(K)随温度(T)变化关系(Yin et al.,2020)

三、弹性模量与泊松比

弹性模量(E)与泊松比(ν)为最常用的岩石变形参数,其值依赖于温度与压力。根据文献中的单轴压缩试验数据,实时高温下不同类型花岗岩归一化弹性模量(E_T/E_0)随温度的变化关系如图 2-17 所以,其中,E_T 为任一温度下岩石弹性模量,而 E_0 为室温下岩石弹性模量,则室温时 E_T/E_0 恒等于 1。从图 2-17 中可见,室温至 200℃时,实时高温下不同类型花岗岩 E_T/E_0 基本上在 0.9～1.1 之间;200～1100℃,E_T/E_0 随温度升高而降低。600℃ 和 1000℃,统计的 E_T/E_0 平均值分别为 0.52 和 0.26,即 600℃和1000℃高温下花岗岩的平均弹性模量降低为原岩的 52% 和 26%。

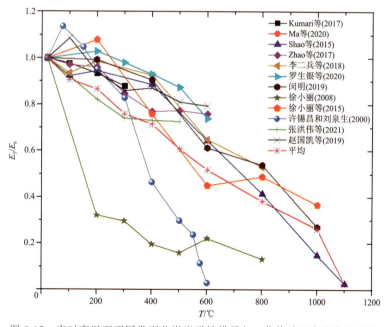

图 2-17 实时高温下不同类型花岗岩弹性模量归一化值随温度变化的关系

室温至 200℃时，不同类型花岗岩的 E_T/E_0 随温度变化的趋势存在较大的差异，有的随温度而增大，有的随温度而减小，有的保持不变。笔者认为这是由于花岗岩主要是由石英、长石和云母等矿物组成，随着温度的逐渐升高，岩石内矿物颗粒发生膨胀，不同矿物（石英和长石）的热膨胀系数不同，因而会在矿物颗粒间产生不均匀膨胀。同一矿物沿不同结晶方向的热膨胀系数也存在差异，同样会在岩石内部产生不均匀膨胀。当花岗岩内部初始结晶良好，随热温度的增大，晶体受热膨胀，当温度进一步增大时，热应力超过岩石拉伸或剪切的极限应力时，矿物晶体间及晶体内部会观测到大量微裂纹，使得高温下花岗岩弹性模量在温度较低时产生劣化。当岩石内部存在许多原生微裂纹、孔隙时，受温度作用岩石矿物产生膨胀，使得原生裂隙得以填充，进而使得花岗岩弹性模量在温度较低时有所增强。

同时，实时高温下岩石弹性模量也受到压力的影响。Kumari 等（2017）通过开展实时高温下假三轴（$\sigma_2=\sigma_3$）压缩试验，测得 Strathbogie 花岗岩弹性模量随温度、压力的变化关系如图 2-18 所示。从图中可见，围压为 0 时，Strathbogie 花岗岩试样的弹性模量随温度升高微降低；其他同一围压下，其弹性模量随温度升高微呈增加趋势；围压较低时（＜30MPa），其弹性模量随压力增加明显增大；围压较高时（30～60MPa），其弹性模量随压力增加变化较小。总的说来，对于 Strathbogie 花岗岩，压力对其弹性模量的影响明显大于温度的影响。李利峰等（2020）也发现压力对花岗岩弹性模量的影响与 Kumari 等（2017）的类似，只是弹性模量随温度升高先增加再减小，如图 2-19 所示。而 Ma 等（2020）测得的弹性模量随温度与压力的波动较大，但整体上可以认为弹性模量随压力增大而增大，室温至 100℃，随温度升高而增加，100～400℃随温度升高而减小（图 2-20）。

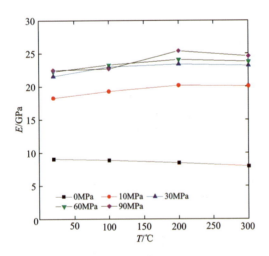

图 2-18 Strathbogie 花岗岩弹性模量随温度与压力的变化关系

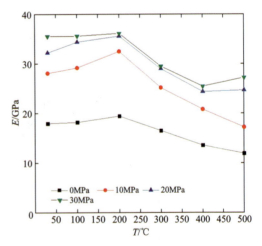

图 2-19 平邑花岗岩弹性模量随温度与压力的变化关系

泊松比是指材料在单向受拉或受压时，横向正应变与轴向正应变的绝对值的比值。岩石力学中的泊松比通常指在单轴压缩条件下，横向应变与轴向应变之比的绝对值。由于单轴压缩试验中岩石应力-应变曲线的非线性特征，在实际工作中，常采用 50% 单轴抗压强度

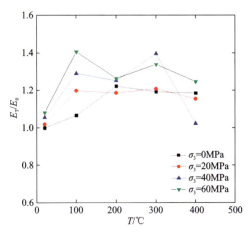

图 2-20　湖南花岗岩弹性模量随温度与压力的变化关系

处的横向应变与轴向应变来计算岩块的泊松比。温度对泊松比的影响问题，至今无统一观点。有人认为与温度无关，有人认为随温度升高而减小，有人认为随温度升高而增大。许锡昌和刘泉生（2000）采用电测法，通过对实时高温下花岗岩开展单轴压缩试验测得泊松比在 20～200℃ 随温度的升高呈增大趋势（图 2-21）。而 Ma 等（2020）则发现花岗岩泊松比与温度和压力之间没有明显关系（图 2-22）。

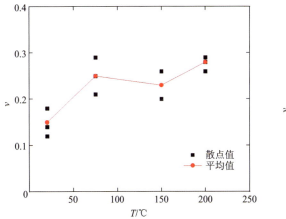
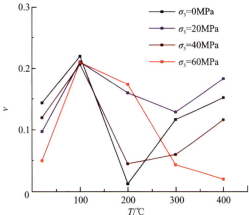

图 2-21　花岗岩泊松比随温度与压力的变化规律　　图 2-22　花岗岩泊松比随温度与压力的变化规律

四、抗压强度

抗压强度是反映岩石基本力学性质的重要参数，在工程岩体分级、岩石破坏判据和岩体破坏判据以及本构模型等中是必不可少的。抗压强度可分为单轴抗压强度（UCS）和三轴抗压强度，常通过单轴压缩试验和三轴压缩试验来确定。大量学者已通过试验证明岩石抗压强度受温度影响。为了更直观地分析花岗岩单轴抗压强度随温度变化的宏观规律，这里将不同高温下花岗岩的单轴抗压强度进行归一化处理，即利用实时高温作用下花岗岩的 UCS_T

与室温下未经高温作用花岗岩的 UCS_0 的比值(UCS_T/UCS_0)来分析实时高温对花岗岩力学性质的影响。

基于现有国内外文献数据的归纳总结,实时高温下不同类型花岗岩归一化单轴抗压强度(UCS_T/UCS_0)随温度变化的关系如图 2-23 所示。从图中可见,室温至 200℃,实时高温下花岗岩 UCS_T/UCS_0 随温度升高呈增加、减小或不变趋势,且大多数变化幅度在±20%之间;200~1100℃,实时高温下花岗岩 UCS_T/UCS_0 随温度升高而减小,600℃和 1000℃时,所有文献数据的 UCS_T/UCS_0 平均值分别约为 44% 和 67%。

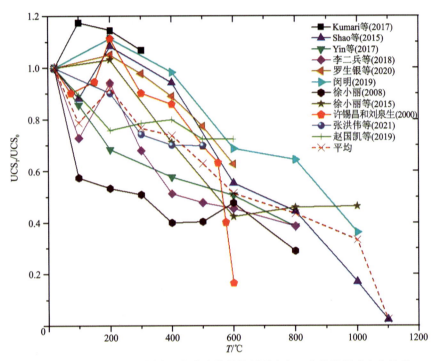

图 2-23 实时高温下不同类型花岗岩单轴抗压强度归一化值随温度变化关系

如表 2-1 和表 2-2 所列,文献所用花岗岩的矿物成分、内部结构、初始力学性质等存在很大的差异,加热速率也有所不同,因此,不同花岗岩 UCS_T/UCS_0 随温度变化的趋势有所不同是正常的。室温至 200℃时 UCS_T/UCS_0 随温度呈现的规律与 E_T/E_0 的类似,笔者认为其原因也是相同的。

三轴抗压强度显然受温度和应力的双重影响。Kumari 等(2017)通过试验发现实时高温下花岗岩的峰值偏应力($\sigma_1-\sigma_3$)随温度与围压的变化关系如图 2-24 所示。从图中可见,在同一围压下,花岗岩抗压强度随温度升高而增大;在同一温度下,抗压强度随围压增大而增大,且显然围压对抗压强度的影响大于温度的影响。Ma 等(2020)也发现了相似的规律(图 2-25)。

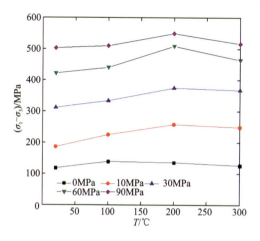

图 2-24　实时高温下 Strathbogie 花岗岩抗压强度值随温度变化关系

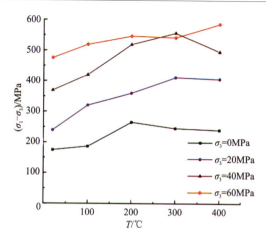

图 2-25　实时高温下花岗岩抗压强度值随温度变化关系

五、黏聚力和内摩擦角

如上小节所述,实时高温下花岗岩单轴和三轴抗压强度随温度发现变化,因此其黏聚力和内摩擦角必然也随温度变化。一些学者已开展花岗岩实时高温下三轴压缩试验来研究其黏聚力(c)和内摩擦角(φ)随温度的变化规律,相关文献见表 2-3。可见,这些花岗岩产地不同,初始力学性质不同,试样尺寸也有所不同。Kumari 等(2017)和 Ma 等(2020)文献中直接给出了 c 和 φ 数值,而李利峰等(2020)只给出了三轴抗压强度,笔者利用其抗压强度根据线性 mohr-coulomb 准则拟合得出 c 和 φ。

归一化黏聚力(c_T/c_0)和归一化内摩擦角(φ_T/φ_0)随温度的变化规律如图 2-26 和图 2-27 所示。Kumari 等(2017)和 Ma 等(2020)测得 c_T/c_0 随温度升高而先增加后减小,其转折温度分别为 100℃ 和 300℃,而李利峰等(2020)则发现 c_T/c_0 随温度升高波动减小(图 2-26)。φ_T/φ_0 随温度的变化规律不明显,但波动幅度在 ±10% 之间,可以忽略其随温度的变化(图 2-27)。尽管数据有限,但可以得出实时高温对花岗岩黏聚力的影响大于其对内摩擦角的影响,间接证明了高温损伤主要破坏了岩石矿物间的联结。

表 2-3　实时高温下不同花岗岩初始力学参数

试样产地	UCS/MPa	c/MPa	φ/(°)	围压/MPa	试样尺寸(直径×高)/mm×mm	参考文献
Strathbogie	118.17	20.7	52	0/10/30/60/90	22.5×45	Kumari 等(2017)
湖南	175.38	32.1	46	0/20/40/60	50×50×100	Ma 等(2020)
北京	195.93	35.9	50.2	0/10/20/30	50×100	李利峰等(2020)

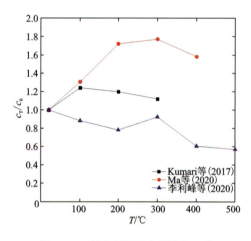
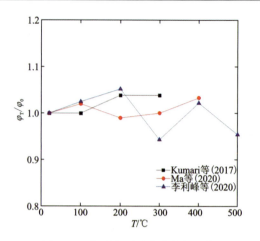

图 2-26 实时高温下花岗岩归一化
黏聚力随温度变化关系

图 2-27 实时高温下花岗岩归一化
内摩擦角随温度变化关系

六、抗拉强度

岩石的抗拉强度是指岩石试件在受到轴向拉应力后其试件发生破坏时单位面积所能承受的最大拉力。由于试件制作和实现单轴拉伸加载的困难,很少采用直接拉伸试验,通常采用巴西劈裂试验来测定岩石的抗拉强度。学者们对常温下花岗岩的抗拉强度已开展了大量研究,但对实时高温下花岗岩抗拉强度的研究极少。闵明等(2020)通过开展实时高温下巴西劈裂试验,获得了实时高温下北山花岗岩抗拉强度随温度的变化规律,如图 2-28 所示。可见,室温至 1000℃,北山花岗岩抗拉强度随温度升高整体呈下降趋势,该趋势可分为 3 个阶段:第一阶段,20～200℃,抗拉强度减小较慢,从 9.52MPa(室温)下降到 9.36MPa(200℃),降幅为 1.7%;第二阶段,200～600℃,抗拉强度降低较快,整体呈线性下降,从 200℃的 9.36MPa 下降到 600℃的 4.09MPa,降幅 54.17%;第三个阶段,600～1000℃,抗拉强度降低幅度缓于第二阶段的,1000℃时降幅为 49.14%。

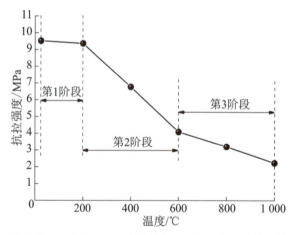

图 2-28 实时高温下花岗岩抗拉强度随温度变化的关系

第三节 损伤机理

通过前面章节中的文献调研与数据分析,表明实时高温下花岗岩物理力学性质确实随温度发生不同程度的变化,即温度对花岗岩有损伤作用,这是由多方面因素综合作用的结果。

一方面,岩石是由多种矿物颗粒通过结晶连接或胶结连接形成的集合体。不同的矿物具有不同的热膨胀性,即受热/冷却后各种矿物颗粒的体积膨胀/收缩量不同,有的变形大,有的变形小。同种矿物具有热膨胀各向异性,通常平行晶体主轴方向与垂直晶体主轴方向热膨胀系数不同,且矿物热膨胀系数随温度变化,尤其是 500℃后,部分矿物如石英热膨胀系数大幅增加(图 2-29)。岩石是一个连续体,岩石内的矿物颗粒是连接在一起的,各矿物颗粒不能按各自的热膨胀性能自由的变形,彼此间是相互约束的。因此,从低温到高温的过程中,膨胀变形大的矿物颗粒受到其他矿物的挤压,而膨胀变形小的颗粒受拉伸;这样就在岩石中产生一种由矿物颗粒不均匀膨胀引起的应力,因是由温度变化引起的,故称为热应力。当此热应力达到或超过某一极值时,就会首先在岩石内的相对薄弱部位——矿物颗粒之间产生微裂纹(晶间裂纹),或使原有的微裂纹扩展;随温度的升高,热应力越来越大,甚至在矿物颗粒内部产生微裂纹(穿晶裂纹),这些微裂纹逐渐扩展、连通,甚至形成网络,这种现象可通过偏光显微镜、SEM、CT 技术等观察到(如吴刚等,2015;Zhao et al.,2017;Kumari et al.,2017)。

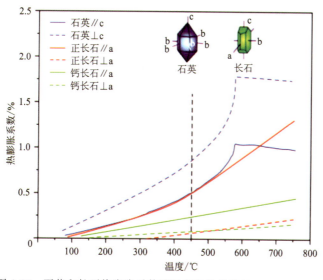

图 2-29 石英和长石热膨胀系数随温度变化关系(Hu et al.,2021)

另一方面,高温作用时,岩石内不同状态水从岩石中逃逸,产生脱水作用。岩石中的水可分为岩石空隙中的水和矿物中的水两大类,岩石空隙中的水在干燥过程中已变成气态从岩石中逸出,对岩石结构无影响,不影响试验结果。绝大多数矿物或多或少都含有水,根据矿物中水的存在形式及其在晶体结构中的作用,可将矿物中的水主要分为吸附水、结晶水和结构水 3 种基本类型,以及性质介于结晶水与吸附水之间的层间水和沸石水 2 种过渡类型(姜尧发等,2009)。

(1)吸附水。以中性水分子的形式被机械地吸附于矿物颗粒的表明或缝隙中的水,不参与矿物的晶格,不属于矿物固有的化学组成。吸附水含量不定,随环境温度、湿度等条件而变化。常压下,当加热温度到 100~110℃时,吸附水基本上全部逸散;但胶体矿物中的吸附水脱水温度一般为 100~250℃。因此,吸附水的逸散不影响矿物结构,不对岩石产生破坏,只会使岩石质量减小。

(2)结晶水。以中性水分子的形式存在于晶体结构中,数量固定(如石膏 $CaSO_4 \cdot 2H_2O$),受到晶格的束缚,结合较牢固。其脱水温度一般在 200~500℃范围内或更高。伴随着结晶水的脱失,矿物的晶体结构随之发生破坏或被改造,从而形成一种新矿物。因此,结晶水的脱失对岩石有一定的损伤影响。

(3)结构水。也称化合水,以 OH^-、H^+ 或 H_3O^+ 离子的形式参与构成矿物晶体结构,有固定的配位位置和确定含量比,其中尤以 OH^- 最为常见,如高岭石 $Al_4[Si_4O_{10}](OH)_8$。这种水在晶体结构中的结合强度比结晶水高,只有在高温条件下(一般为 500~900℃或更高)晶体结构被破坏时,才能以中性水分子形式释放出来。如高岭石的失水温度为 580℃。因此,矿物结构水的脱失对岩石有损伤。

(4)层间水。存在于某些层状结构硅酸盐矿物结构单元层之间的中性水分子,其性质介于结晶水和吸附水之间,含量不定,当温度、压力升高时,层间水逐渐逸失,常压下至 110℃时大部分逸失。层间水脱失没有破坏矿物的层状结构,仅使相邻结构层间堆积趋于紧密,矿物密度变大。因此,矿物层间水的脱失对岩石无损伤,仅影响岩石质量。

(5)沸石水。是介于吸附水和层间水之间的一种水,主要以中性水分子的形式存在于沸石族矿物晶格中宽大的空腔和通道中而得名。它在晶格中占据确定的配位位置,含量随温度和湿度在一定范围内可变化。沸石水一般在 80℃时开始通过结构孔道逐渐逸失,至 400℃时可全部析出,但不造成结构的破坏。因此,矿物沸石水的脱失不对岩石有损伤,只会使岩石质量减小。

矿物结晶水和结构水的逸失,破坏了矿物晶格骨架,使岩石内部细观结构发生变化,同时也削弱了矿物颗粒间的结合力。当加热温度较低时(小于 200℃),矿物脱水作用不明显,矿物的膨胀反而使原有空隙闭合,造成岩石的密度、空隙率、渗透系数等变化不大甚至使空隙率轻微降低。当温度继续升高,矿物结晶水和结构水逐渐脱水逸失,破坏矿物晶格结构,使得岩石内部缺陷不断增多,使岩石的力学性质随温度升高而损伤加剧。

此外,如表 2-4 所列,高温作用时,矿物可能会发生熔融、重结晶、蚀变和氧化等一系列变化,生成新的矿物和小分子气体或水,这些可能在矿物内造成更细小、更为繁复的微裂隙(Nelson and Guggenheim,1993),改变矿物结构,进而影响岩石物理力学性质。尤其值得关注的是石英的相变,石英在自然界中有 7 中晶态,在不同的温度下可以转变,即相变[图 2-30(a)]。石英的相变可分为两种:重构型和位移型。重构型相变发生在高温条件(>800℃),相变过程中石英的晶体结构单元间发生化学键的断裂和重组,形成新的晶体结构[图 2-30(b)]。位移型相变则发生在相对低温条件,只涉及原子位置的微小位移或其 Si—

O—Si 键角的微小转动,如 573℃三方晶系 a-石英与六方晶系 b-石英的转变,a-石英的 Si—O—Si 键角为 144°,而 b-石英的 Si—O—Si 键角为 155°,故该相变过程中石英体积有 0.63% 的微小膨胀(Johnson et al.,2021)。但由于相变速度快,对岩石微结构产生严重破坏(Wu et al.,2019c)。这是花岗岩的物理力学性质在 400~600℃见变化幅度显著增大的主要原因。

但是,对于花岗岩而言,其矿物成分主要是长石与石英,室温至 800℃,花岗岩的矿物含量基本无变化(Yang et al.,2019;Shang et al.,2019;Zhang et al.,2020b)。

表 2-4 矿物热反应(Zhu et al.,2020)

矿物	反应温度范围/℃	热反应	参考文献
长石	750~950	位错滑移	Mainprice 等(1986)
石英	573	相变	Somerton(1992)
石英	700~800	C 轴滑移	Mainprice 等(1986)
橄榄石	550	分解	Michel 等(2014)
橄榄石	725~1150	氧化	Michel 等(2014)
辉石	900	相变	Yamanaka 等(1985)
角闪石	300~800	脱氢	Schmidbauer 等(2000)
黑云母	400	氧化	Pavese 等(2007)
金云母	500~600	氧化	Tutti 等(2000)
金云母	900	脱氢	Tutti 等(2000)
蒙脱石	25~220	解吸	Barshad(1952)
蒙脱石	554~723	分解	Barshad(1952)
伊利石	400~625	分解	Barshad(1952)
高岭石	455~642	分解	Barshad(1952)
绿泥石	>550	氧化	Nelson 和 Guggenheim(1993)
白云石	500~600	分解	Zhang 等(2015)
方解石	700~830	分解	Barshad(1952)

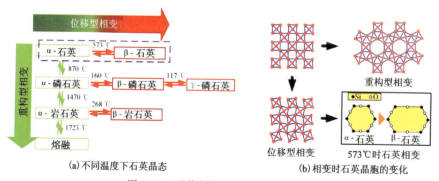

图 2-30 石英相变(Wu et al.,2019c)

第三章　高温自然冷却后花岗岩物理力学特性研究

岩石受热或受冷,均会在岩石内部产生热应力,进而生成微裂隙,对岩石产生损伤作用,影响岩石的物理力学性质。大量研究已表明不同的冷却方式对岩石的物理力学性质影响不同。本章通过试验与文献调研,分析高温自然冷却对花岗岩物理力学性质的影响规律,揭示其损伤机制,为EGS工程开发的相关计算与数值模拟提供理论依据。

第一节　试验概况

一、试验对象

本次试验研究所用花岗岩采自福建南安市某矿区,简称为NA花岗岩。它的新鲜面呈浅灰白色夹淡红色,显晶质粗粒结构、块状构造,肉眼可见明显的石英颗粒与呈云母光泽的片状黑云母(图3-1)。所有岩样的平均密度为 $2.596g/cm^3$,平均纵波波速为4167m/s。利用X射线衍射仪(Bruker-D8 Advance 型)鉴定NA花岗岩的矿物组成,得其矿物成分为钾长石(41.42%)、钠长石(30.79%)、石英(11.89%)和云母(15.90%)。

图3-1　NA花岗岩初始岩样

二、试验方法

本章的试验流程如图3-2所示,具体如下。

(1)岩样制备与基本物性量测:依照《工程岩体试验方法标准》(GB/T 50266—2013)中的相关规定将NA花岗岩岩石制成直径50mm、高径比2∶1的圆柱体岩样。这些岩样均满足:①岩样高度、直径误差不超过±0.30mm;②两端面的不平行度不超过±0.05mm;③端面

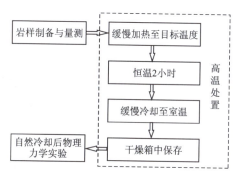

图 3-2　高温自然冷却试验流程图

应垂直于岩样轴线,偏差不超过±0.25°。岩样制成后,在试验室通风处静置两周以消除天然含水量对试验结果的影响,并量测所有岩样的密度与纵波波速;为了保证试验结果的可靠性和可比性,剔除密度和波速异常的岩样,然后进行分组编号。

(2)高温处置:将已测量基本物性的岩样置于精密控制高温炉(SG-XL1200)中,加热时炉内试样之间需保证3cm以上间隔,以确保岩石受热膨胀后不因体积变大而相互挤压,以5℃/min的加热速率缓慢加热至目标温度(200℃、300℃、400℃、500℃和600℃),恒温2h,然后关闭高温炉电源,使加热后的岩样在高温炉中自然冷却至室温,最后将其保存于干燥箱中备用。通常高温处置试验流程即为如此,但本次研究为了分析高温下与高温后岩石物性变化,在恒温2h结束后增加一过程,即从炉中快速取出岩样,测量其高温状态下的质量、尺寸,然后放回高温炉内自然冷却。

(3)自然冷却后物理力学试验:对自然冷却后岩样进行一系列常规物理力学性质测量试验,包括质量与体积测量、纵波波速测定、热学参数测定、单轴压缩试验与三轴压缩试验、巴西劈裂试验、三轴卸荷试验。

(4)微细观试验:利用DM2500P偏光显微镜对高温前后岩样切片进行观察与分析。

其中,纵波波速测试采用RSM-SY5型非金属超声波检测仪;热学参数测定通过Hot Disk TPS1500热传导系数分析仪来进行;单轴和常规三轴加卸载试验采用TAW-2000型微机控制电液伺服万能试验机;巴西劈裂试验采用RFP-03型智能测力仪(图3-3)。所有试验均按照《工程岩体试验方法标准》(GB/T 50266—2013)试验标准进行。所测试验数据如附表1所列。

(a)SG-XL1200型箱式高温炉

(b)RSM-SY5声波检测仪

(c)TPS1500热传导系数分析仪

  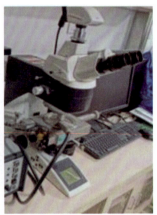

(d) TAW-2000型电液伺服万能试验机　　(e) RFP-03型智能测力仪　　(f) DM2500P偏光显微镜

(g) Bruker D8 Advance XRD测试仪

图 3-3　试验所用设备

纵波波速测定时,在圆柱形试样的每个端面上分别连接两个传感器(一个发射器和一个直径为 38mm 的接收器),并在试样和两个传感器的界面之间涂抹凡士林,以确保试样和传感器接触良好。记录脉冲(50 kHz)沿试样轴向从发射器到接收器所用的时间,用试样长度除以脉冲通过试样的传播时间计算纵波速度。每个试件的纵波速度测量 3 次,取平均值。

热学参数测定时,基于单面导热性能测量,将样品放置在装置上,在样品和绝热片之间放置一个传感器,传感器直径 25mm,由一个绝缘的双层螺旋圆盘组成,圆盘由镍制成,包裹在薄箔中。样品架具有固定装置可以使传感器与 2 个样品的表面紧密接触,准确地测量高温处理后 NA 花岗岩导热系数、热扩散率和比热容,每个试样测量 3 次取平均值,然后将每组 3 个试样再次取平均值,进而得到每个热处理温度下花岗岩导热系数、热扩散率和比热容。

三轴加载压缩试验在 TAW-2000 型电液伺服万能试验机上进行(图 3-3),根据青海共和盆地共和县恰卜恰镇地热地热井现场情况,将围压设定为 20MPa、40MPa 和 60MPa。试验时首先以 0.5MPa/s 加载速率同步增加轴压与围压至预定值,使试样处于静水压力状态,然后以 0.3mm/min 加载速率均匀加载轴压至试样完全破坏为止。在试验过程中，2000kN 力传感器量测轴向荷载，用位移计对轴向应变进行了监测，位移计的满量程为 100mm，精度为 0.5%，满足试验要求，同时利用应变片及应变仪对横向应变进行监测。

三轴卸荷试验同样采用 TAW-2000 型电液伺服万能试验机。卸围压路径多种多样，根据轴压变化情况可分为轴压固定、轴压升高和轴压降低 3 种情况。其中轴压固定可分为峰前卸围压和峰后卸围压，轴压固定和轴压升高这两种方案偏压均增大。轴压减小又可分为偏压增大和偏压不变两种卸围压方式。现场开挖过程中围岩切向压力增大，径向压力较小，因此本书使用加轴压卸围压的方式。围压设定为依旧为 20MPa、40MPa 和 60MPa。进行卸荷试验时，首先将围压加载到与加载试验相同的水平，然后在轴向位移控制下以 0.005mm/s 的速率加载轴向压力，直到在各个围压下偏应力施加到峰值强度的 70% 时，轴向应力继续增大，而围压以 0.05MPa/s 的速率逐渐卸载，直至岩样破坏(图 3-4)。

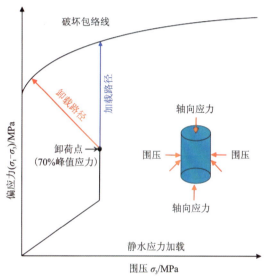

图 3-4 加载和卸载试验应力状态示意图

第二节 基本物性试验结果与分析

一、体积、质量与块体密度

块体密度指单位体积内岩石的质量，是岩石的最基本性质。岩石与大多数物质一样，具有热胀冷缩的特性。温度升高后，岩石体积膨胀；自然冷却后，岩石体积收缩，但由于热膨胀时在岩石内部产生的微裂纹不可能完全闭合，故岩石体积在温度恢复到最初情况时不能完全恢复到原来的体积，会产生永久变形，即高温自然冷却后岩石体积较未经热处理的状态有所增大。同时，在加热与冷却过程中，岩石质量也会轻微减小。因此，岩石的块体密度是受温度影响的。为了更好地反映高温自然冷却对岩石体积、质量和块体密度的影响规律，本书

引入体积增长率(η_v)、质量减小率(η_m)和密度减小率(η_r),分别定义为

$$\eta_{vu} = \frac{V_u - V_0}{V_0} \times 100\% \tag{3-1}$$

$$\eta_{va} = \frac{V_a - V_0}{V_0} \times 100\% \tag{3-2}$$

$$\eta_{mu} = \frac{m_0 - m_u}{m_0} \times 100\% \tag{3-3}$$

$$\eta_{ma} = \frac{m_0 - m_a}{m_0} \times 100\% \tag{3-4}$$

$$\eta_{\rho u} = \frac{\rho_0 - \rho_u}{\rho_0} \times 100\% \tag{3-5}$$

$$\eta_{\rho a} = \frac{\rho_0 - \rho_a}{\rho_0} \times 100\% \tag{3-6}$$

式中:V_0、m_0、ρ_0分别为初始静置干燥两周后的岩样质量、体积和密度;V_u、m_u、ρ_u分别为高温时测得岩样质量、体积和密度;V_a、m_a、ρ_a分别为高温自然冷却后岩样的体积、质量和密度;η_{vu}、η_{mu}和$\eta_{\rho u}$分别为岩样高温下的体积增长率、质量减小率和密度减小率;η_{va}、η_{ma}和$\eta_{\rho a}$分别为岩样高温后的体积增长率、质量减小率和密度减小率。

如图3-5所示,高温下体积增长率η_{vu}均值和高温后体积增长率η_{va}均值都随温度的升高而增大。400℃前二者与温度近似线性增加,400℃时,η_{vu}和η_{va}分别为1.42%和0.45%;400℃后曲线变陡,说明体积增长率随温度增加幅度变大。600℃时,η_{vu}和η_{va}分别达到了为4.32%和1.60%。同时可以发现高温下η_{vu}均值总是大于高温后η_{va}均值,说明高温状态下NA花岗岩体积膨胀大于高温后。这主要是因为岩石受热膨胀,在矿物晶粒之间或晶粒内部产生微裂纹,或使原有的微裂纹扩展,岩石冷却后,这些裂纹部分闭合但不能完成闭合,产生永久变形,因此,高温后体积大于原岩体积但小于高温下的体积。此外,岩石内矿物受热膨胀,可能使矿物结构发生破坏;当矿物结构遭受到严重破坏时,这部分矿物产生永久性变形,冷却后不能完全恢复,这也使高温后岩石体积小于高温下的。

如图3-6所示,高温下质量减小率η_{mu}和高温后质量减小率η_{ma}随温度的升高变化较为平缓。200℃时,η_{mu}和η_{ma}均值分别约为0.18%和0.20%;400℃时,分别为0.24%和0.21%;600℃时,分别为0.32%和0.23%;1000℃时,分别为0.43%和0.30%。Yang等(2020)也发现自然冷却后花岗岩质量减小率在600℃时约为0.33%。高温作用下花岗岩质量损失主要与水的逃逸有关,同时可以发现高温下η_{mu}均值总是大于高温后η_{ma}均值,这是由于高温后空气中的水分可能重新吸附在岩石表面,但整体上NA花岗岩质量损失较小。

根据岩石密度的定义,岩石的密度为质量与体积之间的比值,由于高温后NA花岗岩体积膨胀,质量减小,因而高温下和高温后NA花岗岩$\eta_{\rho u}$和$\eta_{\rho a}$均值随温度的升高而增大(图3-7)。对比体积变化,高温后花岗岩质量变化程度较小,使得高温处理后NA花岗岩密度减小率随温度变化的规律同体积增长率随温度变化的规律非常相似。当温度为400℃时,$\eta_{\rho a}$均值仅为0.65%;随着温度升高到600℃、800℃和1000℃时,$\eta_{\rho a}$均值分别为1.79%、2.80%和5.31%。当温度升高到600℃、800℃和1000℃时,$\eta_{\rho u}$均值分别增长到4.45%、5.42%和

7.16%。在本实验温度范围内(≤1000℃)，NA 花岗岩高温下 $\eta_{\rho u}$ 均值大于高温后 $\eta_{\rho a}$ 均值。

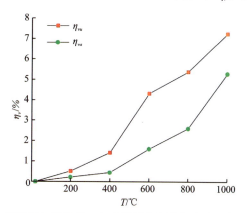

图 3-5 高温下与高温后 NA 花岗岩体积增长率随温度变化关系

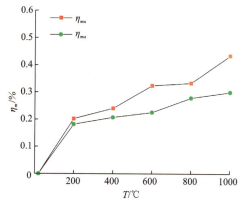

图 3-6 高温下与高温后 NA 花岗岩质量减小率随温度变化关系

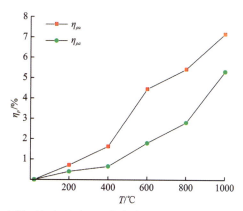

图 3-7 高温下与高温后 NA 花岗岩密度减小率随温度变化关系

二、纵波波速

在弹性介质内某一点，由于某种原因而引起初始扰动或振动时，其将以波的形式在弹性介质内传播，形成弹性波。根据弹性波动理论，弹性波在岩石中的传播速度与岩石的密度、弹性常数(弹性模量和泊松比)有关。此外,当弹性波在传播过程中遇到介质突然变化的界面时(如层面、节理、裂隙等),将会产生反射、折射、绕射和散射等,使得波速降低、振幅减小。因此,岩石越致密,弹性波波速越高;岩石中裂隙越多,弹性波速越低。可通过弹性波波速的变化来间接评价岩石介质内部的变化。

岩石中可能产生两类弹性波:纵波与横波。纵波,其质点运动方向与波传播方向平行;横波,其质点运动方向与传播方向垂直。由于横波的发生和接收比较困难等原因,实际工作中主要以测纵波为主。本书通过测定高温前与高温后岩石的纵波波速,分析纵波波速随温度的变化情况,以此来判断岩石内微裂纹的多少,间接分析高温对岩石的热损伤程度。所测纵波波速数据见附表1,其随温度的变化关系如图3-8所示。

为了更明显地显示波速的变化程度,本书引入归一化波速值(V_{pT}/V_{p0}),其定义为高温自然冷却后的波速V_{pT}与室温下原岩的初始波速V_{p0}的比值。如图3-8所示,花岗岩高温后平均波速随温度升高而呈近线性减小。室温时,花岗岩的平均纵波波速为4167m/s,600℃时,平均纵波波速为1087m/s,仅为室温的26%。纵波波速能反映岩石的致密程度,高温自然冷却后岩石的纵波波速随温度升高而降低,说明岩石内部空隙增加,间接反映了岩石内部微裂纹随温度升高而增多,其损伤程度随温度升高而加剧。

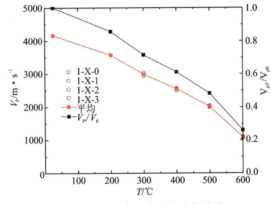

图3-8 纵波波速随温度变化关系

三、热学参数

岩石的热物理性质通常包括热扩散系数、比热、导热系数和热膨胀系数等。这些参数对EGS工程温度场的计算、热量的传递、热应力的计算以及热破坏分析等非常重要。一般而言,岩石的热参数不是恒定的,受岩石的组成与结构、温度等因素影响。高温对岩石自身结构产生损伤,因此必然影响其热学参数。

岩石热导率表述岩石导热能力的大小,其物理意义是单位厚度岩石沿热传导方向,两壁温差为1K时,单位时间内所流过的热量,单位为W/(m·K)。岩石热导率主要取决于岩石成分特点和结构特点如孔隙度、饱和度、饱和流体的性质,还受到温度和压力条件的影响。已有研究表明,岩石热导率基本上随温度的升高而下降,有的呈直线下降,有的下降到一定值后有所增大(康健,2008)。

比热容表征物质储热量的能力,其定义是单位质量的物质温度升高(或降低)1K时所需吸收(或放出)的热量,单位为 kJ/(kg·K)。岩石比热容除与自身成分有关外,还受含水量、温度等因素的影响。

岩石热扩散率又称导温系数,是反映岩石热惯性特征的一个综合性参数,表示岩石在加热或冷却时各部分温度趋于一致的能力。其定义为单位时间内的温度升高数与单位长度内温度梯度的变化率,单位为 m^2/h 或 mm^2/s。在稳态传热过程中,岩石的热扩散率(κ)与比热容(c)、密度(ρ)及热导率(λ)之间的关系为

$$\kappa = \frac{\lambda}{c\rho} \tag{3-7}$$

即岩石的热扩散系数可通过测定岩石的热导率、比热容和密度而求得。岩石的热扩散率受岩石的矿物组成与结构、含水量、温度等因素影响。

本书利用 Hot Disk TPS1500 热传导系数分析仪,测得常温下 NA 花岗岩原岩热导率、比热容平均值分别为 2.927W/(m·K)和 0.693kJ/(kg·K),利用式(3-7)计算得其热扩散系数 1.629mm^2/s。经过不同高温自然冷却后 NA 花岗岩热导率、比热容和热扩散系数见表 3-1,其随温度的变化关系如图 3-9 所示。从图中可见,室温至 1000℃,高温自然冷却后 NA 花岗岩热导率和热扩散系数随温度的升高而降低,而比热容随温度的升高而增大,且与温度间的线性相关性较好;600℃ 时约分别约为室温下原岩的 69%、66% 和 106%。Zhao 等(2018)和 Yang 等(2020)也试验测得高温自然冷却后花岗岩的热导率随温度的升高而减小,600℃ 时约为室温下原岩的 50%。Dwivedi 等(2008)基于文献综述也认为室温至 600℃ 范围内花岗岩比热容随温度呈线性增加。如图 3-9 所示,热导率和热扩散系数的拟合曲线斜率陡于比热容的,说明高温对 NA 花岗岩热导率和热扩散系数的影响大于比热容的。

表 3-1 高温自然冷却后 NA 花岗岩热物理参数

T/℃	编号	密度ρ_T/(g·cm^{-3})	纵波波速V_{pT}/(m·s^{-1})	热导率λ_T/W·$(m·K)^{-1}$	比热容c_{pT}/kJ·$(kg·K)^{-1}$	热扩散系数κ_T/(mm^2·s^{-1})
室温	A-1	2.596	4167	2.818	0.674	1.612
	A-2	2.595	4167	2.988	0.682	1.688
	A-3	2.597	4167	2.976	0.722	1.587
200	B-1	2.585	3571	2.817	0.701	1.554
	B-2	2.588	3571	2.785	0.712	1.512
	B-3	2.582	3571	2.775	0.696	1.545
400	C-1	2.576	2500	2.626	0.725	1.406
	C-2	2.579	2564	2.568	0.736	1.353
	C-3	2.579	2564	2.442	0.726	1.303
600	D-1	2.549	1064	2.008	0.739	1.067
	D-2	2.553	1099	1.988	0.736	1.058
	D-3	2.55	1099	2.089	0.731	1.120

续表 3-1

T/°C	编号	密度ρ_T/ (g·cm^{-3})	纵波波速V_{pT}/ (m·s^{-1})	热导率λ_T/ W·(m·K)$^{-1}$	比热容c_{pT}/ kJ·(kg·K^{-1})	热扩散系数κ_T/ mm^2·s^{-1}
800	E-1	2.525	685	1.784	0.741	0.954
	E-2	2.523	694	1.633	0.760	0.852
	E-3	2.521	690	1.719	0.733	0.930
1000	F-1	2.46	380	1.168	0.798	0.595
	F-2	2.458	368	1.132	0.798	0.577
	F-3	2.459	368	1.067	0.839	0.517

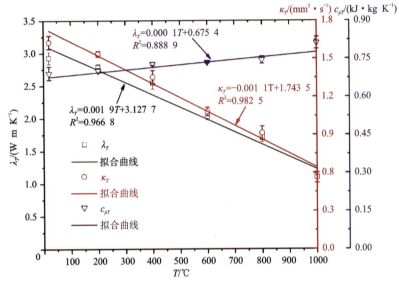

图 3-9 高温自然冷却后 NA 花岗岩热学参数随温度变化的关系

第二章第二节实验已表明花岗岩块体密度和纵波波速均随温度升高而减小,能否以这两个简单易测的指标来反演花岗岩的热学参数呢?本书通过数学拟合,建立了 1000℃内自然冷却后 NA 花岗岩热导率、热扩散系数与密度和纵波波速的关系,拟合结果见表 3-2、图 3-10 和图 3-11。可见,1000℃内自然冷却后 NA 花岗岩热导率、热扩散系数与密度呈指数关系,与纵波波速呈对数关系,相关系数(R^2)皆大于 0.9,相关关系良好。

表 3-2 高温自然冷却后 NA 花岗岩 λ_T、κ_T 与 r_T 和 V_{pT} 的拟合关系

热学参数	拟合曲线	R^2
λ_T	$\lambda_T = 2.95 \times 10^{-8} \exp(7.091\,\rho_T)$	0.994 7
	$\lambda_T = 0.714\,3 \ln V_{pT} - 3.026\,6$	0.993 3
	$\lambda_T = 0.714\,3 \ln V_{pT} - 3.026\,6$	
κ_T	$\kappa_T = 2.5 \times 10^{-9} \exp(7.821\,\rho_T)$	0.992 8
	$\kappa_T = 0.422\,2 \ln V_{pT} - 1.897\,2$	0.988 1

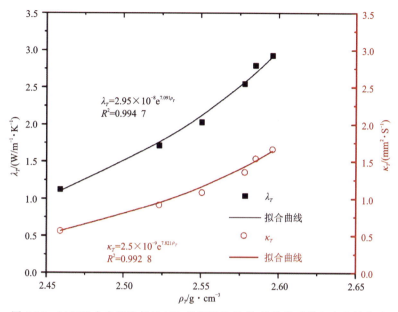

图 3-10　1000℃内自然冷却后 NA 花岗岩热导率、热扩散系数与密度的关系

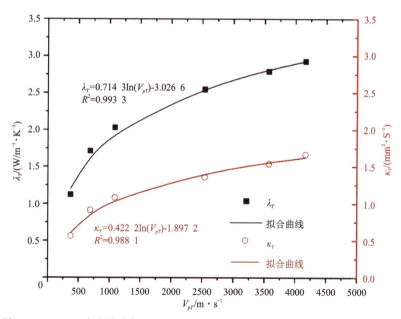

图 3-11　1000℃内自然冷却后 NA 花岗岩热导率、热扩散系数与纵波波速的关系

岩石线性热膨胀系数是指岩石试件温度改变1℃时,其长度的变化与其在原温度时长度之比,单位 1/℃。因此,本书定义高温下岩石线性热膨胀系数(α_u)和高温后(α_a)岩石线性热膨胀系数为

$$\alpha_u = \frac{H_u - H_0}{H_0(T_1 - T_0)} \tag{3-8}$$

$$\alpha_a = \frac{H_a - H_0}{H_0(T_1 - T_0)} \tag{3-9}$$

式中：H_0、H_u和H_a分别为初始状态下、高温下和高温后岩样高度；T_1为加热的温度；T_0为室温；T_1-T_0为此时的温度变化量。

初始状态下、高温下和高温后 NA 花岗岩的长度及高温下和高温后热膨胀系数（α）见表3-3，其随温度变化关系如图3-12所示。从图中可见，高温下α_u和高温后α_a均值皆随温度的升高而升高，且在400～600℃时，热膨胀系数迅速增大。对比200℃，高温下α_u和高温后α_a均值在400℃分别增加61.73%和17.05%；但在600℃分别增加174.79%和110.17%。这主要由于石英在573℃左右会发生α-β相变，石英体积突然增加造成岩石长度突增。在同一温度下，高温下α_u均值大于高温后α_a均值，说明高温状态下 NA 花岗岩热膨胀大于高温后。与高温下和高温后体积膨胀规律相同，这是由于矿物膨胀和微裂纹的扩展是高温下花岗岩内部体积膨胀的主要因素，热膨胀矿物经高温处理后发生收缩，但由于诱发的微裂纹不能完全闭合，矿物结构发生了不可逆的变化，所以各温度下α_u均值大于α_a均值。

高温后花岗岩热膨胀系数与温度的关系可以表示为

$$\alpha_T = \alpha_0 \exp[b(T-T_0)] \tag{3-10}$$

式中：T_0和T分别为室温和热处理温度；α_T为经温度为T热处理后花岗岩热膨胀系数；α_0为常温T_0状态下花岗岩热膨胀系数；b为与温度有关的拟合常数。

通过拟合得出

高温下：

$$\alpha_T = 10.05\exp[0.00102(T-T_0)] \quad (R^2=0.768) \tag{3-11}$$

高温后：

$$\alpha_T = 3.75\exp[0.00164(T-T_0)] \quad (R^2=0.977) \tag{3-12}$$

表3-3 高温下与高温后 NA 花岗岩线性膨胀系数

$T/°C$	编号	H_0/mm	H_u/mm	H_a/mm	$\alpha_u/10^{-6} \cdot °C^{-1}$	$\alpha_a/10^{-6} \cdot °C^{-1}$
20*	A-1	100.87	100.87	100.87	—	—
	A-2	100.38	100.38	100.38	—	—
	A-3	100.39	100.39	100.39	—	—
200	B-1	100.06	100.23	100.13	9.62	3.89
	B-2	100.00	100.14	100.07	8.15	4.07
	B-3	100.52	100.67	100.60	8.11	4.24
400	C-1	99.95	100.53	100.22	15.27	6.93
	C-2	100.02	100.50	100.22	12.54	5.26
	C-3	99.96	100.49	100.21	14.04	6.67
600	D-1	100.48	101.94	101.13	24.94	11.15
	D-2	100.91	102.26	101.51	23.07	10.37
	D-3	100.48	101.83	101.20	23.11	12.35

续表 3-3

$T/℃$	编号	H_0/mm	H_u/mm	H_a/mm	$\alpha_u/10^{-6}\cdot ℃^{-1}$	$\alpha_a/10^{-6}\cdot ℃^{-1}$
800	E-1	100.43	102.35	101.39	24.46	12.30
	E-2	100.33	102.32	101.37	25.51	13.29
	E-3	100.44	102.33	101.55	24.08	14.13
1000	F-1	100.01	102.51	101.90	25.44	19.22
	F-2	99.97	102.49	101.91	25.76	19.80
	F-3	100.52	102.92	102.41	24.29	19.19

注：*代表室温。

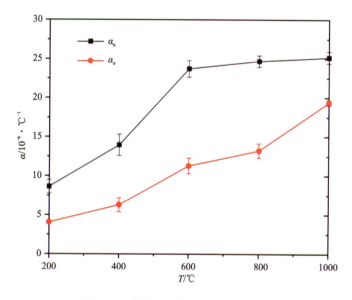

图 3-12　热膨胀系数随温度变化关系

第三节　加载下力学特性试验结果

干热岩地热储层普遍处于高温高压状态，一般适于商业化开采的干热岩储层温度大于 180℃，井深一般在 1000～5000m，如青海共和盆地共和县恰卜恰镇干热岩地热井在 3200～3705m 之间，井下最小主应力在 60～72MPa 之间（Lei et al.，2019）。研究岩石在这样的温度和压力下的力学行为，对 EGS 工程设计与评估具有重要意义。考虑到所用设备的载荷能力，我们将三轴加载试验的围压设定为 20MPa、40MPa 和 60MPa。

一、应力-应变关系

对一定尺寸、形状的岩石试样进行压缩，就可得到载荷与变形之间的关系即应力-应变曲线，它反映了材料受压力后的变形过程。单轴压缩条件下岩石典型全应力-应变曲线如图 3-13 所示。在单轴连续加载条件下，岩石的轴向变形一般会经历 5 个阶段：空隙压密阶段

OA、弹性变形阶段 AB、微裂隙稳定发展阶段 BC、微裂隙非稳定发展阶段 CD 和破坏阶段 DE。其中 AB 阶段和 BC 阶段不好区分,通常统称为弹性阶段。径向应变也经历了与轴向应变类似的过程。故可将岩石的全应力-应变曲线分为 4 个阶段。

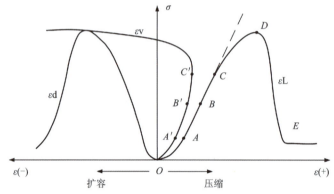

图 3-13 岩石典型应力-应变关系曲线

空隙压密阶段 OA:该阶段位于应力-应变曲线起始段,呈上凹状,试样内部原生裂隙和孔隙在轴向荷载的作用下逐渐闭合。

弹性变形阶段 AC:应力-应变曲线近似成线性增长,应力应变呈正比例关系,在应力-应变曲线中呈直线段;在该阶段岩石受荷后不断地出现裂隙扩展,产生不可逆变形,严格意义上讲,不属于真正的弹性特性,只是一种近似的弹性行为。C 点为该岩石的屈服点。

屈服阶段 CD:该阶段时间间隔较短,曲线段处于抗压强度之前,随着应力的增大曲线呈下凹状,明显地表现出应变增大的现象,裂隙在该阶段迅速扩展,产生不可逆的塑性变形;D 点即为岩石的抗压强度。

破坏阶段 DE:花岗岩瞬间发生破坏,轴向应力由峰值强度向下迅速跌落,有明显的应力降,表现出一定的脆性破坏特征。E 点为残余强度。

高温作用后 NA 花岗岩单轴压缩条件下和三轴压缩条件下的轴向偏应力-轴向应变曲线、轴向偏应力-径向应变曲线、轴向偏应力-体积应变曲线如图 3-14 所示。从图 3-14 可见,这 3 种曲线的特征与图 3-13 的曲线特征基本一致,即高温自然冷却作用后轴向应力-应变关系也大致经历了:空隙压密、弹性变形、屈服变形和破坏阶段 4 个阶段。

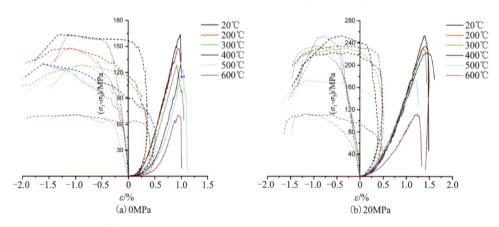

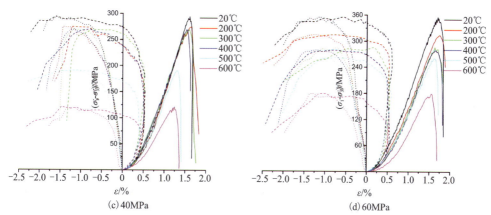

图 3-14 围压一定时不同高温后花岗岩应力-应变关系曲线（实线为轴向偏应力-轴向应变曲线；点虚线为轴向偏应力-侧向应变曲线；线虚线为轴向偏应力-体积应变曲线）

空隙压密阶段：应力-应变曲线呈上凹型，曲线斜率随轴向应力增加，这主要是岩石内部的微裂纹在外力作用下发生闭合所致，随着围压的增大，原生微裂隙在围压作用下发生闭合，偏应力作用下的压密阶段减弱，同一围压压密阶段随着温度升高有所延长。这说明，随着温度的升高，试样内部空隙裂隙增多。

弹性变形阶段：应力-应变曲线呈近直线关系，其曲线斜率即为岩石的弹性模量。可见，不同高温后（600℃内）和不同围压下（60MPa内）NA 花岗岩该阶段非常明显，说明其力学行为偏弹性。

屈服变形阶段：应力-应变曲线逐渐偏离直线呈下凹形，有塑性变形，由于花岗岩属于硬岩，因而其应力-应变曲线该屈服阶段较短。

破坏阶段：岩石试样达到承载极限，内部裂隙贯通形成宏观破裂，整体失去承载能力，应力急剧降低，本章温压范围内花岗岩峰后应力降明显，仍以脆性破坏为主。

如图 3-15 所示，同一温度作用后，不同围压下花岗岩的应力应变曲线弹性阶段斜率变化较小，但 400℃、500℃和 600℃高温后单轴压缩条件下的曲线斜率与有围压时曲线斜率偏差较大，这主要是因为有围压时空隙压密阶段在围压施加的过程已完成一部分。峰值强度也随围压的增加而增大。

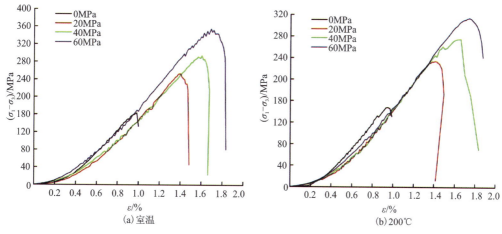

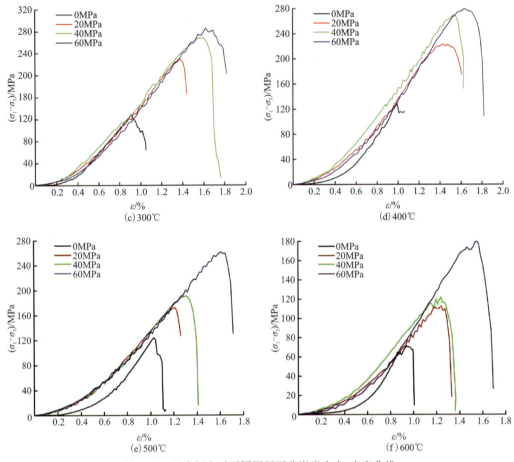

图 3-15　温度恒定时不同围压下花岗岩应力-应变曲线

二、弹性模量与泊松比

本书中，岩石的弹性模量取轴向应力-应变曲线近似直线段（30%～70%峰值强度）的斜率，泊松比（ν）定义为50%峰值应力时的横向应变与轴向应变之比。

不同围压条件下高温后花岗岩弹性模量与温度的关系如图 3-16 所示。可见，各围压条件下岩样的弹性模量随温度升高而降低，温度低于500℃时，弹性模量与温度近线性关系；高于500℃后，弹性模量大幅降低。500℃时，不同围压下弹性模量与室温时相比分别降低了16.8%、16.8%、16.1%、17.8%；600℃时，弹性模量大幅下降，与室温时相比，分别降低了54.6%、45.9%、39.7%、33.5%。图 3-17 为不同高温后花岗岩弹性模量与围压的关系曲线，可见，同一温度下弹性模量随围压变化幅度不大，说明在600℃内围压对经高温处理后花岗岩的弹性模量影响较小。

图 3-18 给出了不同围压下热处理对花岗岩泊松比的影响。高温处理后试样泊松比随围压的增加而略有增大，随温度的升高而略有下降。但整体上泊松比变化幅度较小。

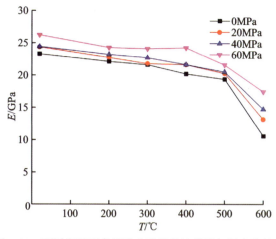

图 3-16 不同围压下高温后花岗岩弹性模量与温度的关系

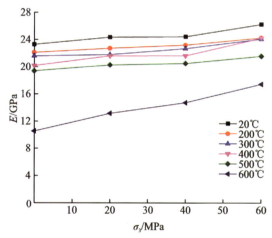

图 3-17 高温后花岗岩弹性模量与围压的关系

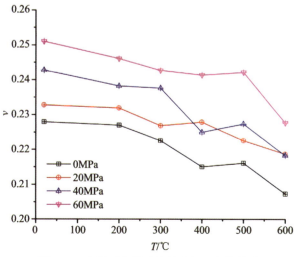

图 3-18 高温后花岗岩泊松比与温度的关系

三、抗压强度

图 3-19 为高温后 NA 花岗岩抗压强度与温度的关系曲线，图 3-20 为高温后 NA 花岗岩归一化抗压强度随温度的变化关系。可见，各围压条件下（0～60MPa）三轴抗压强度随温度变化的趋势基本相似，均随温度升高而降低。加热温度小于 400℃时，高温后岩样三轴抗压强度较初始岩样的抗压强度降幅在 20% 以内；温度大于 400℃时，降幅迅速增大。600℃时，三轴抗压强度在不同围压下降幅分别为 56.5%、55.4%、58.6% 和 41.0%。图 3-21 为高温后花岗岩三轴抗压强度与围压的关系曲线，图 3-22 为其归一化值随围压的变化规律。可见，同一处置温度下，NA 花岗岩三轴抗压强度随围压的升高而增大，且其增大趋势基本一致。

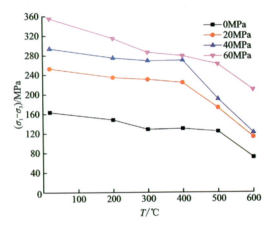

图 3-19　自然冷却后 NA 花岗岩抗压强度随温度变化关系

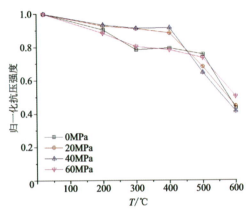

图 3-20　自然冷却后 NA 花岗岩归一化抗压强度随温度变化关系

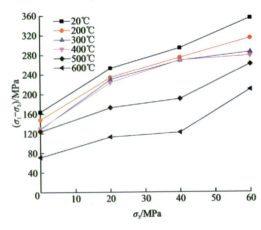

图 3-21　自然冷却后 NA 花岗岩抗压强度与围压的关系

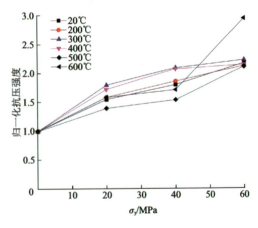

图 3-22　自然冷却后 NA 花岗岩归一化抗压强度与围压的关系

四、黏聚力与内摩擦角

岩石的黏聚力和内摩擦角可根据三轴压缩试验来确定。图 3-23 为高温后试样三轴抗压强度与围压的关系,可见,常温 20℃ 和经 200℃、300℃、400℃、500℃、600℃ 处理后,在 0、20MPa、40MPa 和 60MPa 围压作用下,花岗岩抗压强度随围压增大而近线性增加。由前文应力-应变曲线关系分析可知,在 600℃ 内 60MPa 围压作用下,花岗岩应力-应变关系没有发生本质变化,破坏时仍以剪切破坏为主,因此可以用 Mohr-Coulomb 强度准则来表征岩石强度特征。

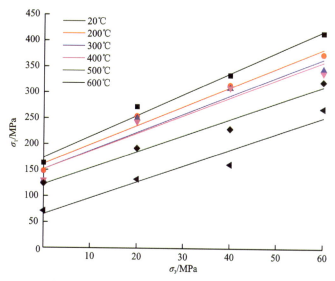

图 3-23 高温后试样峰值轴向应力与围压的关系

根据 Mohr-Coulomb 强度准则

$$\sigma_1 = k\sigma_3 + Q \tag{3-13}$$

式中:σ_1 和 σ_3 分别为最大轴向应力和围压;Q、k 为材料强度参数,其值与材料的内摩擦角 ϕ 与黏聚力 c 的关系为

$$\phi = \arcsin\left(\frac{k-1}{k+1}\right) \tag{3-14}$$

$$c = \frac{Q(1-\sin\phi)}{2\cos\phi} \tag{3-15}$$

利用最小二乘法按式(3-13)回归得到抗压强度与围压的线性关系,具体见表 3-1。所有回归的相关系数均大于 0.93(表 3-4),说明高温后花岗岩抗压强度与围压具有良好的线性相关性,以线性关系拟合抗压强度与围压是合理的。根据式(3-14)和式(3-15)即可求得不同高温处理后试样的内摩擦角和黏聚力,其随温度变化的关系如图 3-24 所示。

表 3-4 高温后花岗岩常规三轴压缩下的强度参数

$T/℃$	k	Q	$\phi/(°)$	c/MPa	R^2
20	4.082 5	174.020	37.34	43.08	0.987 5
200	3.698 1	162.010	35.05	42.14	0.976 8
300	3.554 3	151.820	34.11	40.28	0.930 8

续表 3-4

T/℃	k	Q	ϕ/°	c/MPa	R^2
400	3.461 5	151.730	33.49	40.79	0.930 8
500	3.151 6	122.610	31.22	34.54	0.976 5
600	3.119 9	65.227	30.97	18.47	0.944 1

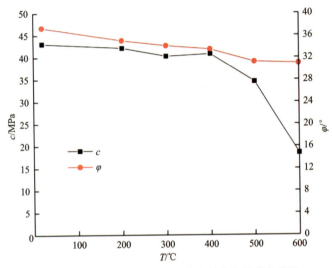

图 3-24 高温后试样黏聚力、内摩擦角与温度的关系

内摩擦角和黏聚力是表示岩石抗剪强度的指标。从图 3-24 和表 3-4 可以看出，花岗岩内摩擦角随温度的升高呈线性下降，常温下花岗岩内摩擦角为 37.34°，经 200℃、300℃、400℃、500℃和 600℃高温处理后内摩擦角分别降低了 6.1%、8.6%、10.3%、16.4% 和 17.0%。花岗岩黏聚力随温度的升高而降低，与常温试验值相比，经 400℃、500℃、600℃处理后黏聚力降幅依次为 5.3%、19.8%、57.1%，当温度大于 500℃时，下降幅度迅速增加。

五、抗拉强度

这里所用的花岗岩取自江苏徐州某矿区(XZ 花岗岩)，具体矿物组成见本章第一节。采用 RFP-03 型智能测力仪，岩样尺寸为直径 50mm、高 50mm 的圆柱体，控制加载速率为 0.5kN/s，直至试样破裂，试验结果如图 3-25 所示。从图中可以看出，室温至 200℃之间，自然冷却后花岗岩抗拉强度基本不变；200℃以上，抗拉强度随温度升高而减小，尤其是高于 300℃，抗拉强度大幅减小。500℃和 600℃自然冷却后 XZ 花岗岩抗拉强度分别为其室温下的 65% 和 30%，降幅分别为 35% 和 70%。

六、破坏形式

岩石破坏类型主要取决于岩石岩性、各向异性、脆性特征、岩石微观结构和外部应力状

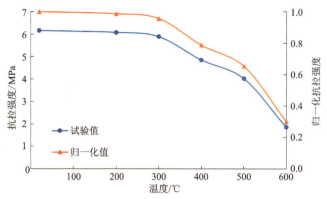

图 3-25　自然冷却后花岗岩抗拉强度随温度的变化关系

态。岩石在外力作用下的宏观破坏,本质上是微裂纹的萌生、发育、扩展、交会、宏观裂纹的形成从而导致的岩石失稳破坏。已有研究表明,在压缩条件下岩石的破坏形式可简化为:纵向劈裂、剪切破坏和多裂纹剪切破坏 3 种类型。通常,在单轴压缩条件下岩石破坏常伴随着不同程度的不规则纵向劈裂[图 3-26(a)];中等强度围压下,纵向劈裂被抑制,沿着已清晰破坏面发生剪切破坏[图 3-26(b)];如果围压再增加,一剪切裂缝网络就会出现[图 3-26(c)]。当然,有时岩石在单轴压缩条件下也呈剪切破坏形式。

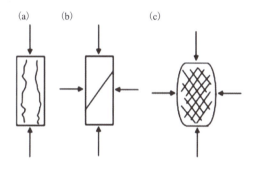

图 3-26　岩石破坏形式
(a)纵向劈裂;(b)剪切破坏;(c)多裂纹剪切破坏

图 3-27 显示了不同高温后不同围压下 NA 花岗岩的破坏形式。可见,当温度小于 500℃时,单轴压缩条件下高温作用后 NA 花岗岩呈纵向劈裂破坏;500℃时,可以在岩样底部观察到局部剪切破坏,由纵向劈裂向剪切破坏转变;600℃时,呈现剪切破坏。在 20～60MPa 围压下,高温后 NA 花岗岩整体上呈剪切破坏,有一明显的主剪切面。因此,可以认为在 600℃和 60MPa 围压范围内,高温后花岗岩破坏形式与常温时花岗岩的破坏形式基本一致。

图 3-27 单轴和常规三轴压缩条件下不同高温后 NA 花岗岩破坏形态

第四节 卸荷下力学特性试验结果

岩石卸荷力学机制与加载力学机制是有本质区别的。本研究采用加轴压卸围压的方式进行卸荷试验,与三轴加载试验围压值相同,三轴卸荷试验围压也设定为 20MPa、40MPa 和 60MPa。高温自然冷却后 NA 花岗岩卸荷条件下力学参数见表 3-5。

表 3-5 高温自然冷却后 NA 花岗岩卸荷条件下力学参数

σ_3/MPa	编号	T/℃	$\sigma_1-\sigma_3$/MPa	E/GPa	ε_s/%	ν	σ_{3f}/MPa
20	2-0-1	20*	225.93	20.76	1.386	0.24	6.20
	2-1-1	200	219.34	20.68	1.365	0.24	6.20
	2-2-1	300	208.94	18.46	1.340	0.24	6.60
	2-3-1	400	200.96	18.43	1.262	0.23	8.30
	2-4-1	500	160.91	17.31	1.236	0.22	8.40
	2-5-1	600	104.27	12.41	1.243	0.22	8.80

续表 3-5

σ_3/MPa	编号	T/℃	$\sigma_1-\sigma_3$/MPa	E/GPa	ε_s/%	ν	σ_{3f}/MPa
40	2-0-2	20*	276.13	24.39	1.480	0.246	21.02
	2-1-2	200	258.15	22.94	1.480	0.246	22.01
	2-2-2	300	242.92	21.64	1.482	0.238	23.60
	2-3-2	400	238.00	21.62	1.404	0.236	25.20
	2-4-2	500	173.44	19.07	1.418	0.234	26.40
	2-5-2	600	112.96	13.43	1.346	0.228	28.00
60	2-0-3	20*	327.03	25.24	1.597	0.255	38.50
	2-1-3	200	294.92	24.34	1.593	0.253	38.52
	2-2-3	300	257.48	22.52	1.537	0.247	38.65
	2-3-3	400	253.76	22.08	1.529	0.245	39.00
	2-4-3	500	241.37	20.89	1.511	0.244	42.59
	2-5-3	600	164.04	18.82	1.305	0.238	43.00

注：* 代表常温状态下参数；σ_{3f} 表示岩样破坏时所剩的围压；ε_s 表示岩样破坏时的峰值应变。

一、应力-应变关系

高温自然冷却后 NA 花岗岩三轴卸荷条件下应力-应变曲线如图 3-28 所示。不同的高温后，在卸荷条件下，花岗岩偏应力随轴向应变、径向应变和体积应变的演化规律大致相似。卸载条件下的偏应力-轴向应变曲线与加载条件下相似，表现为压实、弹性变形、屈服和破坏 4 个阶段。初始压实阶段随温度的升高而增大，随围压的增大而减小。在所有温度条件下，花岗岩试件在弹性变形阶段的偏应力均随轴向应变线性增加，屈服阶段较短。在破坏阶段，偏应力在极小的轴向应变下急剧下降，表现出明显的脆性破坏特征（图 3-29）。

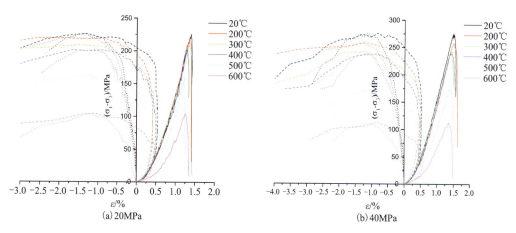

(a) 20MPa　　(b) 40MPa

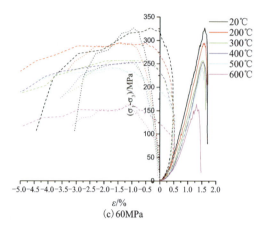

(c) 60MPa

图 3-28　高温自然冷却后 NA 花岗岩三轴卸荷条件下应力-应变曲线（"实线"代表轴向应变；"点线"代表横向应变；"虚线"代表体积应变）

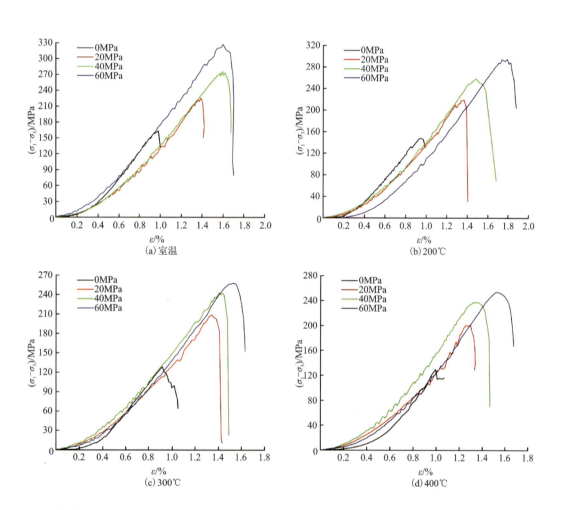

(a) 室温

(b) 200℃

(c) 300℃

(d) 400℃

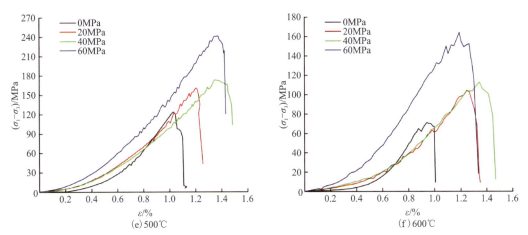

图 3-29　卸荷条件下不同高温自然冷却后 NA 花岗岩应力-应变曲线

结合图 3-14 对比分析，在加载条件下，由于围压的存在对径向应变的扩展有抑制作用，径向应变随围压的增加而减小。但到达卸载点后，径向应变大于加载条件下的应变。随着围压应力的增加，试件在极限强度附近的径向应变更为显著，表现出明显的侧向剪胀特性。径向扩张点随温度的升高而降低（图 3-28）。与常规三轴压缩相比，卸载条件下的峰值体积应变更为显著。在达到卸载点后，体积应变随围压的减小而逐渐增大，在破坏临界点附近变得更为显著。体积应变的膨胀也随着初始围压的增大而增大。高温对体积应变的膨胀有很大的影响：温度越高，体积膨胀越容易发生。

二、弹性模量与泊松比

图 3-30 显示了卸荷条件下 NA 花岗岩弹性模量随温度和围压的关系。从图中可见，不论是加载条件还是卸载条件，花岗岩弹性模量均随处置温度的升高而减小，随围压的增加而增大；且相同温压条件下，卸荷状态下的弹性模量小于加荷状态下的。室温至 400℃，弹性模量降幅在 20% 以内（图 3-31）；400℃ 后，弹性模量开始随温度升高而大幅减小。600℃ 时，20MPa、40MPa 和 60MPa 的卸载条件下 E 值分别为 40.2%、44.9% 和 25.4%。

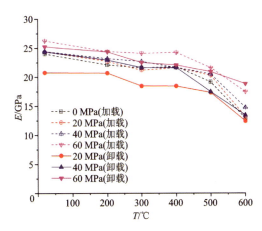

图 3-30　加载和卸载条件下自然冷却后 NA 花岗岩弹性模量随温度的关系

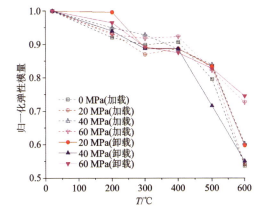

图 3-31　加卸载条件下自然冷却后 NA 花岗岩归一化弹性模量随温度的关系

图 3-32 显示了加载和卸载条件下自然冷却后 NA 花岗岩泊松比随温度、围压的关系,图 3-33 为加卸载条件下 NA 花岗岩归一化泊松比随温度、围压的关系。可见,相同温压条件下,卸荷状态下的泊松比大于加载状态下的。整体上,无论加荷还是卸荷,花岗岩泊松比随温度升高而略有下降,随围压增大而略有增加。600℃内,卸荷条件下泊松比降幅小于 10%。

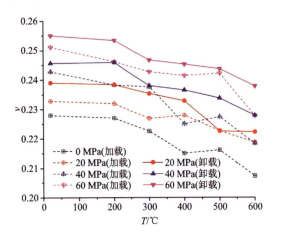

图 3-32　加卸载条件下自然冷却后 NA 花岗岩泊松比随温度的关系

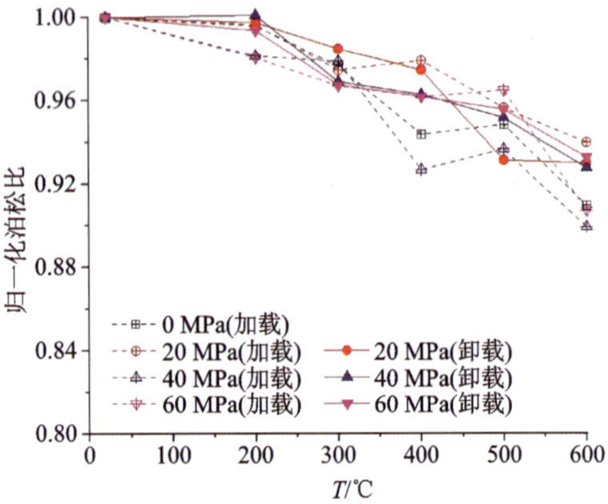

图 3-33　加卸载条件下自然冷却后 NA 花岗岩归一化泊松比随温度的关系

三、抗压强度

加卸载条件下高温后 NA 花岗岩的峰值偏应力($\sigma_1-\sigma_3$)随温度的变化关系如图 3-34 所示,其归一化值随温度的变化关系见图 3-35。可见,随着温度的升高,加载和卸载过程中的峰值强度逐渐减小,当温度继续升高到 400℃时,峰值强度的减小趋势更加明显。600℃时,围压为 20MP、40MP 和 60MPa 时,峰值强度分别下降 55.4%、58.6% 和 49.5%,卸载条件下峰值强度分别下降 53.9%、59.1% 和 49.8%。围压相同时,卸载方式所测得的峰值强度低于加载方式下的峰值强度(图 3-34)。因此,卸载和热处理都会降低花岗岩试件的承载力。然而,在劣化机制上存在一些差异,将在本章第六节中详细揭示。

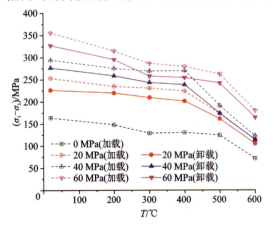

图 3-34　加载和卸载条件下三轴抗压强度随温度关系

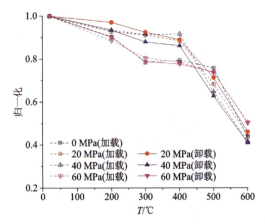

图 3-35　加载和卸载条件下归一化三轴抗压强度随温度关系

四、黏聚力和内摩擦角

以线性 Mohr-Coulomb(MC)理论拟合卸荷时花岗岩的强度关系,如图 3-36 所示。图中拟合曲线的相关系数(R^2)均在 0.9 以上(表 3-6),说明 MC 准则能很好地反映了高温自然冷却后 NA 花岗岩在加载和卸载条件下的破坏特征。根据 MC 准则得到的 c 和 φ 见表 3-6,其随温度的关系如图 3-37 所示。在两种加载方式下,黏聚力和内摩擦角均随温度的升高而减小。卸载条件下的黏聚力大于加载条件下的黏聚力,而内摩擦角的变化呈现不同的趋势。在 400℃、500℃ 和 600℃ 时,加载条件下的黏聚力分别比室温降低 5.3%、19.8% 和 49.4%,卸载条件下的黏聚力分别降低 4.5%、9.2% 和 33.5%。当温度升高到 400℃、500℃ 和 600℃ 时,加载条件下的内摩擦角分别降低了 10.3%、16.4% 和 27.5%。

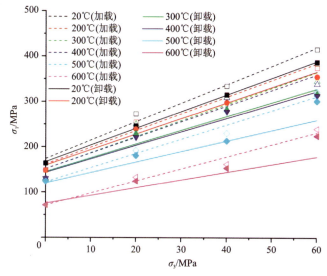

图 3-36 高温后 NA 花岗岩 MC 强度关系

表 3-6 卸载条件下高温自然冷却后 NA 花岗岩抗剪强度参数

T/℃	φ/(°)	c/MPa	R^2
20	35.04	43.46	0.999
200	33.03	42.93	0.985
300	30.84	41.56	0.945
400	30.33	41.45	0.960
500	28.48	35.80	0.966
600	24.70	22.45	0.975

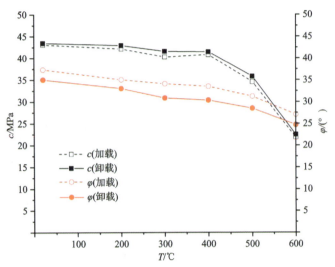

图 3-37　加载和卸载条件下 NA 花岗岩黏聚力和内摩擦角与温度的关系

五、破坏形式

卸荷作用下不同高温后 NA 花岗岩破坏形态如图 3-38 所示。整体上，不同高温后 NA 花岗岩在卸荷作用下呈现剪切破坏。卸荷作用下同高温后 NA 花岗岩主要表现为双剪破坏，这是由于侧向卸荷相当于在岩石侧面产生一个拉应力。此外，卸荷作用下岩石破坏后更加破碎，在破坏面附近存在多条贯通的轴向裂纹，温度越高破坏得越明显。

图 3-38　卸荷作用下不同高温后 NA 花岗岩破坏形态

第五节　微观表征

本章采用偏光显示镜对不同高温自然冷却后岩样切片进行观察。如图 3-39 所示为不同温度自然冷却后花岗岩放大 100 倍的偏光显微镜照片。为了更好地定量描述高温作用后花岗岩微观扩张，通过 ImageJ 软件计算图 3-39 中微裂纹总长和总面积，裂纹密度（ρ_f）和裂纹平均宽度（W_a）可以表示为

$$\rho_f = \frac{L_c}{S} \tag{3-16}$$

$$W_a = \frac{S_c}{L_c} \tag{3-17}$$

式中:ρ_f 和 W_a 分别为裂纹的密度(mm/mm²)和平均宽度(mm);L_c 为裂纹总长度(mm);S 和 S_c 分别为裂纹总面积(mm²)和整个薄片观测区域的面积(mm²)。

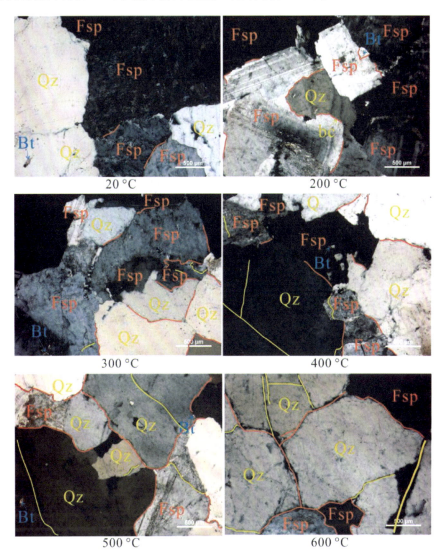

图 3-39 高温后花岗岩偏光显微镜图像

(图中 Qz、Fsp、Bt 分别表示石英、长石和云母;红色线代表晶间裂纹,黄色线代表晶内裂纹)

原状(20℃)花岗岩矿物颗粒接触紧密,结晶紧密,晶间微裂纹极少,微裂纹密度仅为 0.17mm/mm²。200℃时,在矿物边界产生少量晶间裂纹,且微裂纹比较细小,微裂纹密度达到 0.58mm/mm²。300℃时,在矿物晶体边界产生更多微裂纹,裂纹形态比较清晰,但未发现穿晶裂纹。400℃时,矿物晶间裂纹扩展延伸,且在石英和长石内部观察到穿晶裂纹,微裂纹密度增加到 1.02mm/mm², 且微裂纹的平均宽度从常温下 6.61μm 增加到 16.93μm。500℃时, 微裂纹数目进一步增加, 更多的穿晶裂纹出现在石英和长石内部。在 600℃ 时, 在石英颗粒中观察到许多穿晶微裂纹, 这可能与 573℃下 α-石英到 β-石英的相变有关, 且黑云母颗粒内也发现穿晶微裂纹; 同时微裂纹密度和平均宽度均迅速增加, 分别达到 1.75mm/mm² 和 23.78μm。随着热处理温度进一步升高, 花岗岩内部产生更多的微裂纹, 这些微裂纹进一步扩展、加宽和贯通, 局部形成了微裂纹网络。

不同温度作用下花岗岩裂纹密度和平均宽度见图 3-40, 可见, 裂纹密度和平均宽度皆随温度的增大而不断增大。当温度达到 600℃ 时, 花岗岩裂纹密度和平均宽度分别为 1.97mm/mm² 和 25.16μm。

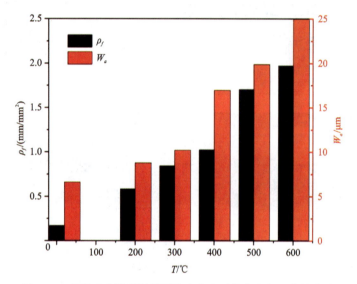

图 3-40　高温后花岗岩试样裂纹密度和平均宽度与温度的关系

第六节　损伤机理分析

一、高温自然冷却对花岗岩的力学损伤机理

本章试验发现, 高温自然冷却作用后花岗岩体积增大、质量减小、密度减小、纵波波速降低、热膨胀系数增大, 同时抗压强度和弹性模量也随温度的升高而降低。高温自然冷却对岩石物理力学的影响可分为两部分: 高温作用和自然冷却作用。

一方面, 高温作用时, 由于矿物的热膨胀性不同, 岩石内部产生热应力, 当热应力达到或超过某一极值时, 就会在岩石内部产生晶间裂纹和穿晶裂纹, 随着加热温度的升高, 这些裂纹会逐渐延伸、扩展, 彼此交会、贯通, 甚至形成网络。而自然冷却时, 这些已生成的裂纹不可能消失, 但可能发生一定程度的变化, 温度越高, 高温生成的裂纹就越多, 自然冷却后的裂纹也越多。大量试验已表明, 高温自然冷却后花岗岩微裂纹长度、张开度和数量均随温度升高而增加(图 3-40)。我们的偏光显微镜观察(图 3-39)及其他学者的偏光显微镜、SEM、CT

微观观察(如 Yang et al.,2017;Kumari et al.,2017;Fan et al.,2018;Wu et al.,2019)都已证明这点。

根据 SEM 的结果可知,热裂纹的传播路径是不规则的,主要由晶间裂纹、晶内裂纹和混合裂纹构成。为描述热裂纹特征,由正六边形结构组成的分形模型(Zuo et al.,2010)被广泛应用于晶体结构中,其中正六边形代表矿物颗粒,红粗线代表热裂纹路径,热裂纹模型示意图如图 3-41 所示。热裂纹路径扩展Ⅰ要比路径Ⅱ更容易频繁发生,主要原因路径Ⅰ所消耗的能量较少。对于相同的热裂纹长度而言,晶间裂纹和混合裂纹传播所需要的能量要比晶内裂纹更少,即意味着晶间裂纹和混合裂纹对应的阈值温度较低,而晶内裂纹对应的阈值温度较高。此外,热裂纹富集区域主要集中在石英矿物内部和石英与其他矿物交界处附近,主要原因是石英的体积膨胀通常比周围矿物要高。由于石英的热膨胀系数大于长石(图 2-30),因此当温度达到一定阈值时,石英附近的体积膨胀将高于长石等其他矿物,进而导致矿物间产生不均匀膨胀,产生热裂纹。此外,在大气压下,温度<573℃时,石英为 α 相,温度>573℃时,石英为 β 相;加热过程中,573℃时,石英颗粒会从 α 相变为 β 相,这种相变导致体积突然增加 0.63%,在石英颗粒边界产生微破裂;冷却过程,石英会从 β 相变为 α 相,这种晶型转变同样会诱发微裂纹(Johnson et al.,2021)。而这些微裂纹的出现,破坏了岩石矿物颗粒彼此的联结,破坏了岩石的微结构,使岩石发生损伤,宏观上就表现为岩石力学性质随温度发生不同程度的劣化。Kumari 等(2017)发现实时高温下与高温自然冷却后花岗岩单轴抗压强度和弹性模量在低于 400℃时极为接近,高于 400℃后才开始有较大差异。这可能主要是由于石英 $\alpha-\beta$ 相变诱导微裂纹所致。Lin(2020)发现 Inada 花岗岩在 530℃以内,自然冷却过程几乎不影响微裂纹状态。

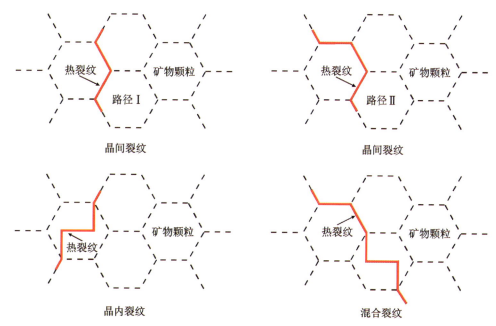

图 3-41 热裂纹分形模型示意图(朱振南,2021)

另一方面,高温作用时,岩石内不同状态水从岩石中逃逸,产生脱水作用,既导致高温后花岗岩质量的降低,又破坏了矿物晶格结构,削弱了矿物颗粒间的结合力,使岩石的力学性质随温度升高而损伤加剧。温度越高,岩石内部水分损失越严重,质量损失越大。我们的试验开始前已对岩样静置两周以消除天然含水量对试验结果的影响,因此岩样自由水含量极少,而花岗岩的矿物含结晶水和结构水较少,故 600℃内花岗岩质量减小很小,在 0.3% 以内。而高温状态下岩石的质量损失大于高温后的,主要由于高温作用后岩石冷却,空中的水分子重新吸附在岩石的表面,从而导致同一温度下高温后岩石质量大于实时高温下的。同时本章试验还发现,高温作用时,在试验过程中岩石表面有岩屑脱落,这也会造成高温后岩石质量减小;并且温度越高,脱落的岩屑越多。

此外,在高温作用过程中,矿物会发生一些热反应(表 2-4),可能在矿物内造成更细小、更为繁复的微裂隙(Nelson and Guggenheim,1993),改变矿物结构,进而影响岩石物理力学性质。

二、卸荷对花岗岩的力学损伤机理

从上文对比分析可以得出,卸荷应力路径对岩石力学特性有重要影响。首先,根据图 3-14 和图 3-28 的比较可得到,卸荷条件下 NA 花岗岩试样的径向应变和体积应变增加较多,说明卸荷过程导致了较大的径向膨胀。其次,如图 3-30 和图 3-34 所示,卸载条件下的弹性模量和峰值偏应力比加载条件下的低 7.3% 和 8.3%,说明卸载路径也降低了花岗岩试件的承载力。

泊松比计算为岩石轴向应变与径向应变之比值的绝对值,其值反映了卸载过程中径向应变的变化(Meng et al.,2018)。为了描述卸载过程中泊松比的变化,引入卸载比(H)来表征其程度,定义如下:

$$H = \frac{|\sigma_3^T - \sigma_3^0|}{\sigma_3^0} \tag{3-18}$$

式中:H 为岩石卸荷比;σ_3^0 为试验初始围压;σ_3^T 为试验卸荷过程中的围压。

不同温度和围压条件下 NA 花岗岩泊松比和卸荷比之间的关系如图 3-42 所示。可见,试验过程中高温后 NA 花岗岩的泊松比和卸载比之间存在指数关系。泊松比在卸载过程开始时缓慢增加,然后在卸载开始时迅速增加。在卸载过程中,泊松比超过 0.5(弹塑性材料的泊松比极限)。在卸荷条件下,岩石不仅会产生径向弹性变形,而且还会引起裂纹扩展。裂纹扩展引起的变形远大于弹性变形。根据泊松比的定义,卸载条件下径向应变的快速增加将导致泊松比的急剧增加。结果表明,卸荷条件下花岗岩的泊松比大于 0.5。

为了更清楚地表示加载过程中径向变形的膨胀,图 3-43 绘制了轴向、径向和体积应变与围压应力之间的关系。轴向应变增长很慢,而径向应变随着围压的增大而迅速增大,特别是在破坏点附近。高温下花岗岩的径向应变膨胀值是轴向应变膨胀值的 4~6 倍。体积应变是轴向应变和径向应变的两倍之和,在卸载过程中表现出与径向应变相似的趋势。

花岗岩在两种应力路径下高温后的体积应变和轴向应变之间的关系如图 3-44 和图 3-45 所示。对比可得,卸荷条件下体积应变膨胀的最大值(图 3-44)是加载条件下体积应变膨胀

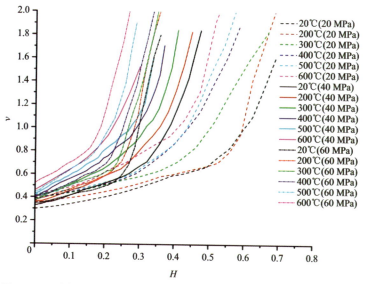

图 3-42　不同温度和围压条件下 NA 花岗岩泊松比和卸荷比之间的关系

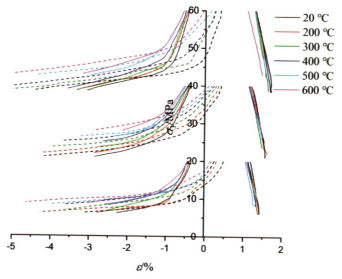

图 3-43　卸载过程中轴向、侧向和体积应变与围压的关系
("实线"代表轴向应变;"点线"代表横向应变;"虚线"代表体积应变)

的两倍(图 3-45)。本书研究的两种加载应力条件的区别在于,在卸载条件下,围压应力是逐渐卸载的。从本质上讲,卸载应力状态相当于在加载应力状态上施加一个横向拉应力。这种横向拉应力导致平行于轴向的拉伸裂纹的扩展,并且随着横向拉应力的增加,岩石试样内部逐渐形成拉伸裂纹(Dai et al.,2018)。结果表明,在卸载条件下试样表现出径向膨胀。侧向拉应力引起的拉裂纹随着围压的减小而逐渐扩展和合并,导致加载方式下的峰值强度劣化,从而使得岩石试件更容易被破坏,花岗岩试件的承载力降低。

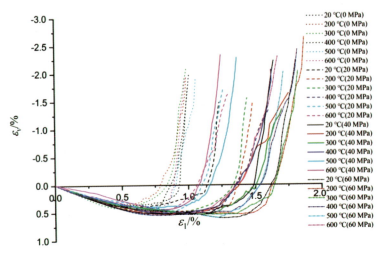

图 3-44　加载条件下 NA 花岗岩体积应变-轴向应变曲线

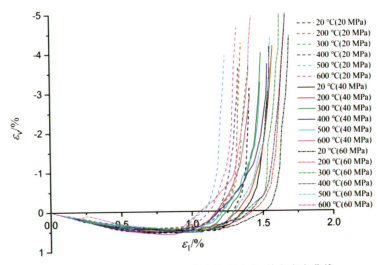

图 3-45　卸载条件下 NA 花岗岩体积应变-轴向应变曲线

三、试验条件对损伤的影响

高温自然冷却试验对花岗岩力学特征损伤程度有至关重要的影响。该试验分 3 个步骤：加热、恒温和冷却，因此加热速率、恒温时间和冷却方式是高温自然冷却试验的影响因素。

急剧加热或冷却会在岩石内产生很大的温差，从而造成热冲击，影响试验结果，因此开展高温自然冷却试验时均采用缓慢加热的方式。Lin(2002)以相同的加热速率和冷却速率对花岗岩进行 400℃ 热处置，然后测量其永久应变来研究加热速率的影响。如图 3-46 所示，他发现：当加热速率不超过 2℃/min 时，加热速率对花岗岩永久应变无影响；当加热速率大于 5℃/min 时，岩样永久应变显著增加。因此，他建议为了消除热冲击的影响，加热/冷却速率应不超过 2℃/min。Chen 等(2017)采用 1℃/min、3℃/min、5℃/min、8℃/min、12℃/min

和 15℃/min 将花岗岩加热至 800℃,并监测加热过程中的声发射,发现:当加热速率超过 5℃/min 时,北山花岗岩热处置过程中声发射事件总数显著增加;同时对这些岩样测量其渗透系数和单轴抗压强度,发现:当加热速率超过 5℃/min 时,渗透系数大幅增加,而单轴抗压强度明显减小。因此他们认为北山花岗岩热处置的临界加热速率为 5℃/min。Feng 等(2021)通过试验发现恒温时间超过 2h 后,大理岩的物理力学性质不受恒温时间的影响。当然,没有证据表明其他花岗岩的临界加热速率一定是 5℃/min,现有大多数试验加热温度多在 5℃/min 左右。

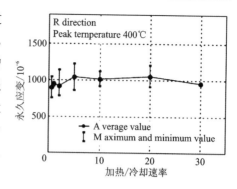

图 3-46 永久应变与加热/冷却速率的关系(Lin,2002)

Dmitriyev 等(1969)建议恒温时间至少 20min,以保证岩样内部温度分布均匀。Tang 等(2019)通过对不同恒温时间(0.5h、1h、2h、3h、4h 和 8h)的高温自然冷却大理岩开展物理力学试验,发现:恒温时间对大理岩物理力学性质有一定影响,恒温时间<2h 时,影响明显,如空隙率随时间增大,纵波波速随时间减小;恒温时间>2h 时,影响轻微。他们认为温度足够高时(其研究为>300℃),加热温度对岩石物理力学性质的影响为主导因素;而温度较低时(<300℃),恒温时间的影响不可忽略。学者们采用的恒温时间多为 2h,比较合理。

高温自然冷却试验时,冷却过程多采用关闭高温炉,使岩样在炉内自然冷却至室温;部分学者采用控制降温速率的方式在高温炉内冷却至室温,或恒温后从高温炉内取出岩样,置于空气中自然冷却至室温。Wu 等(2019b)估算炉内自然冷却的平均降温速率约为 0.49℃/min,而空气中自然冷却时约为 7.02℃/min;同一高温作用,炉内自然冷却后花岗岩的抗拉强度稍大于空气中自然冷却的,炉内自然冷却后纵波波速减小率比空气中自然冷却的小 2% 左右,说明炉内冷却对花岗岩的损伤弱于空气中自然冷却的。

第七节 花岗岩物理力学性质随温度变化规律

不同花岗岩的矿物成分、结构构造、物理力学性质等是不同的,其受高温作用后,物理力学性质随温度的变化规律也有所不同,大量试验研究已证明这点。本节将进行充分的文献调研,总结文献数据和本章数据,分析物理力学参数归一化值随温度变化关系,建立高温自然冷却后花岗岩物理力学性质随温度变化的广义规律。密度、空隙率和渗透系数、纵波波速、弹性模量、泊松比、抗压强度、抗拉强度随温度变化规律所用文献及其初始岩石性质与试验参数如表 3-8 所示,其矿物组成见表 3-9;其他性质所用文献列于相应小节的表中。表 3-8 中所有文献中岩样的抗拉强度均采用巴西劈裂方法测得,且除黄中伟等(2019)外所用岩样尺寸均为直径 50mm、高 25mm 的圆柱体;表中所列岩样尺寸为开展单轴压缩试验等所采用的岩样尺寸。

表3-8 花岗岩初始性质及其试验条件

岩石产地	ρ/ g·cm^{-1}	n/ %	V_p/ m·s^{-1}	UCS/ MPa	E/ GPa	ν	σ_t/ MPa	加热速率/ ℃·min^{-1}	恒温时长/ h	冷却方式	岩样尺寸（直径×高）/ mm×mm	参考文献
南安	2.596	—	4167	163.69	24.03	0.24	6.16	2	2	炉内	50×100	本书
—	—	<1	4150	203	72	0.28	—	2	12	空气	54×136	Rao 和 Murthy (2001)
焦作	2.53	—	—	162	27.7	0.19	—	10/3	3	炉内	50×100	杜守继等 (2004)
河南	2.529	—	4069	152.31	34.66	0.30	—	10/3	3	炉内	50×100	邱一平和林卓英 (2006)
Westerly	—	0.83	4488	—	—	—	—	2	—	炉内	70×30	Nasseri 等 (2007, 2009)
—	2.687	0.68	5000	244	75	—	—	1	2	炉内	40×60	Chaki 等 (2008)
—	—	0.87	—	191.90	38.37	—	—	2	1/3	炉内	25×50	徐小丽等 (2008)
宁波	2.62	—	—	85.54	14.8	—	—	10	6	炉内	40×80	陈有亮等 (2011)
秦岭	—	—	4400	85.0	—	—	8.89	10	2	炉内	50×100	支乐鹏等 (2012a, 2012b)
福建	2.60	—	1414	106.09	—	—	—	5	6	炉内	50×100	Ni 等 (2013)
兖州	2.760	—	4400	—	—	—	—	2	1/3	炉内	25×50	孙强等 (2013)
燕山	2.54	—	4500	63.70	23.40	0.11	—	—	—	炉内	50×100	Wang 等 (2014)
潍坊	2.612	—	—	120.40	14.2	—	炉内	—	2	炉内	50×100	徐小丽等 (2014)
秦岭	2.75	—	4262	90.42	39.30	—	8.96	10	2	炉内	50×100	Liu and Xu (2014, 2015)
—	2.76	0.88	4426	186.7	—	—	—	30	2	炉内	50×100	Sun 等 (2015)
晋江	2.92	—	—	123.0	29.1	—	—	10	4	炉内	25×50	蔡燕燕等 (2015)

续表 3-8

岩石产地	ρ/ g·cm^{-1}	n/ %	V_p/ m·s^{-1}	UCS/ MPa	E/ GPa	ν	σ_t/ MPa	加热速率/ ℃·min^{-1}	恒温时长/ h	冷却方式	岩样尺寸（直径×高）/ mm×mm	参考文献
秦岭	—	—	—	—	—	—	8.96	10	3	炉内	50×25	方新宇等（2019）
北山	2.60	—	4338	155.7	39.5	—	—	5	4	炉内	50×100	胡少华等（2016）
北京	2.71	—	4799	83.30	26.60	0.14	—	3	—	炉内	25×50	田红等（2016）
北山	2.61	0.63	4142	183	22.29	—	—	4	1	炉内	50×100	Chen等（2017）
浙江	2.609	—	4550	—	—	—	—	2.5	6	炉内	50×100	Fan等（2017）
泉州	2.73	—	—	165.15	51.58	—	—	5	4	炉内	*	Huang等（2017）
Novýlom	2.671	2.54	3770	—	—	—	—	—	3	炉内	48×96	Kožušníková等（2017）
Strathbogie	2.703	1.16	—	120.94	17.13	0.24	—	5	2	炉内	22.5×45	Kumari等（2017）
日照	2.643	0.83	4517	80.06	37.35	0.14	—	5	2	炉内	50×100	Yang等（2017）, Yang等（2020）
烟台	2.56	—	3470	—	14.00	—	—	5	0.5	炉内	50×25	Zhu等（2017）
房山区	2.72	0.115	4799	84.8	—	—	—	3	2	炉内	25×50	秦严（2017）, Qin等（2020）
Jalore	2.622	—	5492	68.06	52.33	0.33	7.47	10	12	炉内	54×130	Gautam等（2018）
Harcourt	2.63	—	—	149.48	16.20	0.218	—	5	3	炉内	22.5×45	Isaka等（2018）
日照	2.68	—	4700	104.00	—	—	—	10	2	炉内	50×100	He等（2018）
深圳	2.60	—	4223	—	—	—	—	2	3	炉内	50×100	Jiang等（2018）
黄山	2.62	—	—	107.83	20.2	—	—	10	2	空气	25×50	Wang等（2018）
兖州	2.612	—	4420	120.37	31.31	—	—	10	2	炉内	50×100	Xu和Karakus（2018）
北山	2.661	0.65	4529	—	—	—	—	2	5	炉内	50×100	Zhao等（2018a）

续表 3-8

岩石产地	ρ/ g·cm^{-1}	n/ %	V_p/ m·s^{-1}	UCS/ MPa	E/ GPa	ν	σ_t/ MPa	加热速率/ ℃·min^{-1}	恒温时长/ h	冷却方式	岩样尺寸(直径×高)/ mm×mm	参考文献
玉门	—	—	—	134.67	22	—	—	5	2	炉内	50×100	李二兵等（2018）
晋江	2.30	1.41	4146	—	—	—	5.2	5	2	空气	50×25	梁铭等（2018）
—	2.8	0.41	5676	196.56	—	—	10.59	5	2	炉内	50×25	吴顺川等（2018）
山东	2.64	—	4069	130.11	12.81	—	7.93	2	2	炉内	50×25	Jin 等（2019）
兖州	2.76	—	4000	191.9	38.37	—	—	5	2	炉内	25×50	Shang 等（2019）
山东	2.618	0.8	4416	154.2	33.2	0.223	9.28	5	10	空气	24.5×50	Wu 等（2019a）
汝城	2.468	—	3571	107.3	30.3	0.26	8.78	—	6	空气	50×25	Wu 等（2019b）
松辽^a	2.87	—	4200	164.7	44.6	0.27	14.3	30	4	空气	50×100	崔翰博等（2019）
—	—	—	4515	154.2	33	—	9.89	5	12	炉内	25×50	黄中伟等（2019）
北山^b	—	—	—	158.6	—	—	10.2	5	2	炉内	*	Tang 和 Zhang（2020）
日照	2.594	0.46	4200	—	—	—	—	5	2	炉内	50×100	Tian 等（2020）
大别山	2.60	—	3343	168.00	30.89	—	—	5	4	炉内	37×74	Zhang 等（2020a）
麻城	2.605	0.5	—	161.48	40.9	0.2	—	3	4	炉内	50×100	Zhang 等（2020b）
随州	2.602	—	3792	118.55	18.39	—	—	5	2	炉内	50×100	Zhu 等（2020）
—	2.73	—	6812	—	—	—	14.00	8	2	炉内	50×25	邓龙传等（2020）
共和	—	—	—	126.0	38.0	0.13	—	5	2	—	25×50	卢运虎等（2020）
龙才沟	2.65	1.63	3796	132.15	14.79	—	10.68	3～5	3	空气	50×100	吴阳春等（2020）
—	2.644	—	—	123.33	39.40	—	7.65	5	8	炉内	50×100	Kang 等（2021）
泌阳	—	0.40	—	150.0	48.5	0.21	7.29	5	2	炉内	50×100	杨圣奇等（2021）
汶上	—	1.81	—	60.3	30.0	0.1	5.89	5	2	炉内	50×100	杨圣奇等（2021）

注：^{a} 该文献中无初始岩样的物理力学性质，表中为其 100℃ 热处置后的数据；^{b} 该文献中单轴压缩试验采用方形岩样，Tang 和 Zhang（2020）所用岩样为 80mm×80mm×160mm×30mm 的长方体，Huang 等（2017）所用岩样为 80mm×80mm×80mm 的正方体。

表 3-9 引用文献中花岗岩矿物成分含量/%

岩石产地	斜长石	钾长石	石英	云母	角闪石	黏土矿物	方解石	其他	参考文献
南安	30.79	41.42	11.89	15.9	—	—	—	—	本书
—	37	18	31	—	—	—	—	—	Rao 和 Murthy(2001)
Westerly	30	36	27	—	—	6	—	1	Nasseri 等(2007, 2009)
—	46	8	42	4	—	—	—	—	Chaki 等(2008)
秦岭	37	8	17	18	12	—	—	8	支乐鹏等(2012a,2012b)
秦岭	37	8	17	18	12	—	—	8	Liu and Xu(2014,2015)
秦岭	38	7	16	18	14	—	—	7	方新宇等(2016)
北山	33~44	22~26	29~38	3~5	—	2~4	—	—	胡少华等(2016)
北京	39	14	42	5	—	—	—	—	田红等(2016)
北山	60.59*	34.09	5.32	—	—	—	—	—	Chen 等(2017)
Nový lom	18	26	49	7	—	—	—	—	Kožušníková等(2017)
Strathbogie	16	13	50	15	—	—	—	—	Kumari 等(2017)
日照	59.85*	—	11.12	21.56	6	1.01	—	0.46	Yang 等(2017),Yang 等(2020), Tian 等(2020)
房山区	47	11	38	4	—	—	—	—	秦严(2017),Qin 等(2020)
Jalore	16	47	25	9	—	—	—	3	Gautam 等(2018)
Harcourt	24	21	50	—	—	—	—	5	Isaka 等(2018)
黄山	27	41	22	7	—	—	—	—	Wang 等(2018)

续表3-9

岩石产地	斜长石	钾长石	石英	云母	角闪石	黏土矿物	方解石	其他	参考文献
北山	54.7	16.8	21.1	6.9	—	—	—	—	Zhao 等(2018a)
晋江	50	30	—	7	—	—	—	1	梁铭等(2018)
山东	35	40	20	5	—	—	—	—	Jin 等(2019)
兖州	64.25*	—	9.4	—	—	5.1	—	2.02	Shang 等(2019)
山东	41.9	15.7	28.3	—	1	3.6	1	8.5	Wu 等(2019a)
北山[b]	43.7	19.7	28.4	8.2	—	—	—	—	Tang 和 Zhang(2020)
大别山	35.43	24.51	10.02	28.77	—	—	—	1.28	Zhang 等(2020a)
麻城	68.4*	—	26.4	5	—	—	—	—	Zhang 等(2020b)
随州	77.68	—	10.58	6.28	2.22	3.24	—	0.2	Zhu 等(2020)
共和	10.0	23.0	33.2	25.7	5.4	0.1	0.3	2.2	卢运虎等(2020)
龙才沟	40~50	—	20~25	5~10	—	—	—	—	吴阴春等(2020)
泌阳	24.39	23.95	41.78	4.29	—	—	—	5.59	Kang 等(2021)
泌阳	64.5	—	17.8	15.6	—	2.1	—	—	杨圣奇等(2021)
汶上	56.2	14.4	17.7	6.7	—	5.1	—	—	杨圣奇等(2021)

注：文献中的钠长石和奥长石归到斜长石中，黑云母和白云母均归到云母中。
* Chen 等(2017)、Yang 等(2017)、Shang 等(2019)、Zhang 等(2020b)文献中花岗岩矿物成分仅写长石含量，未具体分长石类型。
[b] 文献中花岗岩矿区分长石类型。

一、块体密度随温度变化规律

温度对岩石块体密度的影响包含两方面:体积增大和质量损失。通常而言,由于高温岩石热膨胀,体积会增大,且冷却后这种变化恢复很小,造成体积永久增大。同时,遭受高温作用,岩石质量会有不同程度损失。质量损失主要有两方面造成的:矿物中的吸附水、层间水和结构水的高温脱出,前两者一般200℃内即可脱出,后者脱出温度为400~800℃;某些矿物成分发生热解、氧化还原等化学反应释放气体和水(表2-4)。因此,高温后岩石密度会随温度而减小。

通过开展文献调研,本书试图确定高温自然冷却后花岗岩密度随温度变化的宏观规律。所用文献如表3-8所列,根据其文献中高温后花岗岩体积、质量和密度数据并通过本书方法计算其高温后体积增长率(η_v)、质量减小率(η_m)和密度减小率(η_ρ),得出三者随温度变化的关系如图3-47、图3-48和图3-49所示。从图中可见,尽管这些文献所用花岗岩不同,实验方法也有所不同,但所得规律与本书所得规律基本一致。高温后,花岗岩体积随温度升高而增大,尤其是400℃后,体积增长率明显加快。与原岩相比,600℃时花岗岩体积膨胀在5%以内,1000℃体积膨胀在9%以内。高温后,花岗岩质量随温度升高而减小,600℃时质量减小量在0.4%以内,1000℃时质量减小量在0.5%以内(图3-48)。整体上高温后花岗岩密度随温度升高而减小,且减小率在400℃前较小(<2%),400℃后增加趋势明显;600℃时花岗岩密度减小约2%~4%,1000℃时减小量基本上在8%以内。

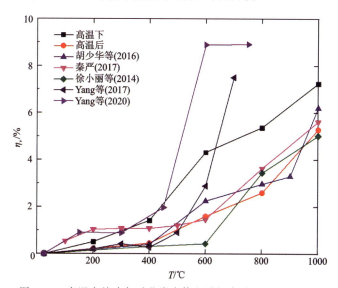

图3-47 高温自然冷却后花岗岩体积增长率随温度变化关系

二、空隙率和渗透率随温度变化规律

岩石是由各种形状的固体矿物颗粒结晶或胶结而成,颗粒之间往往存在空隙空间,又发育有各种成因的裂隙。岩石中的空隙按成因可分为孔隙、裂隙和溶隙。这些空隙可分为两类:一类空隙彼此相通,一直连通到岩石表面,与大气相通,称之为连通空隙或开型空隙;另

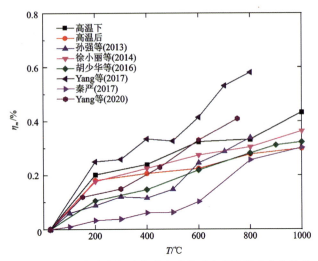

图 3-48　高温自然冷却后花岗岩质量减小率随温度变化关系

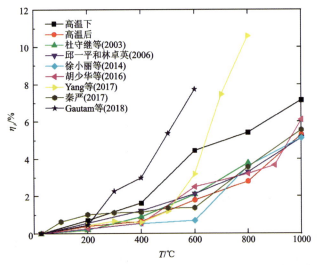

图 3-49　高温自然冷却后花岗岩密度减小率随温度变化关系对比

一类空隙与岩石表面不连通,称之为闭型空隙。衡量岩石中空隙发育程度用孔隙度。岩石空隙率有多种类型,如总空隙率、开型空隙率、有效空隙率、闭空隙率等。一般提到的岩石空隙率指总空隙率(n),即岩石中空隙的总体积与岩石体积之比。显然,岩石空隙率与岩石结构、岩石成因、时代、裂隙发育程度等因素有关。

岩石内部的空隙有不同程度的相互连通,因而流体能够在一定程度上流过岩石,这样岩石允许流体通过的性质称为岩石的渗透性,通常用渗透率 k 来度量。岩石空隙率的大小对渗透率是有影响的,但两者间并不存在着定量的关系。

高温作用时,岩石内部原有空隙因矿物膨胀而产生一定程度的变化,同时又新生了一些裂隙,因此,高温后岩石空隙率是会发生变化的,同时渗透率也会发生变化。花岗岩的空隙率较小,一般在 1% 左右;渗透率也极小,一般在 10^{-18} m² 量级。基于文献数据,高温自然冷却后不同花岗岩归一化空隙率（n/n_0）和归一化渗透率（k/k_0）随温度变化的关系如图 3-50 和图 3-51 所示。从图 3-50 中可见，高温自然冷却后花岗岩的空隙率随处置温度的增加而呈指数形式增加；200℃时花岗岩空隙率约为原岩的 1.5 倍，变化较小；400℃时空隙率约为原岩的 2 倍；温度高于 600℃后空隙率大幅增加，文献数据表明 600℃时最高约为原岩的 5 倍。

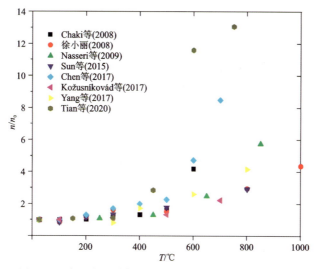

图 3-50　高温自然冷却后花岗岩孔隙度随温度变化规律

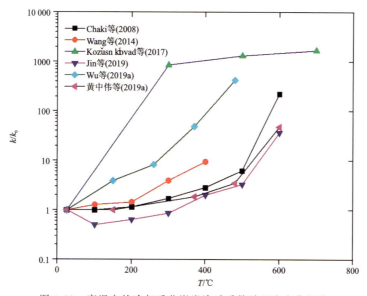

图 3-51　高温自然冷却后花岗岩渗透系数随温度变化规律

如图 3-51 所示，高温自然冷却后不同花岗岩的渗透率也随温度的增加而增加，同一温度下不同花岗岩渗透率增幅变化范围极大，如 400℃时有的花岗岩渗透率约为原岩的几倍（Chaki et al.，2008），有的已约为原岩的 1000 倍了（Kožušníkovád et al.，2017）。同时，渗透率也受有效应力的影响。如图 3-52 所示，不同温度后花岗岩渗透率随有效应力增加而减小，且减小趋势大致相同。

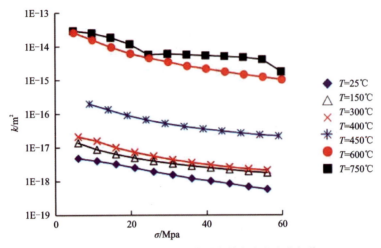

图 3-52　不同高温自然冷却后花岗岩渗透系数随有效应力的变化规律(Tian et al.,2020)

三、弹性波速随温度变化规律

高温后,岩石内部的孔隙裂隙增加,一方面阻碍超声波在固体中的直线传播,另一方面使岩石从原先的坚硬致密的脆性材料逐渐向结构较为疏松的延性材料转变。因此,理论上高温后岩石的纵波波速将降低,温度愈高降低幅度愈大。为了更好地对比不同类型花岗岩纵波波速特性,此处总结了文献中高温自然冷却后不同花岗岩纵波波速数据,并对其进行归一化处理,所用文献中高温处置试验参数及花岗岩初始特征见表 3-8,其纵波波速归一化值随温度的变化规律如图 3-53 所示。可见,尽管数据有些离散,但总的趋势是高温后花岗岩纵波波速随温度升高而减小。100℃时,与初始岩样相比,纵波波速变化幅度在±10%以内;100~600℃,其均值随温度升高近线性减小。

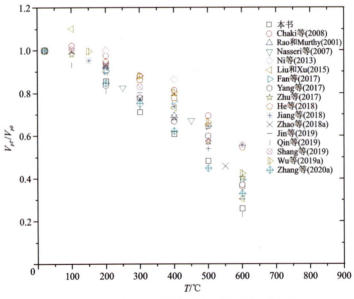

图 3-53　高温后花岗岩纵波波速随温度变化关系

Yang 等(2017)测量高温自然冷却后花岗岩的纵波波速和横波波速,发现二者均随处置温度的升高而减小,且减小率基本相同,如图 3-54 所示;Jiang 等(2018)通过实验也得到类似的结论。

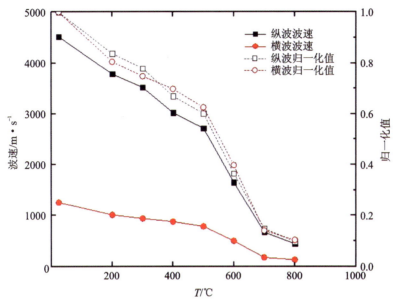

图 3-54　高温后花岗岩纵波和横波波速随温度变化关系

纵波波速和横波波速还受到压力的影响。如图 3-55(a)所示,加压路径下,纵波波速随有效压力的增加而增大,增加速率随压力逐渐减小;压力弱化了高温对花岗岩纵波波速的影响,75MPa 下不同高温后岩样纵波波速降幅明显小于 2.5MPa 下的;减压路径下,纵波波速有一定程度的恢复(同等条件下,虚线总在实线的上方)。横波波速随温压的变化关系与纵波波速类似[图 3-55(b)]。

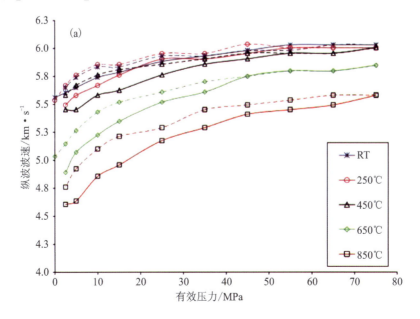

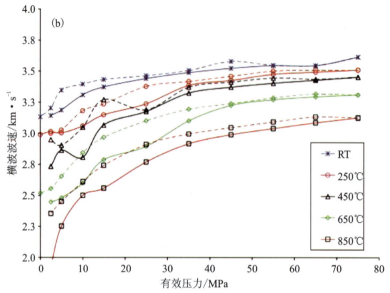

图 3-55 不同高温后 Westerly 花岗岩纵波和横波波速随有效压力变化关系；实线为加压路径下，虚线为减压路径下（Nasseri et al.，2009）

四、线性膨胀系数随温度变化规律

通过广泛搜集文献进行数据整理及分析，得到高温后不同花岗岩热膨胀系数随温度关系（图 3-56）。可见，尽管数据有些离散，但整体上看，高温作用后花岗岩线性膨胀系数随温

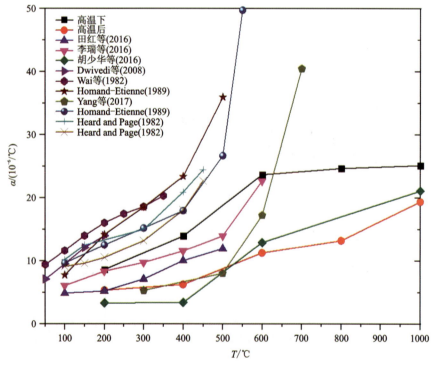

图 3-56 高温自然冷却后不同花岗岩膨胀系数随温度变化的关系

度的升高而增大。且当温度在 500~600℃ 之间，花岗岩热膨胀系数迅速增大。当然，不同花岗岩线膨胀系数随温度升高增大幅度不同，这主要与其矿物组分含量尤其是石英含量有关（表 3-10）。在 500~600℃ 时，石英热膨胀系数迅速增大，从而导致花岗岩热膨胀系数在这一温度范围内快速增大。通过回归分析发现，高温后花岗岩热膨胀系数与温度的关系可以表示为：

$$\alpha_T = \alpha_0 \exp[b(T-T_0)] \tag{3-19}$$

式中：T_0 和 T 分别为室温和热处理温度；α_T 为经温度为 T 热处理后花岗岩热膨胀系数；α_0 为常温 T_0 状态下花岗岩热膨胀系数；b 为与温度有关的拟合常数。

表 3-10 高温后花岗岩线膨胀系数相关文献及其所用岩石矿物组分

产地	矿物组分/%				拟合公式	R^2	参考文献
	石英	长石	云母	其他			
南安	10.96	81.65	7.39	—	$\alpha_T = 10.05\exp[0.00102(T-T_0)]$ $\alpha_T = 3.75\exp[0.00164(T-T_0)]$	0.768 0.977	本章高温下 本章高温上
北京	42	53	5	—	$\alpha_T = 3.51\exp[0.00249(T-T_0)]$	0.977	田红等(2016)
北京	25	60	15	—	$\alpha_T = 3.48\exp[0.00304(T-T_0)]$	0.955	李瑞等(2016)
甘肃	21	70	5	4	$\alpha_T = 2.72\exp[0.00208(T-T_0)]$	0.906	胡少华等(2016)
印度	39.5	58	1.5	1	$\alpha_T = 6.10\exp[0.00428(T-T_0)]$	0.978	Dwivedi 等(2008)
Ontario	—	—	—	—	$\alpha_T = 9.57\exp[0.00225(T-T_0)]$	0.955	Wai 等(1982)
Remiremont	27	65	5	3	$\alpha_T = 6.36\exp[0.00343(T-T_0)]$	0.983	Homand-Etienne(1989)
山东	11.12	59.85	21.56	7.47	$\alpha_T = 1.43\exp[0.00435(T-T_0)]$	0.905	Yang 等(2017)
Senones	17	70	8	5	$\alpha_T = 3.55\exp[0.00455(T-T_0)]$	0.871	Homand-Etienne(1989)
Stripa	44	51	2	3	$\alpha_T = 9.24\exp[0.00956(T-T_0)]$	0.956	Heard and Page(1982)
Westerly	27	65	4	4	$\alpha_T = 6.15\exp[0.0028(T-T_0)]$	0.975	Heard and Page(1982)

高温后不同花岗岩热膨胀系数与温度的拟合关系见表 3-10，各拟合曲线相关系数均大于 0.871，说明高温后花岗岩热膨胀系数与温度呈良好的指数关系。然而，本书高温下花岗

岩热膨胀系数与温度拟合曲线仅为0.768,这是由于在温度较低时,高温下NA花岗岩对温度增长的速率较大。

五、弹性模量随温度变化规律

图3-57为不同花岗岩高温自然冷却后归一化弹性模量随温度的变化规律,这些数据均基于单轴压缩试验,其所用岩石基本性质及热处置实验参数见表3-8。由表3-8可知,这些花岗岩岩石取自不同地方,矿物成分不同(表3-9),初始抗压强度和弹性模量差异也较大,因此即使单轴压缩试验方法相同,所得结果也比较离散。然而,从图3-57中还是可以看出一定的宏观规律:室温至200℃,高温自然冷却后花岗岩弹性模量变化幅度在±10%以内;温度高于200℃后,弹性模量随温度升高而减小,尤其是400℃后,减小幅度大幅增加。

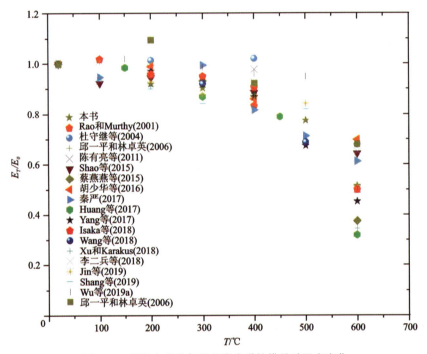

图3-57 高温自然冷却后花岗岩弹性模量随温度变化

弹性模量同时也受压力影响。卢运虎等(2020)对高温自然冷却后花岗岩开展三轴压缩试验,其弹性模量随温度、压力的变化关系如图3-58所示,并采用变异系数C_v来分析温度对弹性模量的影响大小,其计算公式如下:

$$C_v = \frac{\sqrt{\frac{1}{N}\sum_1^N (x_i - \mu)^2}}{\mu} \tag{3-20}$$

式中:N为数据点总数;x_i为第i个数据;$\mu = \sum_1^N x_i/N$为平均值。将试验结果按围压分组,分布求各组数据的标准差和平均值,代入式(3-20)求得相应的变异系数。变异系数越大,表示该组数据越离散,说明温度的影响越大,反之,说明温度的影响越小。从图3-58可见,不

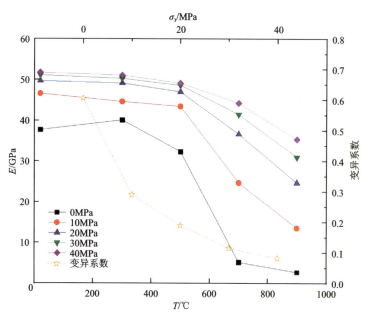

图 3-58　高温自然冷却后不同围压下花岗岩弹性模量随温度变化关系

同围压下弹性模量均随温度升高而减小,且随着围压的增大,变异系数越小,说明随着围压的增大,温度对花岗岩弹性模量的影响程度在降低,即围压在一定程度上抑制了温度对岩石的损伤作用。

图 3-59 显示了不同围压下花岗岩高温自然冷却后归一化弹性模量随温度的变化规律。可见,整体上,有围压时,花岗岩弹性模量也随温度的升高而减小,但与无围压时相比(图 3-57),弹性模量减小幅度有变小趋势,即围压有减小弹性模量随温度变化的作用。

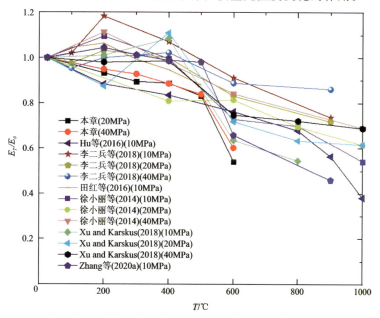

图 3-59　不同围压下花岗岩归一化弹性模量与温度的关系

六、泊松比随温度变化规律

如图 3-60 所示为单轴压缩条件下不同花岗岩的泊松比归一化值随温度的变化关系,其所用岩石初始特征、热处置试验方法等见表 3-8。总的说来,对于花岗岩这类坚硬致密的岩石而言,泊松比随温度的升高呈减小趋势;室温至 400℃,泊松比变化幅度在 ±20%;处置温度高于 400℃后,部分花岗岩泊松比减幅明显,在 40% 以上。

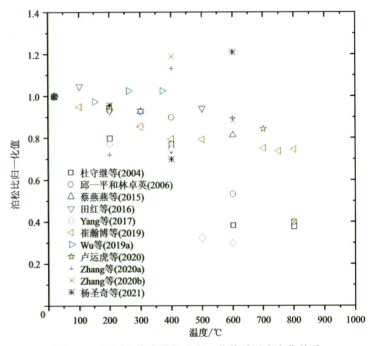

图 3-60 不同花岗岩泊松比归一化值随温度变化关系

有些岩石泊松比随围压的增加而减小,有些则随围压的增加而增大。Yang et al. (2020)通过对高温自然冷却后花岗岩开展三轴压缩试验发现,围压低于 10MPa 时,岩样泊松比随温度升高而明显增加,围压大于 10MPa 后,不同温度后岩样的泊松比趋于一致,不随温压变化(图 3-61)。卢运虎等(2020)对高温炉内自然冷却后花岗岩开展三轴压缩试验,发现:尽量数据较离散,但整体上泊松比随温度升高而增大,同时其变异系数随围压升高而明显降低,这说明随着围压升高,温度对花岗岩泊松比的影响程度降低,即围压在一定程度上抑制了温度对岩石的损伤作用(图 3-62)。

可见,不同围压下,泊松比随温度变化关系不是很一致,有的随温度升高而降低,有的随温度升高而增加,有的基本不随温度变化,目前尚无定论;但泊松比的波动范围不大,总体稳定在 0.1~0.3 之间。

七、抗压强度随温度变化规律

抗压强度是温度和压力的函数。图 3-63 显示了高温自然冷却后不同花岗岩归一化单

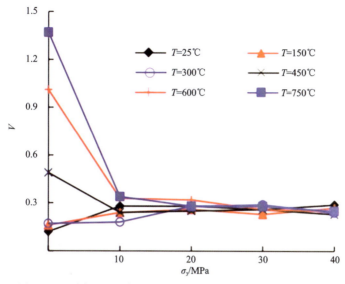

图 3-61　不同围压下泊松比随温度变化关系（Yang et al.，2020）

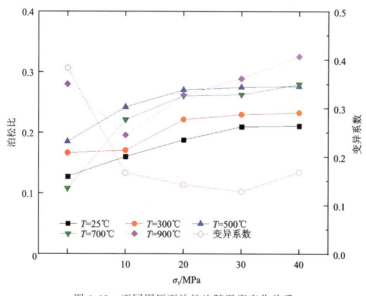

图 3-62　不同围压下泊松比随温度变化关系

轴抗压强度（UCS_T/UCS_0）随温度的变化关系，所用文献见表 3-8。从图 3-63 中可以看出，低于 400℃时，高温后花岗岩单轴抗压强度随温度变化趋势比较复杂，表现为三种情况：随温度升高而增加，保持不变，或随温度升高而减小；400℃后，均表现为随温度升高而减小。这是由于岩石的单轴压缩强度除受实验条件影响外，与岩石本身的性质，如矿物组成、结构构造（颗粒大小、联结及微结构发育特征）、密度及风化程度等，关系密切。高温作用在岩石内部造成微裂隙的产生、发展甚至彼此连接，改变了岩石的微结构。岩石是不均质体，从微观角度看，即使是切割同一块岩体制备的岩样，各个岩样内部微结构也是不同的。高温作用使这种差异性更加明显。

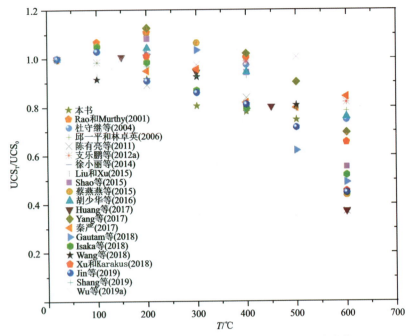

图 3-63 高温自然冷却后花岗岩单轴抗压强度随温度变化

卢运虎等(2020)对高温自然冷却后花岗岩开展三轴压缩试验,其抗压强度随温度、围压的变化关系如图 3-64 所示。可见,不同围压下抗压强度随温度变化规律相似——低于 500℃时抗压强度随温度呈轻微增加趋势,高于 500℃随温度而明显降低;同时,随着围压增大,变异系数减小,说明随着围压的增大,温度对花岗岩抗压强度的影响程度在降低,即围压在一定程度上抑制了温度对岩石的损伤作用。

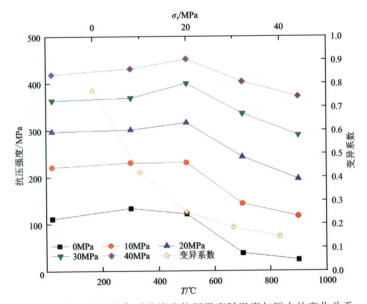

图 3-64 高温自然冷却后花岗岩抗压强度随温度与压力的变化关系

在总结大量高温自然冷却后花岗岩三轴试验力学数据的基础上(表3-8),给出了高温自然冷却后花岗岩归一化峰值偏应力随温度的变化关系(图3-65)。花岗岩在不同围压和温度下的归一化峰值偏应力的关系比较复杂,本书选取围压为10MPa、20MPa和40MPa的文献试验数据与上述本书试验数据进行比较。峰值偏应力归一化值大于1.0,说明抗压强度比原岩的增大了,反之,减小了。从图3-65中可见,600℃内大部分花岗岩的峰值偏应力归一化值大于1.0,说明高温后三轴抗压强度增大了,即围压的作用大于温度的损伤作用。600~1000℃,峰值偏应力归一化值<1.0,说明此时温度的影响大于围压的,但其降幅明显小于单轴抗压强度的(图3-63),这说明围压不同程度地减弱了高温对花岗岩的力学损伤作用。

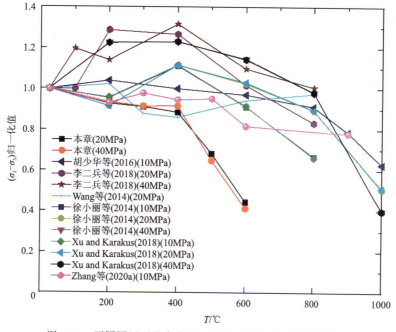

图 3-65 不同围压下花岗岩归一化峰值偏应力与温度的关系

八、黏聚力和内摩擦角随温度变化规律

花岗岩单轴和三轴抗压强度随温度变化,因此其黏聚力和内摩擦角必然也随温度变化。一些学者已对高温自然冷却后花岗岩开展试验来研究其黏聚力和内摩擦角随温度的变化规律。表3-11给出了此处所调研的文献、文献中所用岩石初始黏聚力和内摩擦角、文献的试验信息等,除吴阳春等(2020)外,其他文献均开展了三轴压缩实验,基于岩石破坏时的最大主应力和最小主应力,根据线性mohr-coulomb准则拟合得出黏聚力和内摩擦角。吴阳春等(2020)采用变角剪切试验,设置倾角分别为45°、55°和65°,测得岩样破坏面上的正应力和剪应力,再利用线性mohr-coulomb准则拟合数据得。

表 3-11 高温自然冷却后不同花岗岩的初始抗拉强度与试验参数

试样产地	V_p/ m·s^{-1}	c/ MPa	ϕ/ (°)	围压/ MPa	重复试验次数	试样尺寸(直径×高)/ mm×mm	参考文献
南安	3807	43.08	37.34	0/20/40/60	3	50×50	本书
潍坊	—	27.97	47.36	0/10/20/30/40	1	50×100	徐小丽等(2014)
北京	4799	20.40	48.40	0/5/10/15/20/25	3	25×50	田红等(2016)
北京	4800	14.37	55.89	0/5/10/15/20/25	3	25×50	秦严(2017)
日照	4200	19.61	55.02	0/10/20/30/40	3	50×100	Yang 等(2020)
大别山	3343	19.33	64.41	0/5/10/15	3	37×74	Zhang 等(2020a)
龙才沟	—	65.50	27.50	—	3	50×50×50	吴阳春等(2020)
泌阳	—	25.36	56.11	0/12/24	1	50×100	杨圣奇等(2021)
汶上	—	18.32	51.48	0/12/24	1	50×100	杨圣奇等(2021)

图 3-66 显示了高温自然冷却后不同花岗岩归一化黏聚力(c_T/c_0)随温度的变化规律。可见,整体上,花岗岩黏聚力随温度升高而减小。室温至 400℃,归一化黏聚力变化幅度基本在±20%内;高于 400℃后,归一化黏聚力随温度升高而减小,不同花岗岩的减小幅度不同,如杨圣奇等(2021)试验发现:在加热温度≥600℃时,粗晶花岗岩的黏聚力基本为 0,而其他学者发现此温度下还是存在黏聚力,有的试验结果显示 600℃时黏聚力只比原岩的稍微减小(秦严,2017)。

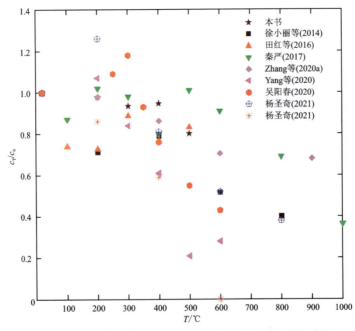

图 3-66 自然冷却后花岗岩归一化黏聚力随温度的变化关系

图 3-67 显示了高温自然冷却后不同花岗岩内归一化摩擦角(φ_T/φ_0)随温度的变化规律。从图中可见,花岗岩内摩擦角随温度的增加呈现不同趋势,有的随温度增加而减小,有的随温度增加而增加,有的基本不随温度变化(如 Zhang et al.,2020a);尽管不同花岗岩的内摩擦角随温度变化趋势不同,但是根据已有文献数据发现内摩擦角的变化幅度基本在±20%内。可见,高温自然冷却对花岗岩黏聚力的影响大于内摩擦角的。

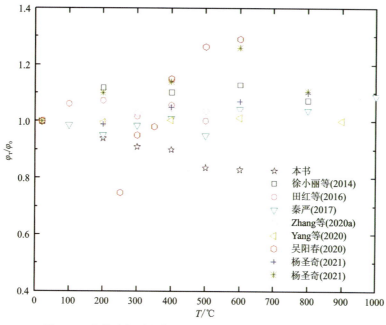

图 3-67 自然冷却后花岗岩归一化摩擦角随温度的变化关系

九、抗拉强度随温度变化规律

图 3-68 绘制了高温自然冷却后不同花岗岩归一化抗拉强度(σ_t/σ_{t0})随温度的变化关系。从图中可以看出,室温至 200℃时,自然冷却后花岗岩抗拉强度随温度升高而不变或减小,减幅在 20%以内;高于 200℃后,抗拉强度随温度升高而减小,600℃和 800℃时平均减幅分别约 60%和 80%。高温会在岩石内部产生微裂纹,破坏岩石的完整性,理论上岩石抗拉强度表现出随温度升高而降低的趋势更为合理。实验研究中出现个别相反的趋势可能归因于岩石自身差异性,也可能是实验方法不同造成的。具体情况需要进一步研究。

十、断裂韧度

岩石断裂韧性是岩石物理力学性质之一,指岩石抵抗裂纹扩展的能力。在平面裂纹应力分析中,简单裂纹可分为三种基本类型:张开型(Ⅰ型)、滑开型(Ⅱ型)和撕开型(Ⅲ型),其中,Ⅰ型裂纹最适合在脆性固体中传播,为最重要的裂纹形式。衡量断裂韧性的指标为断裂韧度,定义为:在弹塑性条件下,当应力场强度强度因子增大到某一临界值,裂纹便失稳扩展而导致材料断裂,这个临界或失稳扩展的应力场强度因子即为断裂韧度,单位为 MPa·$m^{1/2}$。

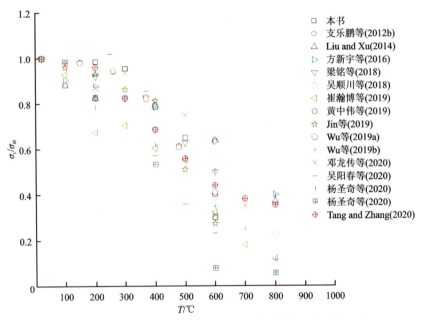

图 3-68 自然冷却后花岗岩归一化抗拉强度随温度的变化关系

I 型裂纹的断裂韧度记作 K_{IC}。

如表 3-12 所列,相关文献调研发现,尽管文献中花岗岩产地不同,初始断裂韧度也不同,试验方法也有所不同,但高温自然冷却后花岗岩断裂韧度随温度变化的宏观规律是清晰的。如图 3-69 所示,室温至 200℃,自然冷却后花岗岩断裂韧度随温度变化关系,有的呈增加趋势,有的呈减小趋势,而高于 200℃ 后,花岗岩断裂韧度随温度的升高而呈减小趋势。

表 3-12 断裂韧度综述所有文献及其测试方法

岩样产地	K_{IC}/(MPa·m$^{1/2}$)	试样类型	加热速率/(℃/min)	恒温时间/h	文献
Westerly	1.43	V型切槽巴西圆盘试样	1-2	—	Nasseri 等(2009)
南安	2.34	单边直裂纹三点弯曲试样	5	6	Chen 等(2017)
北山	3.128	U型切槽三点弯曲试样	3-4	1	Zuo 等(2017)
山东	1.132 5	单边直裂纹三点弯曲试样	1	2	吕琪(2019)
平邑	1.213	三点弯曲试样	1	2	王学怀(2019)
烟台	0.486	半圆形三点弯曲试样	—	—	Peng 等(2020)
福建	1.145	直切槽巴西圆盘试样	1	2	Yin 等(2020)

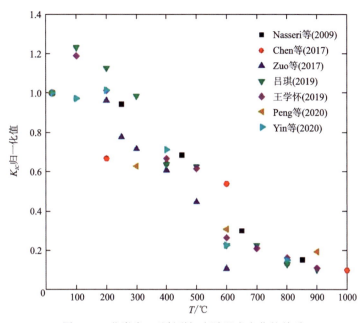

图 3-69 花岗岩 I 型断裂韧度随温度变化的关系

第四章　干热花岗岩遇水冷却后物理力学特性研究

高温岩体地热钻井施工过程中,高温高压状态下的井壁围岩由于与相对低温的钻井液及水接触,使一定范围内的井壁围岩温度急剧下降,产生热冲击。此外,EGS系统工作时,相对低温的水不断流过热储层进行热交换变成高温水,在此过程中,热储岩石也会遭受一定程度的热冲击。热冲击可使岩石发生热破裂,破坏岩石的完整性,进而使岩石的物理力学行为发生变化。目前,一般采用高温遇水冷却的方式,即将高温岩石浸没于水中快速冷却,来模拟这样的热冲击。本章是我们课题组相关试验结果及理论研究,以花岗岩为研究对象,通过开展纵波波速测试、单轴压缩试验与巴西劈裂试验,研究了高温遇水冷却后花岗岩纵波波速、弹性模量、单轴抗压强度与抗拉强度随温度变化规律,并通过扫描电子显微镜(SEM)观察了不同高温遇水冷却后岩石微观结构特征,揭示了花岗岩的物理力学损伤机理。

第一节　试验概况

一、试验对象

本章研究所用花岗岩取自江苏徐州某矿区,为了方便简写为XZ花岗岩。如图4-1所示,XZ花岗岩为灰白色,细粒块状,主要矿物成分为长石、石英和云母,XRD分析得其具体成分为:钠长石53.44%、微斜长石30.07%、石英9.04%和云母7.45%(图4-2)。未经高温处置时,岩石平均密度为2.643g/cm³,平均纵波波速为5017m/s。同时本章还对NA花岗岩开展高温遇水冷却试验。

图4-1　原始花岗岩岩样

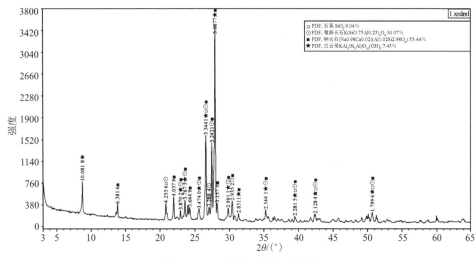

图 4-2　XZ 花岗岩岩样衍射图谱

二、试验方法

为了对比研究,本章同时开展高温遇水冷却和自然冷却,试验流程基本与上一章中一致,具体如下:

(1)岩样制备:按照《工程岩体试验方法标准》(GB/T 50266—2013)中的要求将 XZ 花岗岩加工成 $\phi50mm\times100mm$ 和 $\phi50mm\times50mm$ 两种尺寸的圆柱体试样。

(2)高温处置:分别将同一尺寸的岩样放于 SG-XL1200 型箱式高温炉中,以 5℃/min 升温速率加热至目标温度(200℃、300℃、400℃、500℃、600℃),恒温 2h 后,从箱式炉内取出岩样置于低温恒温槽(水温控制在 25℃)水浴中冷却,待岩样完全冷却至室温后取出试样,放入干燥器内静置 12h。

(3)自然冷却与遇水冷却:遇水冷却组,将恒温后岩样迅速从箱式炉内取出放入盛有蒸馏水溶液的低温恒温槽中(水温控制在 25℃),水面要完全淹没岩样,待岩样完全冷却至室温后取出试样,放入干燥器皿内静置 12h;自然冷却组,方法同第二章第一节。这两种方式下温度路径示意图如图 4-3 所示。

(4)物理力学试验:对高温遇水冷却处置后的岩样测量其质量、直径、高度和纵波波速,并开展单轴压缩试验和巴西劈裂试验。

波速测量使用 RSM-SY5 声波检测仪,所用岩样尺寸为 $\phi50mm\times100mm$。单轴压缩试验采用电子万能材料试验机,所用岩样尺寸为 $\phi50mm\times100mm$,加载速率为 0.3mm/min。巴西劈裂试验所用岩样尺寸为 $\phi50mm\times50mm$,采用 RFP-03 型智能测力仪(图 4-4),加载速率保持在 0.5kN/s。所有试验均按照《工程岩体试验方法标准》试验标准进行。所测试验数据见附表 2。

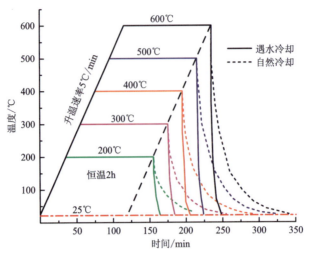

图 4-3　两种冷却方式的温度路径示意图

(a)低温恒温箱

(b)万能材料试验机

(c)RFP-03型智能测力仪

图 4-4　所用部分设备

第二节　物性试验结果

一、表观特征

高温遇水冷却和高温自然冷却后 XZ 花岗岩岩样表观特征如图 4-5 所示。室温至 200℃时，试样外观形态变化差异较小，温度和冷却方式对试件影响均小，整体呈现灰白色并伴有黑色斑点；300～400℃，试样表面颜色由灰白色向白色过渡；500～600℃，试样表明颜色向土黄色过渡。这种变化主要是由于花岗岩中的铁镁质成分在高温作用下被氧化所致。

遇水冷却后岩样表面有肉眼可见的微裂纹出现，并有微小凹坑，敲击时声音沉闷。而自然冷却组未出现肉眼可见裂纹，敲击时声音清脆。由此说明，遇水冷却后花岗岩相较于自然冷却的花岗岩，内部结构破坏更加严重。

(a)高温遇水快速冷却　　　　　　　　(b)高温自然冷却

图 4-5　两种冷却方式后 XZ 花岗岩岩样表观特征

二、体积、质量与块体密度

为表征高温花岗岩遇水冷却后质量、体积、密度的变化情况，以体积膨胀率（η_v）、质量损失率（η_m）和密度减小率（η_ρ）来表征其变化情况，具体定义见第三章第二节。

高温遇水冷却后 XZ 花岗岩体积膨胀率离散数据和均值随温度的变化关系如图 4-6 所示。可见，整体上，高温遇水冷却后花岗岩体积增长率随温度升高而增加，尤其是 400℃ 后，体积增长率增速明显增大。这主要是因为高温遇水冷却对岩石的热冲击比高温自然冷却剧烈，在岩石内会产生更多的裂隙，所以遇水冷却后体积比自然冷却的要稍微大一些，靳佩桦等（2018）、Wu（2019）和解元等（2019）通过同时开展自然冷却和遇水冷却试验也证明了这点。

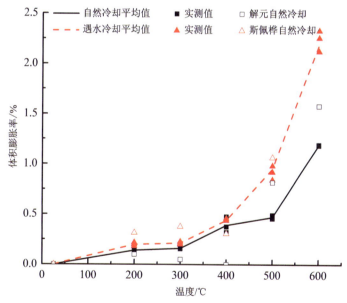

图 4-6　两种冷却方式下 XZ 花岗岩体积增长率随温度的关系

图 4-7 是高温遇水冷却和自然冷却后 XZ 花岗岩质量减小率随温度变化关系曲线。可见，高温遇水冷却后花岗岩质量随处置温度升高而减小。与高温自然冷却类似，高温遇水冷却后岩石质量损失主要是由于岩石内各种状态水损失、岩屑脱落以及矿物反应产生气体或水散失造成的。对比两种不同冷却方式下岩样的质量损失率，各温度点（200℃、300℃、400℃、500℃、600℃）高温遇水冷却后岩样的平均质量损失率分别为：0.021%、0.031%、0.062%、0.075%、0.113%；高温-自然冷却后岩样的平均质量损失率分别为：0.047%、

0.054%、0.073%、0.089%、0.132%。即高温遇水冷却后岩样的质量损失小于高温自然冷却的,这是可能因为高温状态下岩石在浸水过程中与少量水发生反应,生成参与岩石物质组成的沸石水、结晶水和结构水。

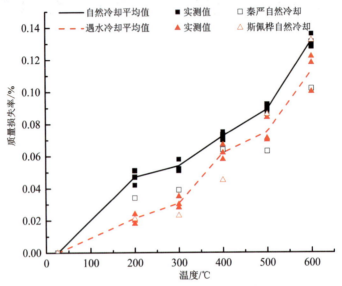

图 4-7 两种冷却方式下 XZ 花岗岩质量减小率随温度的关系

图 4-8 绘制了高温遇水冷却与自然冷却后 XZ 花岗岩密度减小率三次重复试验数据及平均值随温度变化关系。可见,高温遇水冷却后花岗岩密度随温度增加而减小,且该曲线与体积增长率曲线高度相似,这主要是由于高温遇水冷却后花岗岩质量损失率远小于其体积增长率,因此密度随温度的变化关系就基本取决于体积。同时,高温遇水冷却后花岗岩密度损失大于自然冷却的,这是因为遇水冷却后岩石体积膨胀更大。

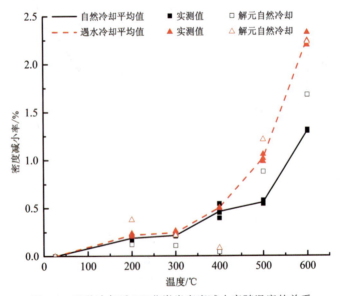

图 4-8 两种冷却后 XZ 花岗岩密度减小率随温度的关系

三、纵波波速

对介质进行波速测试,规律的波形图应当为:从发射声波开始,波幅按指数规律增大至最高点后再逐级衰减,最后波幅趋于零。倘若岩石均质性变差,比如由致密状态变为内部存在较多微裂隙、微孔洞状态,则会极大地干扰和阻碍声波在岩体内部的传播。声波会在这些部位发生多次反射、折射、绕射等现象,造成能量损失、波幅衰减、波速下降、波形紊乱。

不同温度遇水冷却与自然冷却后岩样纵波测试波形如图 4-9 所示。随着温度的升高,波形总体由整齐向混乱发展。其中 25~400℃ 波形图大体差异不大,仅在细节(如幅值)上有所区别,说明 400℃ 之前,岩石内部变化较小。500~600℃ 波形图与之前差异明显,主要体现在相邻波之间间隔变大,后半段波形呈凌乱状,没有 500℃ 之前的波形规律性明显;除此之外,后者的波幅也锐减,波形不再呈"纺锤"形,说明 400℃ 之后,岩石内部破坏严重。

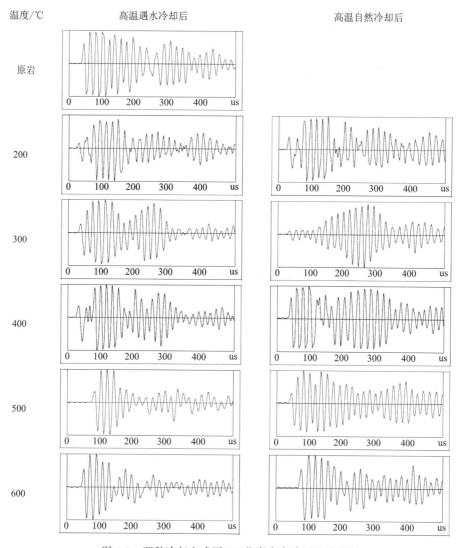

图 4-9 两种冷却方式下 XZ 花岗岩声波测试波形图

横向对比冷却方式对纵波波形的影响不难看出,自然冷却组波形要比遇水冷却组波形更加规则,波峰间隔也较为均匀,波幅略高,表明虽然此时两组岩样均遭受了温度冲击带来的损失,但是自然冷却组仍能维持一定的均匀性。在同等条件下,遇水冷却组岩样遭受的冷热冲击更加剧烈,而自然冷却组遭受的冷热冲击较为缓慢,故后者的纵波波形图比较规则。温度越高,冷却方式对纵波波形影响越小。

如图 4-10 所示,高温遇水冷却与自然冷却后 XZ 花岗岩纵波波速均随温度的升高而减小,曲线均呈下凹型。从温度对纵波波速的影响来看:25~200℃,高温作用对花岗岩纵波波速影响较小;200~400℃,纵波波速降幅变大;400~500℃,降幅最小;600℃降幅均达到最大。同时,在所研温度范围内,各温度点下遇水冷却后 XZ 花岗岩岩样的纵波波速均小于自然冷却后岩样的。

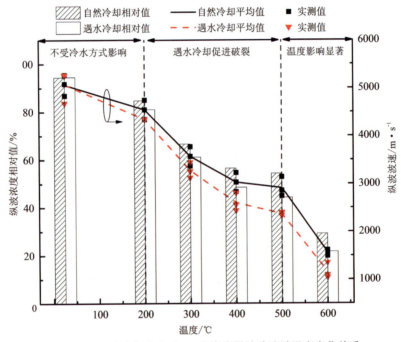

图 4-10 两种冷却方式下 XZ 花岗岩纵波波速随温度变化关系

高温遇水冷却与自然冷却后 NA 花岗岩纵波波速随温度的变化关系,如图 4-11 所示。其变化趋势与 XZ 花岗岩的基本相同,即两种冷却方式下 NA 花岗岩的纵波波速也随温度的升高而减小,且同一温度下遇水冷却的纵波波速要小于自然冷却的。只是 NA 花岗岩纵波波速随温度变化关系更趋于线性。

造成纵波波速下降的原因主要是:

(1)随着加热温度的升高,花岗岩试样内部水分逐渐丧失,水分逸出的途径主要是通过内部微裂隙向外气化,进而导致矿物晶体骨架破坏、裂隙数目增加、孔隙体积增大,使原生裂隙加长加宽。这些部位将阻碍声波在岩石内的传播,造成纵波波速的下降。

(2)岩石内部不同矿物成分的热膨胀系数不同,高温作用导致矿物晶体颗粒产生差异性膨胀,在岩石内产生微裂隙,温度恢复至室温后这些微裂隙也不可能完成闭合,破坏了岩石的致密程度,影响了波在岩石中的传播,因此波速降低。

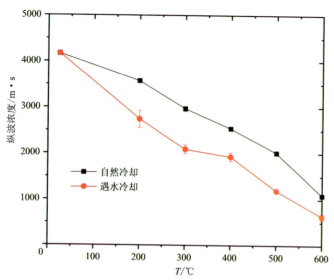

图 4-11 两种冷却方式下 NA 花岗岩纵波波速随温度变化关系

与自然冷却相比,遇水冷却使高温花岗岩表面温度迅速下降,在岩石内部产生了更大的温度梯度,形成了热冲击,加剧了花岗岩的劣化程度。因此,一般而言,遇水冷却后花岗岩纵波波速要低于自然冷却的。

四、热学参数

本书利用 Hot Disk TPS1500 热传导系数分析仪,测得不同高温遇水冷却与自然冷却两种冷却方式下 NA 花岗岩的热导率和比热容,并利用式(3-7)计算其热扩散系数,相关数据见表 4-1,其随温度的变化关系如图 4-12、图 4-13 和图 4-14 所示。从图中可见,600℃内两种冷却方式下 NA 花岗岩的热导率和热扩散系数随温度升高而降低,而比热容随温度升高而增大,且与温度间的线性相关性较好(相关系数 R^2 均大于 0.89)。同一处置温度下,高温遇水冷却后 NA 花岗岩的热导率、热扩散系数和比热容随温度变化幅度均大于高温自然冷却后的。与室温下原岩的参数相比,600℃自然冷却后 NA 花岗岩热导率和热扩散系数分别降低约 30.7% 和 34.9%,而比热容增长约 8.4%;600℃遇水冷却后 NA 花岗岩热导率和热扩散系数分别降低约 44.9% 和 50.1%,比热容增长约 15.5%。这说明高温遇水冷却对花岗岩热学性质的影响大于高温自然冷却的。Zhang 等(2018)试验发现高温遇水冷却后热导率随温度升高而减小,600℃时约减低 40%。

表 4-1 高温遇水冷却后 NA 花岗岩热学参数

冷却方式	T/℃	编号	密度 ρ_T/ (cm³·g⁻¹)	热导率 λ_T/ (W·mK⁻¹)	比热容 c_{pT}/ (kJ·kg⁻¹·K⁻¹)	热扩散系数 κ_T/ (mm²·s⁻¹)	纵波波速 V_{pT}/ (m·s⁻¹)
常温下	20°	1-0-1	2.596	2.818	0.674	1.612	4167
		1-0-2	2.595	2.998	0.682	1.688	4167
		1-0-3	2.597	2.976	0.679	1.687	4167

续表 4-1

冷却方式	T/°C	编号	密度 ρ_T/ (cm³·g⁻¹)	热导率 λ_T/ (W·mK⁻¹)	比热容 c_{pT}/ (kJ·kg⁻¹·K⁻¹)	热扩散系数 κ_T/ (mm²·s⁻¹)	纵波波速 V_{pT}/ (m·s⁻¹)
自然冷却	200	1-1-1	2.585	2.817	0.701	1.554	3571
		1-1-2	2.588	2.785	0.712	1.512	3571
		1-1-3	2.582	2.775	0.696	1.545	3571
	300	1-2-1	2.585	2.662	0.713	1.444	2941
		1-2-2	2.582	2.627	0.720	1.413	3030
		1-2-3	2.582	2.553	0.707	1.399	2941
	400	1-3-1	2.576	2.626	0.725	1.406	2500
		1-3-2	2.579	2.568	0.736	1.353	2564
		1-3-3	2.579	2.442	0.726	1.303	2564
	500	1-4-1	2.575	2.395	0.724	1.285	2000
		1-4-2	2.578	2.451	0.720	1.320	2000
		1-4-3	2.572	2.495	0.744	1.305	2041
	600	1-5-1	2.549	2.008	0.739	1.067	1064
		1-5-2	2.553	1.988	0.736	1.058	1099
		1-5-3	2.55	2.089	0.731	1.120	1099
遇水冷却	200	2-1-1	2.585	2.542	0.731	1.345	2907
		2-1-2	2.577	2.550	0.727	1.361	2782
		2-1-3	2.582	2.523	0.719	1.360	2543
	300	2-2-1	2.577	2.331	0.734	1.233	2179
		2-2-2	2.573	2.391	0.727	1.277	2091
		2-2-3	2.571	2.384	0.747	1.241	1991
	400	2-3-1	2.555	2.247	0.744	1.182	2016
		2-3-2	2.558	2.261	0.753	1.174	1934
		2-3-3	2.552	2.234	0.725	1.207	1827
	500	2-4-1	2.545	2.070	0.746	1.091	1224
		2-4-2	2.546	2.106	0.755	1.096	1193
		2-4-3	2.546	2.078	0.770	1.060	1155
	600	2-5-1	2.483	1.581	0.791	0.805	691
		2-5-2	2.492	1.631	0.768	0.852	628
		2-5-3	2.482	1.629	0.790	0.830	565

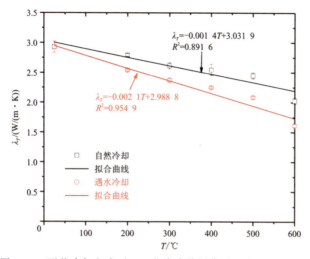

图 4-12　两种冷却方式下 NA 花岗岩热导率随温度的变化关系

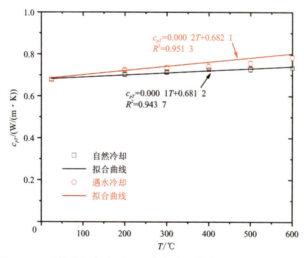

图 4-13　两种冷却方式下 NA 花岗岩比热容随温度的变化关系

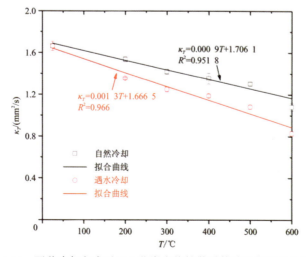

图 4-14　两种冷却方式下 NA 花岗岩热扩散系数随温度的变化关系

图 4-15 和图 4-16 反映了 600℃内自然冷却与遇水冷却后 NA 花岗岩热导率、热扩散系数与密度的关系,图 4-17 和图 4-18 给出了 600℃内自然冷却与遇水冷却后 NA 花岗岩热导率、热扩散系数与纵波波速的关系。可见,600℃内自然冷却后 NA 花岗岩热导率与密度、热扩散系数与密度、热导率与纵波波速、热导率与密度均呈线性关系;而 600℃内遇水冷却后 NA 花岗岩热导率、热扩散系数与密度呈指数关系、与纵波波速呈对数关系,拟合关系式见表 4-2。且其相关系数(R^2)皆大于 0.94,表明两种冷却方式后 NA 花岗岩热导率、热扩散系数与密度和纵波波速具有良好的相关关系。

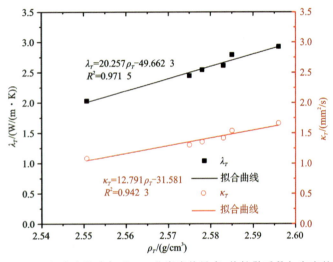

图 4-15 600 ℃内自然冷却后 NA 花岗岩热导率、热扩散系数与密度的关系

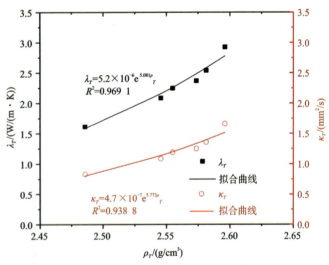

图 4-16 600 ℃内遇水冷却后 NA 花岗岩热导率、热扩散系数与密度的关系

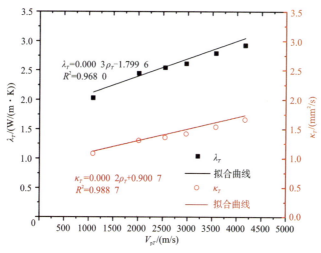

图 4-17　600 ℃ 内自然冷却后 NA 花岗岩热导率、热扩散系数与纵波波速的关系

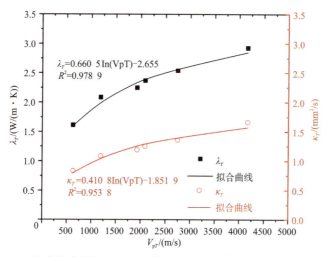

图 4-18　600 ℃ 内遇水冷却后 NA 花岗岩热导率、热扩散系数与纵波波速的关系

表 4-2　两种冷却方式后 NA 花岗岩 λ_T、κ_T 与 ρ_T 和 V_{pT} 的拟合关系

冷却方式	热学参数	拟合公式	R^2
自然冷却	λ_T	$\lambda_T = 20.257\rho_T - 49.662$	0.971 5
		$\lambda_T = 0.000\ 3 V_{pT} + 1.799\ 6$	0.968 0
	κ_T	$\kappa_T = 12.791\rho_T - 31.581$	0.942 3
		$\kappa_T = 0.000\ 2 V_{pT} + 0.900\ 7$	0.988 7
遇水冷却	λ_T	$\lambda_T = 5.2 \times 10^{-6} \exp(5.081\rho_T)$	0.969 1
		$\lambda_T = 0.660\ 5 \ln V_{pT} - 2.655$	0.978 9
	κ_T	$\kappa_T = 4.7 \times 10^{-7} \exp(5.773\rho_T)$	0.938 8
		$\kappa_T = 0.410\ 8 \ln V_{pT} - 18\ 519$	0.953 8

第三节 力学试验结果

一、应力-应变关系

图 4-19 为不同高温遇水冷却和自然冷却后 XZ 花岗岩单轴压缩条件下应力-应变曲线。图 4-20 为不同高温遇水冷却和自然冷却后 NA 花岗岩单轴压缩条件下应力-应变曲线。可见,与自然冷却后相似,高温遇水冷却后花岗岩应力-应变曲线也可分为压密、弹性变形、屈服和破坏 4 个阶段。在压实阶段,曲线呈下凹状,加热温度越高,这阶段越明显,主要是与原始裂缝和热微裂缝的闭合有关;该阶段比高温自然冷却后的压实阶段更明显,间接说明遇水冷却后比自然冷却后产生的微裂隙多。其余 3 个阶段的特征均与自然冷却后应力-应变曲线特征相似,随着温度的升高,弹性阶段变小,屈服阶段增加,岩石脆性减小,塑性增加。

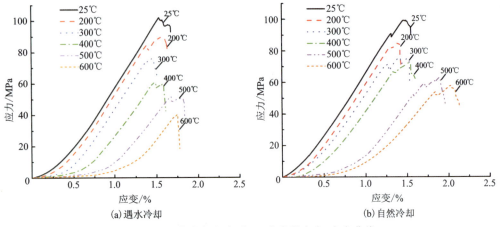

图 4-19 两种冷却方式下 XZ 花岗岩应力-应变曲线

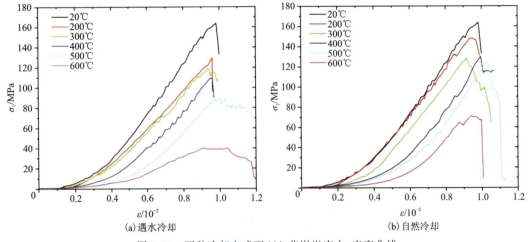

图 4-20 两种冷却方式下 NA 花岗岩应力-应变曲线

二、弹性模量

图 4-21 是高温遇水冷却与自然冷却后 XZ 花岗岩的弹性模量随温度的变化曲线。可见,与自然冷却后类似,高温遇水冷却后弹性模量也随温度升高而逐渐下降;20～200℃,弹性模量变化不明显,说明此时温度对弹性模量的影响极小;300～600℃,各温度点下的弹性模量分别下降至室温下的 89%、83%、76% 和 64%。300～600℃,而自然冷却后岩样的弹性模量平均值要高于遇水冷却后岩样的,各温度点下的弹性模量分别为室温下的 98%、90%、88% 和 78%;且自 200℃ 起,随着温度升高,遇水冷却弹性模量与自然冷却弹性模量的差值越大,说明冷却方式对弹性模量的影响愈发明显。

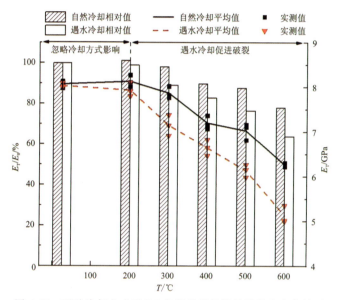

图 4-21　两种冷却方式后 XZ 花岗岩弹性模量随温度变化关系

高温遇水冷却与自然冷却后 NA 花岗岩的弹性模量随温度的变化关系如图 4-22 所示。可见,与 XZ 花岗岩的表现基本相似,两种方式下 NA 花岗岩的弹性模量也随温度的升高而减小,且遇水冷却后的弹性模量小于自然冷却的,但两者的差值随温度增加的趋势不明显。

三、单轴压缩强度

如图 4-23 所示,高温遇水冷却与自然冷却后 XZ 花岗岩单轴压缩强度均随温度的升高,整体近似呈线性减小。与未经温度作用的花岗岩相比,200～600℃,各温度点下高温花岗岩经遇水冷却后的单轴压缩强度分别降至室温下的 81%、71%、60%、51% 和 40%;而自然冷却后的单轴压缩强度分别降至室温下的 91%、75%、71%、62% 和 57%。高温遇水冷却后花岗岩单轴压缩强度均小于自然冷却后的,且两者的差值随温度升高而加大。

图 4-24 显示了高温遇水冷却与自然冷却后 NA 花岗岩单轴压缩强度随温度的变化关系。可见,与 XZ 花岗岩的表现相似,两种方式下 NA 花岗岩的单轴压缩强度也随温度的升高而减小,且遇水冷却后的单轴压缩强度低于自然冷却的。

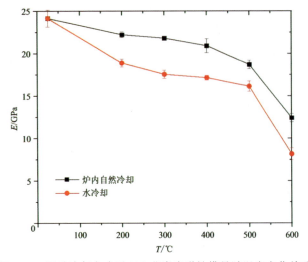

图 4-22 两种冷却方式后 NA 花岗岩弹性模量随温度变化关系

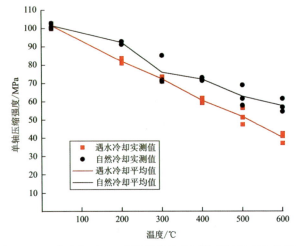

图 4-23 两种冷却下 XZ 花岗岩单轴抗压强度随温度变化关系

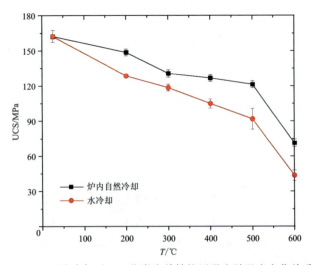

图 4-24 两种冷却下 NA 花岗岩单轴抗压强度随温度变化关系

四、破坏形式

高温遇水冷却后和自然冷却后 XZ 花岗岩单轴受压破坏后形态如图 4-25 所示。可以看出,室温至 200℃,两种方式后均为轴向劈裂破坏;300～600℃,两种方式后均为剪切破坏。整体上,遇水冷却后岩样破坏后,岩样更破碎。

图 4-25　两种冷却方式下单轴压缩条件下岩样宏观破坏形式

五、抗拉强度

高温遇水冷却与自然冷却后 XZ 花岗岩巴西劈裂试验所得的抗拉强度随温度关系如图 4-26 所示。可见,随温度的升高,抗拉强度整体呈凸线型下降趋势。不同高温遇水冷却后的抗拉强度分别为原岩抗拉强度的 96%、84%、68%、50% 和 18%。400℃后,抗拉强度降低幅度有明显增加。

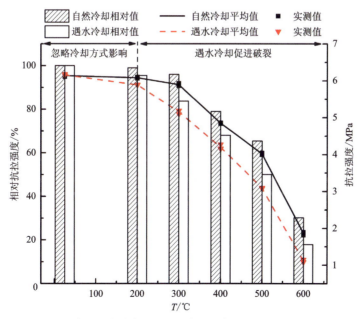

图 4-26　高温遇水冷却后 XZ 花岗岩抗拉强度随温度变化关系

六、力学参数与波速之间的关系

为了更好地分析规律，我们利用归一化指标来分析岩石物性参数随温度的变化规律。归一化指标定义为遭受高温作用后岩石某物理力学性质指标量值与未经高温作用时该指标值之比，可见，室温时，各归一化指标均为1。

如图4-27所示，高温遇水冷却后XZ花岗岩的纵波波速、弹性模量、单轴抗压强度和抗拉强度均随加热温度的增大而呈减小趋势，且整体趋势基本一致。

弹性波速反映了岩石的致密程度。高温自然冷却和遇水冷却作用使岩石内部产生微裂纹，改变了岩石的致密程度，进而影响了岩石的物理力学性质。试验发现自然冷却和遇水冷却条件下花岗岩纵波波速、单轴抗压强度和弹性模量均随温度的升高而降低(图4-11、图4-22和图4-24)。因此，高温作用后花岗岩的UCS_T和E_T的变化与V_{pT}必然存在一定关系。自然冷却和遇水冷却条件下NA花岗岩UCS_T和E_T随V_{pT}变化的关系如图4-28和图4-29所示。通过对试验结果的拟合分析，发现UCS_T和E_T的平均值与V_{pT}的平均值呈对数关系。

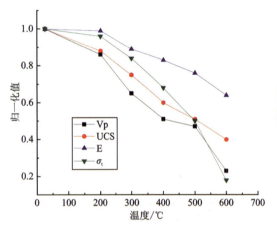

图4-27 高温遇水冷却后XZ花岗岩所测参数归一值与温度的关系

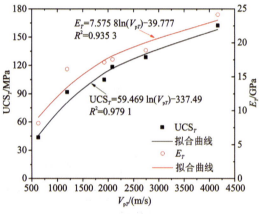

图4-28 自然冷却后NA花岗岩单轴抗压强度、弹性模量与波速的关系

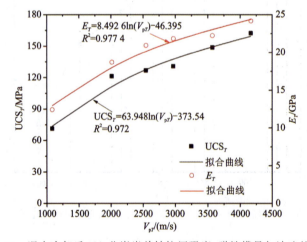

图4-29 遇水冷却后NA花岗岩单轴抗压强度、弹性模量与波速的关系

第四节 微观表征

高温遇水冷却后 NA 花岗岩偏光显微镜下照片如图 4-30 所示，而高温自然冷却后 NA 花岗岩偏光显微镜下观察见图 3-39。未经高温处理的 NA 花岗岩原生矿物颗粒排列良好，仅在长石之间观察到少量微裂纹。对于自然冷却后岩样切片，200℃和300℃时，仅在矿物边界产生少量晶间裂纹，无穿晶裂纹；400℃时，矿物晶间裂纹扩展延伸，且在石英和长石内部观察到穿晶裂纹(图 3-39)。对于遇水冷却后岩样切片，200℃时既存在晶间裂纹，又在长石和石英颗粒内部产生穿晶裂纹(图 4-30)。随着温度的进一步升高，微裂纹越来越多，且同一温度下遇水冷却后微裂纹数量明显多于自然冷却的；微裂纹在花岗岩内部逐渐扩展并聚结，在 600℃的温度后的花岗岩薄片中形成微裂纹网络。

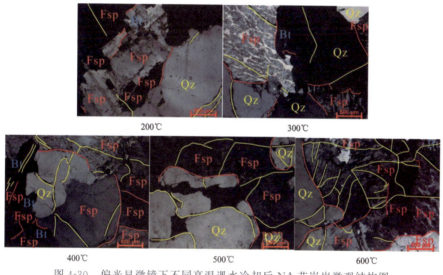

图 4-30　偏光显微镜下不同高温遇水冷却后 NA 花岗岩微观结构图
("Qz"代表石英；"Fsp"代表长石；"Bt"代表黑云母；红线表示晶间裂纹；黄线表示穿晶裂纹)

如图 4-31 所示，两种冷却方式后 NA 花岗岩试样的微裂纹密度和平均宽度均随热处理温度的升高而增大，这与力学性能的劣化和塑性特征的增加是一致的。遇水冷却后的微裂纹密度和平均宽度均大于自然冷却后的微裂纹密度和平均宽度，且随着温度的升高，两种冷却方式的微裂纹密度和平均宽度的差值也增大。600℃时，水冷却后的微裂纹密度和平均宽度分别为 4.18mm/mm^2 和 54.62mm；自然冷却后的微裂纹密度和平均宽度分别为 1.97mm/mm^2 和 25.16mm。

第五节　讨　论

一、高温遇水冷却花岗岩损伤机理

高温遇水冷却试验方法对花岗岩的损伤包含两个方面：加热过程与遇水快速冷却过程。

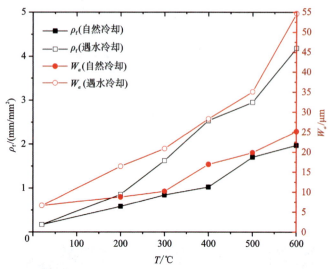

图 4-31 两种冷却方式后 NA 花岗岩密度与微裂纹平均宽度随温度变化的关系

加热过程中,岩石温度升高,组成岩石的矿物颗粒发生热膨胀,但由于岩石内部矿物颗粒之间的相互约束而使其不能完全自由膨胀,从而产生热应力;当热应力超过某一极限值时,就会在岩石内部产生新的微裂隙,并使岩石内部原有微裂隙扩展,改变岩石的微结构,使岩石性质劣化。这在第二章第三节中已详细讨论了,这里就不再赘述。

遇水快速冷却过程,冷却速率约 300℃/min(Wu et al.,2019b),过高的温度梯度使得岩石表面附近形成较大的拉应力,超过拉伸强度便形成拉伸微裂隙,加剧了岩石微结构的破坏;同时,水可能从岩石表面的微裂隙进入到岩石内部,进一步破坏岩石微结构。偏光显微镜下图片已揭示高温遇水冷却后岩石内部产生微裂隙,且微裂隙数目、宽度随温度升高而加大(图 4-30)。Isaka 等(2018)对高温自然冷却和遇水冷却两种方式下的花岗岩薄片进行 SEM 观察,发现同一温度下遇水冷却后裂隙张开度和密度明显大于自然冷却的。因此,高温遇水冷却后岩石力学性质随温度的升高而减小。

当岩石经历 400℃ 及更高温度后,热应力更大,热冲击更加剧烈,已使岩石内部微裂隙贯通相交形成微裂隙网络,严重破坏了岩石的微结构。此外 573℃ 左右石英颗粒会发生 α 相－β 相转变,也会破坏岩石的微结构。因此,400～600℃,岩石力学性质随温度升高而下降的趋势更陡,劣化更显著。

二、高温遇水冷却后花岗岩物理力学性质随温度变化规律

这里进行大量的国内外文献调研,统计相关数据,以期分析高温遇水冷却后花岗岩物理力学性质随温度变化规律。表 4-3 列出了相关文献来源、文献中花岗岩产地及其初始物理力学性质,表 4-4 给出了相应的矿物组成。这里所引文献均采用巴西劈裂试验测量花岗岩的抗拉强度,所用岩样尺寸均为 $\phi 50\text{mm} \times 25\text{mm}$ 的圆盘。

表 4-3 高温遇水冷却花岗岩初始性质、试验参数及其文献来源

试样产地	ρ/g·cm^{-3}	n/%	k/10^{-18} m^2	V_p/m·s^{-1}	UCS/MPa	E/GPa	ν	σ_t/MPa	加热速率/℃·min	恒温时长/h	试样尺寸(直径×高/mm×mm)	参考文献
徐州	2.643	—	—	2017	101.73	8.055	—	—	5	2	50×100	本书
平邑	2.71	—	—	—	130.5	16.7	—	17.9	—	4	50×100	邰保平和赵阳升(2010)
Strathbogie	2.703	1.16	—	—	120.94	17.13	0.24	—	5	2	22.5×45	Kumari 等(2017)
漳州	—	—	—	—	125.05	—	—	—	10	2	50×100	Ge 和 Sun(2018)
Harcourt	2.63	—	—	3343	149.48	16.2	0.218	—	5	3	22.5×45	Isaka 等(2018)
大别山	2.61	1.19	—	—	168.00	30.89	0.23	—	5	4	34×74	Zhang 等(2018, 2020a)
漳州	2.97	—	—	—	123.09	69.25	—	4.77	10	2	50×100	Zhu 等(2018)、朱栋等(2020)
大别山	2.60	0.92	7.73	—	140.00	33.87	0.28	—	5	4	50×100	操旺进和亢军杰(2018)

续表 4-3

试样产地	ρ / g·cm^{-3}	n / %	k / 10^{-18} m^2	V_p / m·s^{-1}	UCS / MPa	E / GPa	ν	σ_t / MPa	加热速率 / ℃·min	恒温时长 / h	试样尺寸（直径×高 / mm×mm）	参考文献
日照	2.638	—	1.13	4087	130.11	12.81	—	7.93	2	2	50×100	靳佩桦等(2018),Jin等(2019)
晋江	2.60	1.49	—	4146	—	—	—	5.2	5	2	50×25	梁铭等(2018)
随州	2.592	—	—	4356	152.20	21.25	—	—	2	2	50×100	朱振南等(2018)
山东	2.618	—	8.2	4416	154.2	33.2	0.23	9.28	5	10	24.5×50	Wu等(2019a)
汝城	2.468	—	—	3571	107.3	30.3	0.26	8.78	—	6	50×25	Wu等(2019b)
北京	2.72	—	—	—	79.90	16.00	—	—	3	2	25×50	陈宇等(2019)
松辽	2.87	—	—	4200	164.70	44.60	0.27	14.3	30	4	50×25	崔翰博等(2019)
—	2.73	—	—	6812	—	7.21	—	14.00	8	2	50×25	邓龙传等(2020)
—	—	—	—	3846	144.01	18.39	—	—	4	8	50×100	Li等(2020)
随州	2.603	—	—	3770	118.55	—	—	—	5	2	50×100	Zhu等(2020)
—	2.644	1.63	—	3796	123.33	39.40	—	7.65	5	8	50×100	Kang等(2021)

表 4-4 引用文献中花岗岩矿物成分(%)

试样产地	斜长石	钾长石	石英	角闪石	云母	黏土矿物	方解石	其他	参考文献
徐州	53.44	30.07	9.04	—	7.45	—	—	—	本书
Strathbogie	16	13	50	—	15	—	—	—	Kumari 等(2017)
漳州	35*	—	40	20	5	—	—	—	Ge 和 Sun(2018)
Harcourt	24	21	50	—	—	—	—	5	Isaka 等(2018)
大别山	35.43	24.51	10.02	—	28.77	—	1.28	—	Zhang 等(2018,2020a)
漳州	35*	—	40	20	5	—	—	—	Zhu 等(2018),朱栋等(2020)
大别山	64.87	8.78	21.67	—	3.38	—	0.12	—	操旺进和亢军杰(2018)
日照	35	40	20	—	5	—	—	—	靳佩桦等(2018),Jin 等(2019)
晋江	50	30	—	—	7	—	—	1	梁铭等(2018)
随州	77.68	—	10.58	2.22	6.28	3.24	—	—	朱振南等(2018)
—	23	16.0	40.6	—	5.5	—	—	8	Li 等(2019)
山东	41.9	15.7	28.3	1	—	3.6	1	8.5	Wu 等(2019a)
随州	77.68	—	10.58	2.22	6.28	3.24	—	—	Zhu 等(2018)
—	24.39	23.95	41.78	—	4.29	—	—	5.59	Kang 等(2021)

注:* Ge 和 Sun(2018)、Zhu 等(2018)和朱栋等(2020)报道花岗岩矿物成分长石 35%,未具体区分长石类型。

1. 块体密度随温度变化规律

这里统计的数据均为干密度,即遇水冷却后将岩样取出干燥后再测量体积与质量,计算块体密度。如图 4-32 所示,尽管这些文献所用花岗岩不同,加热方法也有所不同,但所得规律基本一致:高温遇水冷却后花岗岩块体密度减小率随温度升高而增大,即高温遇水冷却后花岗岩块体密度随温度升高而减小。400℃时,块体密度减小率在 2% 以内;600℃时,约为 3%。

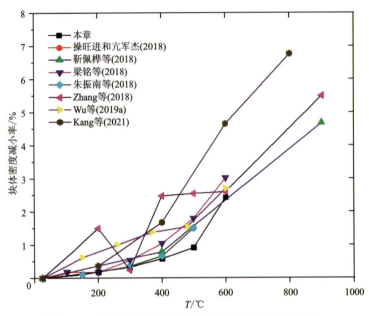

图 4-32　高温遇水冷却后花岗岩块体密度随温度变化

2. 空隙率与渗透系数随温度变化规律

图 4-33 显示了高温遇水冷却后花岗岩归一化空隙率(n/n_0)随温度的变化关系,其中,Kang 等(2021)测量的是有效空隙率,其他文献为总空隙率。从图中可见,整体上 n/n_0 随温度的升高而增大,即高温遇水冷却后花岗岩空隙率随温度的升高而增大,且温度低于 400℃ 时,空隙率增幅相对较小,而高于 400℃ 后,空隙率大幅增加。Hu 等(2021)则发现高温遇水冷却后花岗岩空隙率在 450℃ 前基本保持不变,高于 450℃ 后大幅增加。

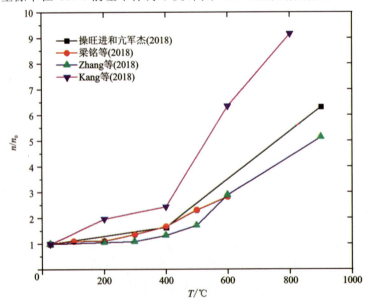

图 4-33　高温遇水冷却后花岗岩归一化空隙率随温度变化规律

图 4-34 显示了高温遇水冷却后花岗岩归一化渗透率(k/k_0)随温度变化关系,其中 Kang 等(2021)测量的是液体渗透率,其余均为气体渗透率。从图中可见,高温遇水冷却后花岗岩渗透率随温度的升高而增大,尤其是 400℃后,渗透率大幅增加。600℃时,渗透率增幅在几十到几百倍,800℃时,增幅可达 1000 多倍。操旺进等(2018)通过试验还发现:随着围压的增大,不同高温遇水冷却后花岗岩的渗透率呈减小趋势,且不同温度岩样渗透率随围压的减小趋势基本一致。

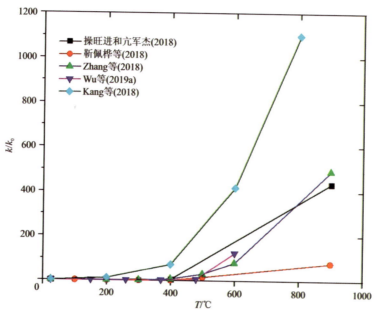

图 4-34　高温遇水冷却后花岗岩归一化渗透率随温度变化规律

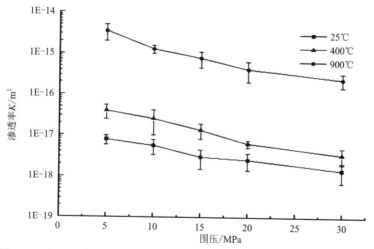

图 4-35　高温遇水冷却后花岗岩气体渗透系数与围压关系(操旺进等,2018)

3. 纵波波速

如图 4-36 所示,高温遇水冷却后花岗岩的归一化纵波波速(V_{pT}/V_{p0})随温度的升高而减小,即高温遇水冷却后花岗岩纵波波速随温度升高而减小。200℃时,所引文献的 V_{pT}/V_{p0} 在 0.7～0.9 之间,均值约为 0.82,即 200℃高温遇水冷却后花岗岩纵波波速比原岩减小约 18%;400℃时,V_{pT}/V_{p0} 在 0.5～0.65 之间,均值约为 0.57,减幅约为 43%;600℃时,V_{pT}/V_{p0} 在 0.2～0.4 之间,均值约为 0.27,减幅达 73%。

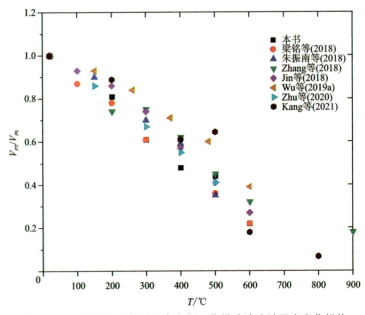

图 4-36　高温遇水冷却后花岗岩归一化纵波波速随温度变化规律

4. 弹性模量

基于单轴压缩试验数据,高温遇水冷却后不同花岗岩归一化弹性模量(E_T/E_0)随温度变化规律如图 4-37 所示。从图中可以看出,由于岩石自身差异较大,数据比较离散,但整体

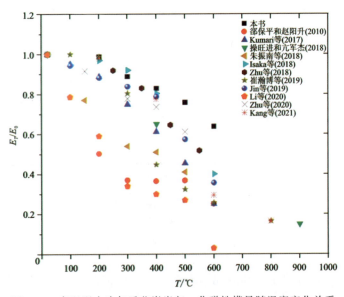

图 4-37　高温遇水冷却后花岗岩归一化弹性模量随温度变化关系

上 E_T/E_0 随处置温度升高呈减小趋势;400℃时,所引文献的 E_T/E_0 在 0.3~0.85 之间,平均值为 0.62;500℃时,E_T/E_0 平均值为 0.47;600℃时,所引文献的 E_T/E_0 在 0.25~0.65 之间,平均值为 0.31。

高温遇水冷却后花岗岩弹性模量当然也受到围压的影响。Zhang 等(2020a)对高温遇水冷却后花岗岩开展不同围压(0、5MPa、10MPa 和 15MPa)的三轴压缩试验,其弹性模量随温度与压力的变化关系如图 4-38 所示。可见,室温至 400℃,0 和 5MPa 围压下弹性模量随温度呈增加趋势,而 10MPa 和 15MPa 围压下微呈减小趋势;高于 400℃后,各围压下均呈减小趋势。陈宇等(2019)、操旺进和亢军杰(2018)均得到类似的结论(图 4-39),即有围压时,室温至 400℃,花岗岩弹性模量无统一的随温度变化规律,高于 400℃后,随温度升高而明显降低。

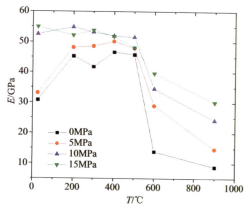

图 4-38 高温遇水冷却后花岗岩不同围压下弹性模量随温度变化关系

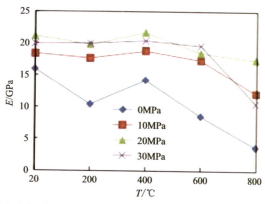

图 4-39 高温遇水冷却后花岗岩不同围压下弹性模量随温度变化关系(陈宇等,2019)

5. 泊松比

高温遇水冷却后不同花岗岩归一化泊松比随温度变化规律如图 4-40 所示,其数据均为单轴抗压试验所测,岩样具体性质见表 4-3。从图中可见,归一化泊松比随温度变化规律比较复杂,但变化幅度基本在±20%之间。Gao 等(2021)通过单轴压缩试验发现 600~1000℃

高温遇水冷却后花岗岩泊松比随温度升高呈增加趋势。

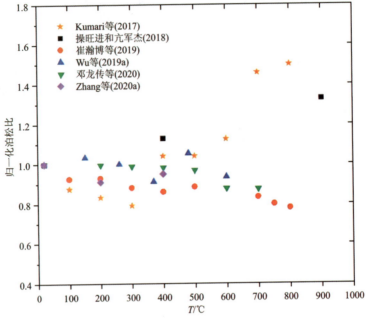

图 4-40　高温遇水冷却后花岗岩归一化泊松比随温度变化关系

如图 4-41 所示，操旺进等(2018)通过对 400℃ 和 900℃ 遇水冷却作用后花岗岩开展三轴压缩试验发现：花岗岩泊松比随热处理温度的变化规律不明显，泊松比的离散性随围压的升高有减小趋势，即围压一定程度上抑制了温度对泊松比的影响。Zhang 等(2018)通过三轴压缩试验也发现花岗岩泊松比随温度、围压的变化规律不明显(图 4-42 和图 4-43)。

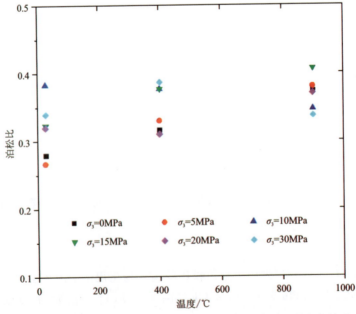

图 4-41　高温遇水冷却后不同围压下花岗岩泊松比随温度变化关系

第四章 干热花岗岩遇水冷却后物理力学特性研究

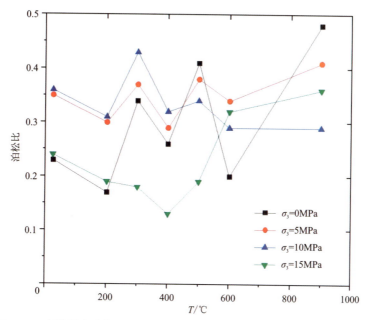

图 4-42 高温遇水冷却后不同围压下大别山花岗岩泊松比随温度变化关系

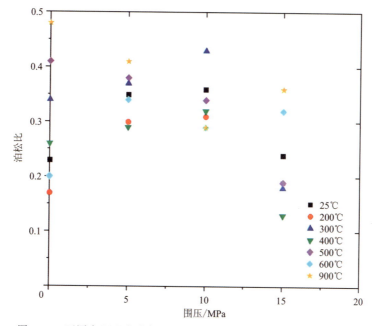

图 4-43 不同高温遇水冷却后大别山花岗岩泊松比随围压变化关系

6. 抗压强度

如图 4-44 所示，整体上，高温遇水冷却后花岗岩归一化单轴抗压强度（UCS_T/UCS_0）随温度升高明显呈减小趋势，相关花岗岩岩样性质及试验方法见表 4-3。200℃时，所引文献的 UCS_T/UCS_0 约在 0.7～1.0 之间，平均 0.84；400℃时，UCS_T/UCS_0 约在 0.5～0.8 之间，平均 0.60；600℃时，UCS_T/UCS_0 约在 0.25～0.4 之间，平均 0.34。

三轴抗压强度显然受围压的影响。Zhang 等（2018）通过开展三轴压缩试验发现，花岗岩三轴抗压强度随温度变化规律与其单轴抗压强度随温度变化规律大致相似（图 4-45）；对其进行归一化处理，可以明显看出，围压有抑制抗压强度随温度变化的趋势（图 4-46）。操旺进和亢军杰（2018）、陈宇等（2019）通过开展三轴压缩试验也得到类似的结论。

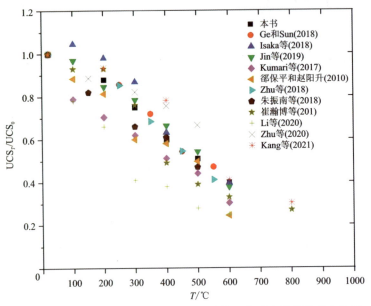

图 4-44　高温遇水冷却后花岗岩归一化单轴压缩强度随温度变化关系

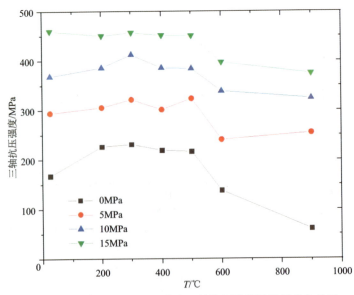

图 4-45　高温遇水冷却后花岗岩三轴抗压强度随温度变化关系

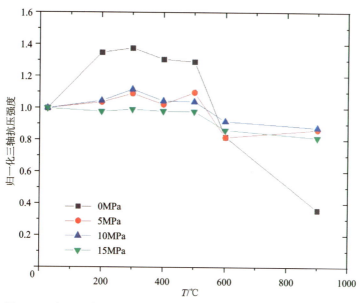

图 4-46　高温遇水冷却后花岗岩归一化三轴抗压强度随温度变化关系

7. 黏聚力和内摩擦角

通过开展三轴压缩试验,利用线性 mohr-coulumn 理论对抗压强度进行拟合,一些学者测得了不同高温遇水冷却后花岗岩的黏聚力和内摩擦角,其相关岩石特征及试验方法见表 4-5。其归一化黏聚力(c_T/c_0)和归一化内摩擦角(φ_T/φ_0)随温度变化规律如图 4-47 和图 4-48 所示。从图中可见,室温至 400℃,c_T/c_0 随温度变化规律不一致,高于 400℃后,c_T/c_0 随温度升高而减小。φ_T/φ_0 随温度变化规律也不一致,但室温至 600℃,φ_T/φ_0 变化幅度在 ±5% 之间,可忽略不计。尽管数据有限,可以得出高温遇水冷却对花岗岩黏聚力的影响明显大于对内摩擦角的影响。

表 4-5　文献中所用花岗岩初始黏聚力和内摩擦角及其试验参数

试样产地	c/MPa	φ/(°)	加热速率/℃·min^{-1}	恒温时长/h	围压/MPa	试样尺寸（直径×高/mm×mm）	参考文献
大别山	33.86	59.29	5	4	0/5/10/15/20/30	50×100	操旺进和亢军杰(2018)
北京	13.12	53.64	3	2	0/10/20/30	25×50	陈宇等(2019)
大别山	19.33	64.41	5	3	0/5/10/15	50×100	Zhang 等(2020)

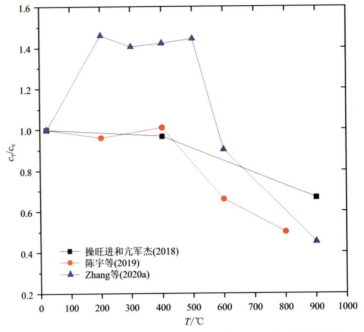

图 4-47 高温遇水冷却后花岗岩归一化黏聚力随温度变化关系

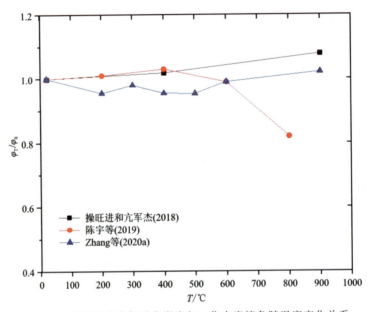

图 4-48 高温遇水冷却后花岗岩归一化内摩擦角随温度变化关系

8. 抗拉强度

根据文献数据,高温遇水冷却后花岗岩归一化抗拉强度(σ_t/σ_{t0})随温度变化规律如图 4-49 所示。这些文献均采用巴西劈裂法测得抗拉强度,所用岩样尺寸除 Wu 等(2019a)外均为 $\phi50mm\times25mm$ 的圆盘[Wu 等(2019a)采用 $\phi24.5mm\times7mm$ 的圆盘],所用岩样初始性质和矿物组成见表 4-3 和表 4-4。从图中可见，整体上，σ_t/σ_{t0} 随温度升高而减小，即高温遇水冷却后花岗岩抗拉强度随温度而减小；个别文献测得室温至 200℃时 σ_t/σ_{t0} 随温度减幅较小，5% 以内（如本书和 Wu 等，2019a）。200℃时，所引文献的 σ_t/σ_{t0} 在 0.6~0.95 之间，平均 0.79；400℃时，σ_t/σ_{t0} 在 0.3~0.75 之间，平均 0.56；600℃时，σ_t/σ_{t0} 在 0.15~0.35 之间，平均 0.24。

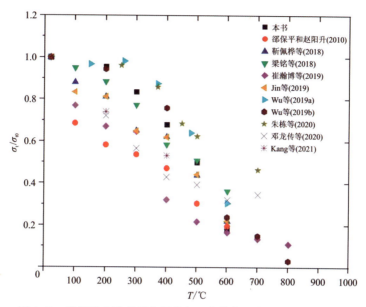

图 4-49　高温遇水冷却后花岗岩归一化抗拉强度随温度变化关系

三、冷却方式对花岗岩力学性质的影响

高温遇水冷却试验与高温自然冷却试验在高温作用过程是完全相同的，不同之处在于：前者达到高温恒温一段时间后岩石放于冷水中快速冷却，而后者直接在高温炉中或空气中自然散热冷却。显然，遇水冷却较之自然冷却，岩石表面温差大，温度梯度大。Wu 等(2019b)认为在高温炉内自然冷却时平均冷却速率约为 0.49℃/min，空气中自然冷却时约为 7.02℃/min，而水中冷却时高达 307.32℃/min。邵保平等(2020)通过红外线测温仪测得 ϕ50mm×100mm 花岗岩圆柱体试件从不同高温状态在空气中自然冷却到室温 20℃约需要 5000s，而在 20℃恒温水中冷却仅需要约 150s。因此，遇水冷却方式给岩石带来热冲击，加剧岩石物理力学性质的损伤。通常而言，遇水冷却后岩石的物理力学性质要差于自然冷却的。还有些学者开展了高温液氮冷却研究（如 Wu et al.，2019；Kang et al.，2021），液氮温度为 -195.8℃，显然将高温岩石置于液氮中冷却产生的热冲击要强于遇水冷却的，因此，理论上液氮冷却对岩石的损伤更大。

1. 块体密度

本章第二节试验研究发现高温炉内自然冷却后体积膨胀率小于遇水冷却的（图 4-6），而自然冷却后质量损失稍大于遇水冷却的（图 4-7），且两种方式下质量变化率明显小于体积变化率,因此,同一加热温度下,炉内冷却后干密度大于遇水冷却的(图 4-8);Jin 等(2019)通过试验也得到这样的结论,600℃内其密度减小率最大值约为 3%(图 4-50)。Zhang 等(2020a)也进行了这两种方式下花岗岩密度的研究,只不过其炉内冷却采取控制降温速率(1℃/min)进行缓慢冷却,发现两种方式下干密度和饱和密度随温度变化规律大致相同,且同一温度下,水中冷却的密度均小于炉内冷却的,如图 4-51 所示。同时可见,高于 400℃后,无论是炉内冷却还是水中冷却后岩样的饱和密度与干密度的差值随着温度的升高而大幅增加,间接说明此时岩样内微裂隙随温度而大幅增加。

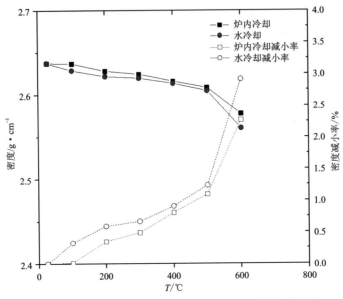

图 4-50　两种冷却方式下密度及其减小率随温度变化规律

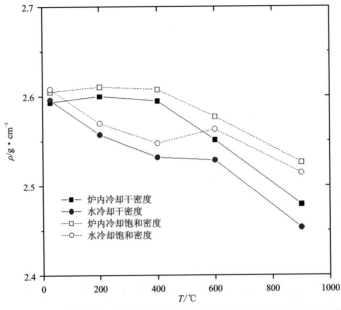

图 4-51　两种冷却方式下花岗岩干密度和饱和密度随温度变化规律

如图 4-52 所示，Wu 等(2019a)研究了空气自然冷却、水冷却和液氮冷却这三种冷却方式下花岗岩干密度随温度变化关系，其中液氮冷却即将高温岩石先浸没于液氮中几小时然后再置于室温中，发现干密度均随温度升高呈轻微减小，且同一温度下三种方式下的干密度相差很小，总的说来，液氮冷却后密度减小幅度稍大于空气自然冷却和水冷却，且减小幅度在 5% 以内。Kang 等(2021)通过试验发现处置温度低于 400℃时，炉内自然冷却、水冷却和液氮冷却后花岗岩归一化块体密度(ρ_T/ρ_0)相差极小，减小幅度在 5% 以内，400~600℃，三种冷却方式下归一化值差异逐渐增大，液氮冷却后密度减小幅度稍大于自然冷却和水冷却，但减小幅度在 10% 以内(图 4-53)。

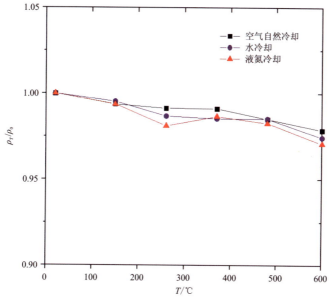

图 4-52　三种冷却方式下花岗岩干密度随温度变化规律

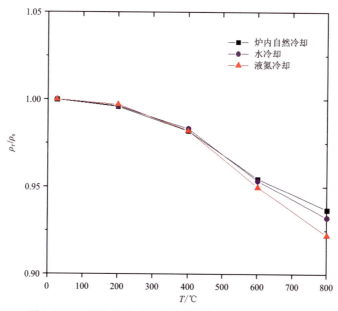

图 4-53　三种冷却方式下花岗岩干密度随温度变化规律

2. 空隙率和渗透率

图 4-54 显示了 Zhang 等(2020a)测得的炉内控温冷却和遇水冷却后花岗岩总空隙率随温度变化规律,可见,加热温度低于 400℃时,空隙率增幅很小;高于 400℃后,空隙率随温度升高而大幅增加,且同一加热温度条件下,水冷却后空隙率总大于炉内冷却的,两者差值也随温度升高而增加。Kang 等(2021)测得炉内自然冷却、遇水冷却和液氮冷却后花岗岩有效空隙率随温度变化规律如图 4-55 所示。从图中可见,三种冷却方式下花岗岩有效空隙率均随温度升高而增大;低于 400℃时,三种方式下空隙率差异很小,空隙率增幅在 3 倍以内;400~800℃,空隙率随温度升高而急剧增加,三种方式下空隙率差异显著,液氮冷却的空隙率明显大于其他两种方式的;600℃时,花岗岩空隙率在 10%左右。可见,室温至 400℃,不论何种方式,花岗岩空隙率增幅均较小;高于 400℃后,花岗岩空隙率大幅增加,且液氮冷却的空隙率>遇水冷却的>自然冷却的。

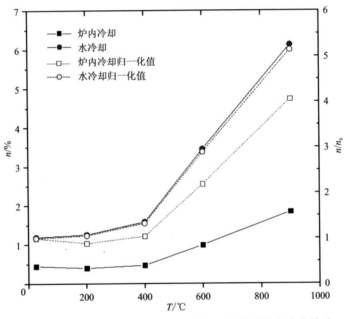

图 4-54　两种冷却方式下空隙率及其归一化值随温度变化关系

同理,冷却方式对岩石渗透率也有类似的影响。Jin 等(2019)采用压力脉冲衰减试验测量炉内自然冷却和水冷却两种方式下花岗岩的气体渗透率,其随温度的变化关系如图 4-56 所示。从图中可见,同一温度水平下水冷却后花岗岩渗透率总是大于炉内自然冷却的;室温至 200℃时,两种方式下渗透率较常温下有轻微降低,这主要是因为在这个温度区间,岩石热膨胀使原有孔隙体积减小,使原有裂隙部分闭合。200~600℃,花岗岩渗透率随温度升高呈指数增加趋势,600℃时炉内冷却和水冷却后渗透率分别约为原岩的 36 倍和 80 倍。

如图 4-57 所示,Wu 等(2019)测得三种冷却方式下(空气自然冷却、水冷却和液氮冷却)花岗岩的气体渗透率均随温度升高呈指数增加,且同一温度下,液氮冷却对渗透率的影响最大。600℃时空气自然冷却、水冷却和液氮冷却后渗透率分别约为原岩的 41 倍、125 倍和

第四章 干热花岗岩遇水冷却后物理力学特性研究

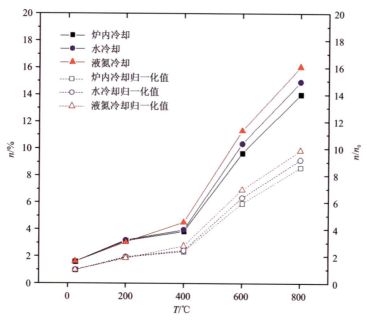

图 4-55 三种冷却方式下空隙率及其归一化值随温度变化关系

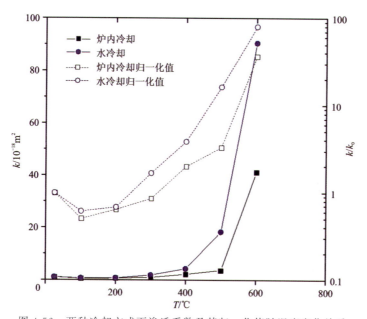

图 4-56 两种冷却方式下渗透系数及其归一化值随温度变化关系

224 倍。Kang 等（2021）测得炉内自然冷却、水冷却和液氮冷却三种冷却方式下花岗岩岩样的液体渗透系数随温度的变化规律（图 4-58）。从图 4-58 中可见，三种冷却方式下花岗岩渗透系数均随温度呈增大趋势，且同一温度下，液氮冷却后的渗透系数＞水冷却的＞炉内冷却的，400℃时分别约为原岩的 65 倍、73 倍和 79 倍，600℃时分别为 400 倍、418 倍和 493 倍，800℃时则达到 942 倍、1100 倍和 1221 倍。综上所述，可见，冷却方式对花岗岩渗透率影响明显，尤其是 400℃后。

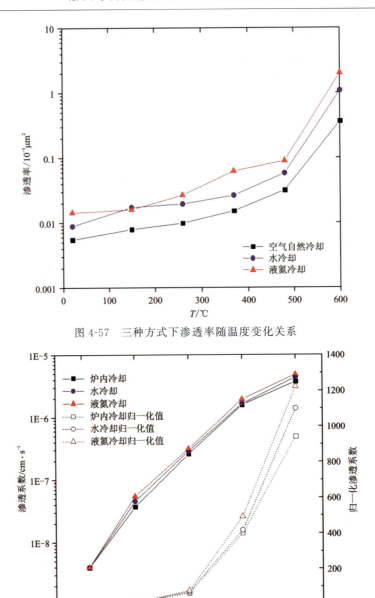

图 4-57　三种方式下渗透率随温度变化关系

图 4-58　三种方式下渗透系数随温度变化关系

3. 波速

不同的冷却方式下,花岗岩内产生的微裂隙密度与张开度不同,故其纵波波速也不同。如图 4-59 所示,Wu 等(2019b)对三种冷却方式下(高温炉内自然冷却、空气中自然冷却与水中冷却)花岗岩测量纵波波速,发现其纵波波速随温度的变化规律基本一致,且同一温度下,水中冷却的纵波波速降幅略大于空气中冷却的,空气中冷却的略大于炉内冷却的。邓龙传等(2020)通过开展试验也发现高温炉内自然冷却后与水中冷却后花岗岩纵波波速随加热温度的变化规律相似,且遇水冷却时的纵波波速降幅稍大于炉内自然冷却的降幅。Zhang 等

(2020a)也得到了类似的试验结果。Wu 等(2019)试验研究了高温空气自然冷却、水冷却和液氮冷却对花岗岩纵波波速的影响,发现这三种冷却方式下花岗岩纵波波速均随温度升高而减小,且同一加热温度下,空气自然冷却后纵波波速降幅最小,液氮冷却后降幅最大,两者差值约为10%,同时液氮冷却后纵波波速稍小于水冷却的,如图4-60所示。Kang 等(2021)通过对炉内自然冷却、水冷却和液氮冷却后花岗岩量测纵波波速,也得到类似的结论,只是三种方式下归一化纵波波速差值较小,在5%以内(图4-61)。可见,三种冷却方式对花岗岩纵波波速的损伤程度:液氮冷却>水冷却>空气自然冷却>炉内自然冷却。

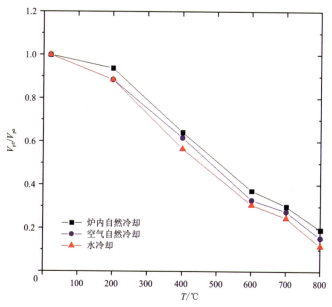

图4-59 三种冷却方式下花岗岩归一化纵波波速随温度变化规律

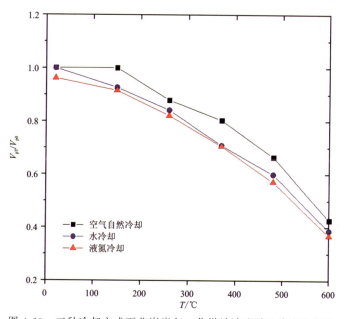

图4-60 三种冷却方式下花岗岩归一化纵波波速随温度变化规律

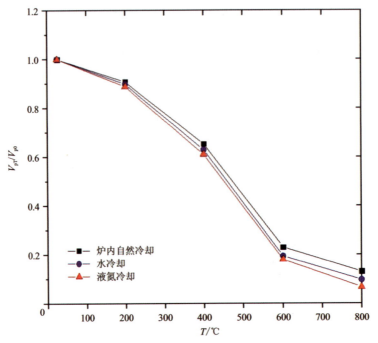

图 4-61　三种冷却方式下花岗岩归一化纵波波速随温度变化规律

基于文献数据,高温自然冷却和高温遇水冷却两种方式下花岗岩归一化纵波波速(V_{pT}/V_{p0})随温度的变化关系如图 4-62 所示。从图中可以得出,两种方式下花岗岩的 V_{pT}/V_{p0} 随温度

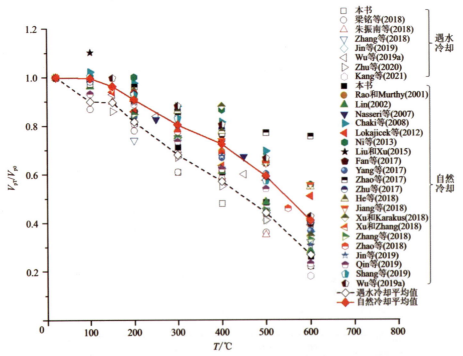

图 4-62　高温自然冷却和遇水冷却后归一化纵波波速随温度变化关系
("虚线"代表遇水冷却后花岗岩 V_{pT}/V_{p0} 平均值;"实线"代表自然冷却后花岗岩 V_{pT}/V_{p0} 平均值)

升高而降低,同一高温情况下,遇水冷却后花岗岩 V_{pT}/V_{p0} 明显小于高温遇水冷却的,且两者差值在 400℃ 内随温度升高呈增大趋势,400~600℃ 基本保持不变。200℃ 时,所引文献中遇水冷却后花岗岩的 V_{pT}/V_{p0} 平均值为 0.82,而自然冷却的 V_{pT}/V_{p0} 平均值为 0.91;400℃ 时,遇水冷却后花岗岩的 V_{pT}/V_{p0} 平均值为 0.57,而自然冷却的 V_{pT}/V_{p0} 平均值为 0.72;600℃ 时,遇水冷却后花岗岩的 V_{pT}/V_{p0} 平均值为 0.27,而自然冷却的 V_{pT}/V_{p0} 平均值为 0.41。

崔瀚博等(2019)和解元等(2019)都对高温炉内自然冷却和高温遇水冷却后花岗岩量测横波波速 V_s,其归一化值(V_{sT}/V_{s0})随温度变化规律如图 4-63 所示。可见,两种方式下横波波速均随温度的升高而减小。崔瀚博等(2019)发现在 300℃ 内两种冷却方式下横波波速相差微小,300~700℃ 相差较大,约为 20%,700℃ 后两者又逐渐一致;而解元等(2019)等测得的两种横波波速在室温至 800℃ 一直相差很小。

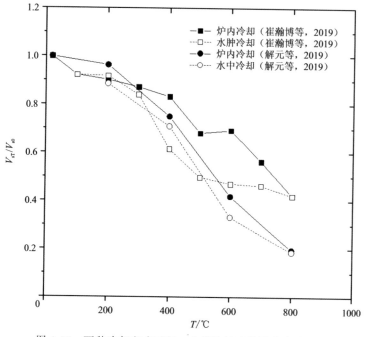

图 4-63 两种冷却方式下归一化横波波速随温度变化规律

4. 单轴压缩强度

基于文献数据,高温自然冷却后与高温遇水冷却后不同花岗岩归一化单轴压缩强度(UCS_T/UCS_0)随温度的变化关系绘制于图 4-64 中,其中虚线表示高温遇水冷却后花岗岩归一化单轴抗压强度的平均值,实线表示高温自然冷却后花岗岩归一化单轴抗压强度的平均值;虚线始终位于实线下方,表明同一温度条件下遇水冷却后花岗岩的归一化单轴抗压强度均值小于自然冷却的。200℃ 时,所引文献中遇水冷却后花岗岩的 UCS_T/UCS_0 平均值为 0.84,而自然冷却的 UCS_T/UCS_0 平均值为 1.0;400℃ 时,遇水冷却后花岗岩的 UCS_T/UCS_0 平均值为 0.60,而自然冷却的 UCS_T/UCS_0 平均值为 0.89;600℃ 时,遇水冷却后花岗岩的 UCS_T/UCS_0 平均值为 0.34,而自然冷却的 UCS_T/UCS_0 平均值为 0.58。

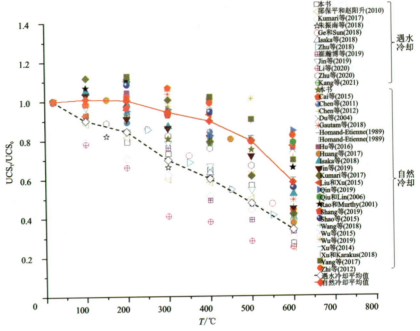

图 4-64 两种冷却方式下花岗岩归一化单轴压缩强度随温度变化关系

Kumari 等(2017)对实时高温、炉内自然冷却和水冷却三种方式下 Strathbogie 花岗岩开展单轴压缩试验,测得其 UCS 随温度的变化关系如图 4-65 所示。从图中可见,高温遇水冷却后 UCS 随温度升高而减小;而实时高温下和炉内自然冷却后 UCS 随温度先增加后减小,室温至 500 ℃,这两种方式下 UCS-T 关系基本一致。三种方式对花岗岩 UCS 的损伤程度依次为:实时高温<自然冷却<遇水冷却。

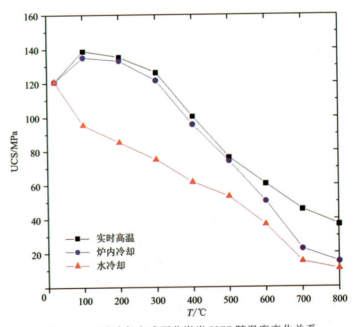

图 4-65 三种冷却方式下花岗岩 UCS 随温度变化关系

Wu 等(2019)对高温空气中自然冷却、遇水冷却和液氮冷却花岗岩开展单轴压缩试验,测得其 UCS 随温度变化规律如图 4-66 所示。从图中可以看出,低于 500℃时,空气自然冷却和水冷却后 UCS 基本保持不变,高于 500℃后,这两种方式下 UCS 均大幅减小;而液氮冷却下 UCS 较之前两种方式下的大幅减小,500℃时降幅达 23%,600℃时降幅达 52%。可见与物理性质如密度、渗透系数和纵波波速相比,液氮冷却较其他两种方式对花岗岩 UCS 的影响更大。

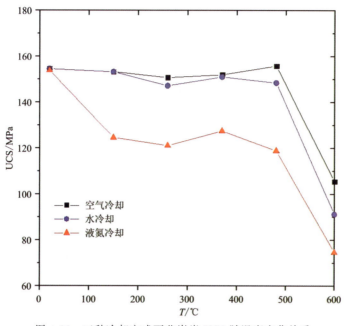

图 4-66　三种冷却方式下花岗岩 UCS 随温度变化关系

5. 弹性模量与泊松比

根据文献数据,经过归一化分析,高温自然冷却后与高温遇水冷却后花岗岩归一化弹性模量(E_T/E_0)随温度变化关系如图 4-67 所示,其中,实线表示所引用自然冷却文献数据 E_T/E_0 的平均值,虚线为遇水冷却数据 E_T/E_0 的平均值。可见,高温遇水冷却后花岗岩 E_T/E_0 的平均值也小于自然冷却的 E_T/E_0 的平均值,室温至 200℃时,两者之间的差值随温度升高而增大,高于 200℃后,两者差值基本不变。600℃时,统计的高温自然冷却后花岗岩 E_T/E_0 均值约为 0.54,遇水冷却的 E_T/E_0 均值约为 0.31。

如图 4-68 所示,Kumari 等(2017)对实时高温、炉内自然冷却和水冷却三种方式下 Strathbogie 花岗岩开展单轴压缩试验,测得三种方式下弹性模量均随温度升高而减小。三种方式对花岗岩弹性模量的损伤程度依次为:实时高温＜自然冷却＜遇水冷却。Wu 等(2019)也开展单轴压缩试验,研究了高温空气中自然冷却、遇水冷却和液氮冷却三种冷却方式对花岗岩弹性模量的影响,发现三种方式下弹性模量均随温度升高而先减小,且减小趋势大致相同(图 4-69)。此三种方式对花岗岩弹性模量的损伤程度依次为:空气自然冷却＜水冷却＜液氮冷却。

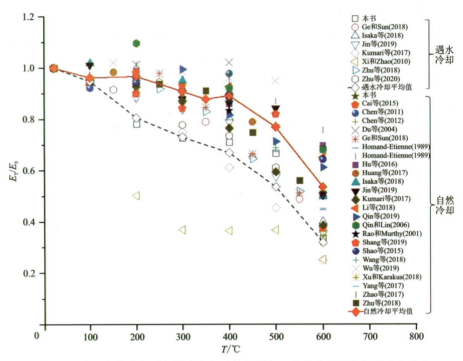

图 4-67　高温自然冷却后与遇水冷却后花岗岩归一化弹性模量随温度变化关系

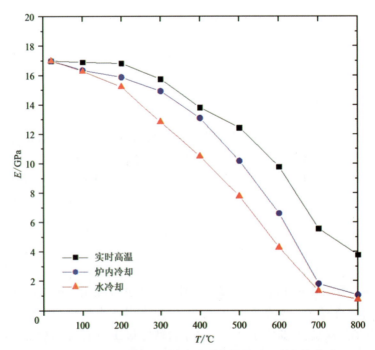

图 4-68　三种冷却方式下花岗岩弹性模量随温度变化关系

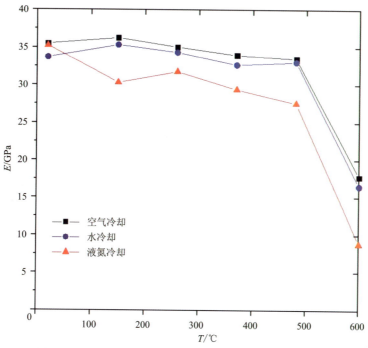

图 4-69 三种冷却方式下花岗岩弹性模量随温度变化关系

冷却方式对花岗岩泊松比的影响目前还难以得到统一的结论。Kumari 等(2017)和崔瀚博等(2019)均对高温炉内自然冷却和水冷却后花岗岩开展单轴压缩试验,测得其泊松比随温度变化规律明显不同。如图 4-70 所示,Kumari 等(2017)发现两种冷却方式下泊松比

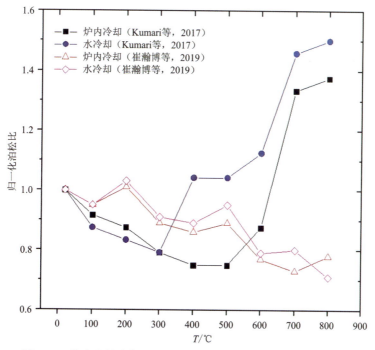

图 4-70 炉内自然冷却和水冷却下归一化泊松比随温度变化关系

随温度先减小再增大,水冷却下这一转折温度为 300℃,而炉内自然冷却时为 500℃,且水冷却后泊松比大于炉内冷却的。他们认为初始泊松比减小与岩石内微裂隙生成有关,而后期泊松比增大是因为温度越高宏观裂纹越多,使岩石横向变形增加,从而导致泊松比增大。但崔翰博等(2019)测得花岗岩泊松比随温度升高呈减小趋势,800℃ 最大降幅约为 30%。Wu 等(2019a)通过对空气自然冷却、水冷却与液氮冷却后花岗岩开展单轴压缩试验,测得其泊松比随温度变化规律如图 4-71 所示。从图中可以看出,其规律与 Kumari 等(2017)所得的类似,即泊松比随温度升高先轻微减小再增大,其转折温度为 370℃,600℃ 内泊松比变化幅度在±30%。基于现有的数据可认为 600℃ 内花岗岩泊松比变化幅度在±30%。

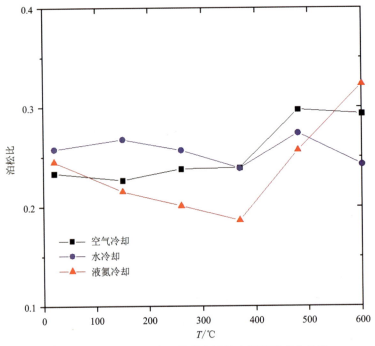

图 4-71 三种冷却方式下花岗岩泊松比随温度变化关系

6. 抗拉强度

本章试验研究发现同一加热温度时,遇水冷却后花岗岩抗拉强度小于炉内自然冷却的,差异约为 10%(图 4-26)。Jin 等(2019)、崔韩博等(2019)和邓龙传等(2020)都对炉内自然冷却和水中冷却后花岗岩开展巴西劈裂试验,发现:加热温度≤500℃ 时,水中冷却的抗拉强度明显小于炉内自然冷却的,两者最大差值达 40%;高于 600℃ 时,两种冷却方式下的抗拉强度差值变小,逐渐趋于相同(图 4-72)。Wu 等(2019b)对高温炉内冷却、空气中冷却、水中冷却三种冷却方式作用后花岗岩岩样开展巴西劈裂试验,测定其抗拉强度随温度变化规律如图 4-73 所示。可以看出,三种冷却方式下花岗岩抗拉强度随温度变化规律基本一致,即均随温度升高而减小,400℃ 后降幅大幅增加,且同一加热温度下,水中冷却的降幅>空气中冷却的降幅>炉内冷却的降幅,但三者差异不大,在 10% 以内。Wu 等(2019b)和邓龙传等

(2020)均采用巴西劈裂法测抗拉强度,前者所得炉内冷却和水中冷却后抗拉强度差异很小,而后者所得两种方式下的抗拉强度差异很大,笔者认为这主要是因为两者所用岩石不同造成的,即岩石自身性质是决定其抗拉强度随温度变化规律的最主要因素。

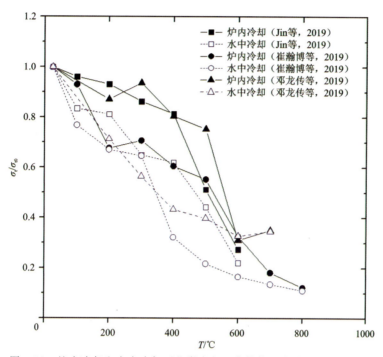

图 4-72　炉内冷却和水中冷却下花岗岩归一化抗拉强度随温度变化规律

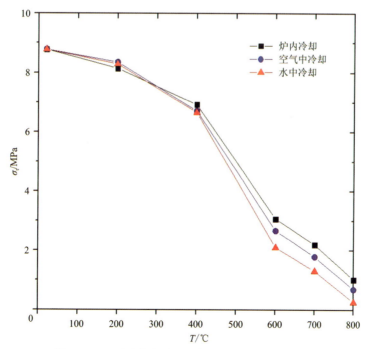

图 4-73　三种冷却方式下抗拉强度随温度变化规律

Wu 等(2019a)对空气冷却、水中冷却和液氮冷却三种冷却方式作用后的花岗岩岩样(ϕ24.5mm×7mm 的圆盘)开展巴西劈裂试验,测得的抗拉强度随温度变化关系如图 4-74 所示。三种方式下,花岗岩抗拉强度均随温度升高而减小,尤其是 200℃后,减幅明显加剧;同时三种方式下抗拉强度差异不大。

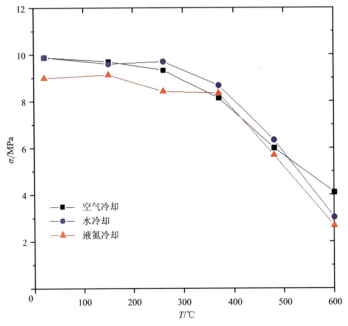

图 4-74 三种冷却方式下抗拉强度随温度变化规律

基于大量文献调研,高温自然冷却(不区分炉内冷却和空气冷却)和遇水冷却两种方式作用后花岗岩归一化抗拉强度(σ_t/σ_{t0})随温度变化关系如图 4-75 所示,其中,实线代表所引

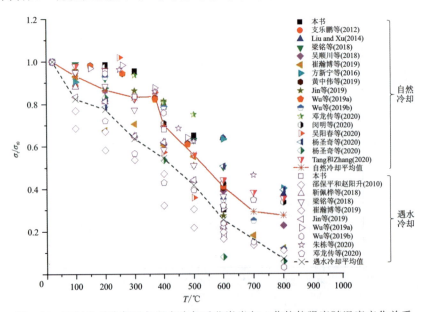

图 4-75 高温自然冷却后与遇水冷却后花岗岩归一化抗拉强度随温度变化关系

第四章　干热花岗岩遇水冷却后物理力学特性研究

文献中自然冷却后 σ_t/σ_{t0} 的统计均值,虚线为遇水冷却的均值。可见,两种冷却方式后花岗岩 σ_t/σ_{t0} 均随温度升高而减小,且同一温度下遇水冷却后均值小于自然冷却的。200℃时,所引文献中遇水冷却后花岗岩 σ_t/σ_{t0} 均值为 0.78,而自然冷却 σ_t/σ_{t0} 均值为 0.87;400℃时,遇水冷却后花岗岩 σ_t/σ_{t0} 均值为 0.54,而自然冷却 σ_t/σ_{t0} 均值为 0.70;600℃时,遇水冷却后花岗岩 σ_t/σ_{t0} 均值为 0.25,而自然冷却 σ_t/σ_{t0} 均值为 0.41;800℃时,遇水冷却后花岗岩 σ_t/σ_{t0} 均值为 0.07,而自然冷却 σ_t/σ_{t0} 均值为 0.27。

第五章　花岗岩高温遇水冷却循环后力学特征研究

EGS系统运行时低温水不断从注水井注入,流经热储与岩石进行热交换变成高温水,再经生产井导出用于发电;发电后,高温水又变成低温水,再从注水井注入热储进行热交换;该过程不断循环从而实现从地下热储中不断取热。在这个过程中,热储层岩石不断与低温水接触,在岩石中形成温度梯度,可能产生热冲击,使岩石力学性质劣化;极端情况可以在实验室中用高温遇水冷却循环作用来模拟该过程。

本章总结归纳了我们课题组岩石高温遇水冷却循环试验结果及相关理论研究,通过对高温－遇水冷却循环作用后花岗岩开展纵波波速测定、单轴压缩试验和岩石薄片扫描电镜(SEM)图像分析,研究温度与循环作用对花岗岩力学性质的损伤影响,并揭示其微观机理。本章成果可为EGS储层长期稳定性的分析与评价提供理论基础。

第一节　试验概况

一、试验对象

本章试验岩石采自湖北随州吴山镇矿区200m深处,为了方便描述,简称为SZ花岗岩。如图5-1所示,SZ花岗岩呈灰白色,平均密度2.6g/cm³,平均纵波波速3807m/s,平均单轴抗压强度118.55MPa,弹性模量18.39GPa,XRD分析得其矿物成分为石英10.58%、钠长石77.68%,云母6.28%,绿泥石3.24%和角闪石2.22%(图5-2)。

图5-1　SZ花岗岩初始岩样

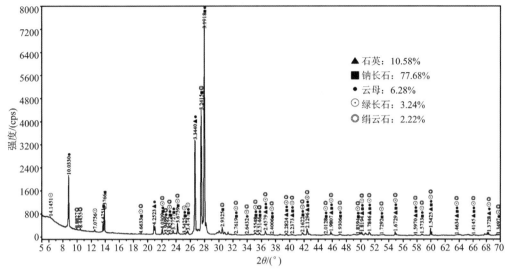

图 5-2 SZ 花岗岩 XRD 分析

二、试验方法

本研究旨在研究高温遇水冷却循环作用对干热岩储层岩石力学性质的影响,因此设计试验温度为 150℃、300℃、400℃和 500℃,设计高温遇水冷却循环次数分别为 1、5、10、20 及 30 次。

表 5-1 花岗岩岩样分组及编号情况表

温度/℃	循环次数	编号信息			
150	1	1-1-A	1-1-B	1-1-C	1-1-D
	5	1-2-A	1-2-B	1-2-C	1-2-D
	10	1-3-A	1-3-B	1-3-C	1-3-D
	20	1-4-A	1-4-B	1-4-C	1-4-D
	30	1-5-A	1-5-B	1-5-C	1-5-D
300	1	2-1-A	2-1-B	2-1-C	2-1-D
	5	2-2-A	2-2-B	2-2-C	2-2-D
	10	2-3-A	2-3-B	2-3-C	2-3-D
	20	2-4-A	2-4-B	2-4-C	2-4-D
	30	2-5-A	2-5-B	2-5-C	2-5-D
400	1	3-1-A	3-1-B	3-1-C	3-1-D
	5	3-2-A	3-2-B	3-2-C	3-2-D
	10	3-3-A	3-3-B	3-3-C	3-3-D
	20	3-4-A	3-4-B	3-4-C	3-4-D
	30	3-5-A	3-5-B	3-5-C	3-5-D

续表 5-1

温度/℃	循环次数	编号信息			
500	1	4-1-A	4-1-B	4-1-C	4-1-D
	5	4-2-A	4-2-B	4-2-C	4-2-D
	10	4-3-A	4-3-B	4-3-C	4-3-D
	20	4-4-A	4-4-B	4-4-C	4-4-D
	30	4-5-A	4-5-B	4-5-C	4-5-D

本章整体试验流程如图 5-3 所示，具体步骤如下。

(1) 岩样制备：按照《工程岩体试验方法标准》的要求与规定，制备 $\phi 50\text{mm} \times 100\text{mm}$ 的圆柱形岩样，分为 21 组（室温作为对照组，不加热不循环），每组 4 个样品，其中第 4 个样品用于 SEM 观察，其余 3 个样品用于物理力学试验，见表 5-1。并采用 XRD 分析其矿物成分。

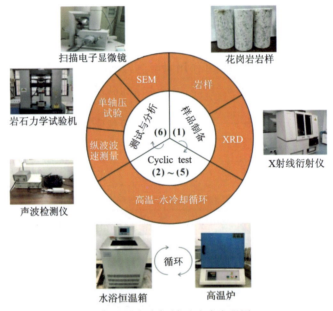

图 5-3　高温遇水冷却循环试验流程图

(2) 干燥处理：将岩样置于干燥箱中干燥处理 24h，以消除岩样中水分的影响；第一次干燥时测量初始岩样的质量、直径与高度、纵波波速。

(3) 高温作用：将测完初始值的岩样置于 SG-XL1200 型箱式高温炉内，以 2℃/min 的速度加热至目标温度，然后恒温 1h 确保岩样内外温度一致。

(4) 遇水冷却作用：取出岩样立即放入低温恒温箱的蒸馏水中冷却至室温。

(5) 循环作用：重复 (2)~(4) 过程直至完成预定的循环次数。

(6) 对完成预定高温遇水冷却循环次数的岩样，量测其质量、直径与高度、纵波波速，进行单轴压缩试验（采用位移加载，加载速率为 0.003mm/s），并开展 SEM 扫描电镜岩石薄片观察。

上述试验过程中除 SEM 试验外其他所用试验所用设备与第三章第一节中设备相同。岩石薄片 SEM 观察采用 Quanta200 环境扫描电子显微镜,所用岩样为 1cm×1cm×1cm 的小立方体(图 5-3)。

第二节 试验结果与分析

一、表观特征

高温遇水冷却循环试验即对花岗岩重复进行高温遇水冷却过程,因此,高温遇水冷却循环作用后花岗岩表观特征与第四章高温遇水冷却作用后花岗岩表观特征类似,不同循环次数作用后其岩样特征如图 5-4 和图 5-5 所示。通过肉眼观察,我们可以明显地观察到:高温遇水冷却循环处置后,随着温度的升高和循环次数的增加,花岗岩岩样颜色逐渐加深,由初始的灰白色逐渐变成红棕色。500℃时,岩样整体呈现棕色,且随着循环次数的增加,颜色加深,越来越偏红棕色。这主要是因为花岗岩中的铁质成分被氧化造成的,加热温度越高,循环加热次数越多,被氧化的成分就越多,外观上就越显红棕色。

图 5-4 初始岩样(左)与高温遇水冷却循环后部分岩样(右)

图 5-5 500℃遇水冷却循环后花岗岩岩样表观特征

同时,可以肉眼观察到花岗岩岩样表面有裂纹出现。在 300℃ 循环 20 次及以上次数后、400℃ 循环 10 次及以上和 500℃ 循环 5 次及以上情况下,花岗岩表面出现零星肉眼可见的微裂纹(图 5-5、图 5-6)。在 500℃ 循环 20 次后,有一块岩样甚至出现贯通裂纹,岩样已经发生破坏(图 5-6)。这说明随着循环次数的增多,岩石内部损伤加剧,内部微裂纹形成与扩展,甚至影响到岩石表面,形成肉眼可见的裂纹。Weng 等(2020)也观察到了这一现象。

(a)300℃ 循环 20 次　　　　(b)400℃ 循环 10 次　　(c)500℃ 循环 20 次

图 5-6　高温遇水冷却循环后岩样表面裂纹

二、基本物理性质

第四章花岗岩高温遇水冷却试验研究已发现高温遇水冷却作用对花岗岩的基本物理性质如密度和波速有一定影响,同理,本章高温遇水冷却循环作用也会对这些物理性质产生影响。如本章第一节试验方法所述,每个岩样在高温遇水冷却循环试验前与试验后均测量了其质量、体积和纵波波速,具体数据见附表 3。与第三章第二节相同,以质量减小率 η_m、体积增长 η_v 和密度减小率 η_ρ 来表征高温遇水冷却循环作用后花岗岩质量、体积及密度的变化情况。

1. 温度与循环次数对质量的影响

第四章试验研究已证明高温遇水冷却后花岗岩质量会损失,且主要归因于两个方面:岩石内不同状态的水随温度升高而损失、因表面裂隙而产生的岩屑脱落。因此,多次进行高温遇水冷却作用必然会加剧岩石质量损失。

如图 5-7 所示,高温遇水冷却循环后 SZ 花岗岩的质量损失随温度与循环次数的变化。SZ 花岗岩质量减小率 η_m 随温度升高而不断增加,且循环次数越多,减小率越大[图 5-7(a)]。遇水冷却后 SZ 花岗岩质量减小率(η_m)均值经第 1 次循环后迅速增大,当循环次数由 5 次增加到 30 次时,η_m 均值趋于定值[图 5-7(b)],即遇水冷却循环后岩石质量不会无限减小,循环到一定次数后岩石质量将不再变化,而且第一次循环后质量损失约占所有循环后质量损失的一半。各温度下(150℃、300℃、400℃ 和 500℃),经第 1 次循环作用后,SZ 花岗岩质量减小率 η_m 分别为 0.08%、0.10%、0.12% 和 0.16%;经第 30 次循环作用后,SZ 花岗岩质量减小率 η_m 分别为 0.12%、0.16%、0.22% 和 0.31%。可见,第 1 次循环后质量减小量占 30 次循环后质量减小量的50%以上。余莉等(2021)对花岗岩开展高温－水冷却循环作用,也发现其质量损失随温度升高、循环次数增加而增大,600℃经15次循环后质量损失率为0.51%。

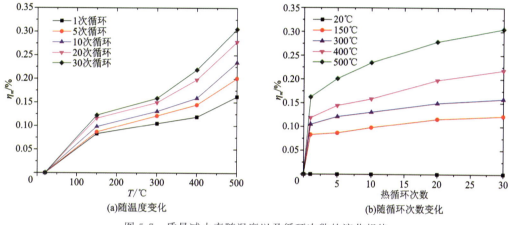

图 5-7 质量减小率随温度以及循环次数的演化规律

2. 温度与循环次数对体积的影响

由第三章和第四章试验与分析可知,岩石具有热胀性,给岩石升温,岩石体积膨胀,自然冷却到初始温度时,由于升温过程在岩石内部形成的微裂纹不可能完全闭合,因此存在不可恢复的变形;遇水冷却过程带来剧烈的热冲击,会在岩石内部产生更多的微裂纹,因此,高温遇水冷却后花岗岩体积增长率大于自然冷却的。循环进行高温遇水冷却作用,显然会在岩石内部诱发更多的微裂纹,使岩石体积增加。Yu等(2021)发现300℃遇水冷却循环作用下花岗岩体积随循环次数的增加而增大,15次循环后较原岩约增加1%。

如图5-8所示,高温遇水冷却循环后花岗岩体积增长率随温度和循环次数变化。可见,各循环次数下体积增长率随温度变化趋势基本一致,即体积增长率随温度升高而增加,略呈上凹型[图5-8(a)]。如图5-8(b)所示,150～500℃内,遇水冷却后SZ花岗岩体积增长率(η_v)均值随循环次数变化的增加而不断增大,但其增长速率逐渐减小,且不同温度作用下SZ花岗岩体积增长率(η_v)均值随循环次数变化的趋势相似。经1次遇水循环作用后,SZ花岗岩η_v均值在150℃、300℃、400℃和500℃分别为0.19%、0.67%、1.12%和1.73%;30次循环作用后,η_v均值在150℃、300℃、400℃和500℃分别为0.66%、1.20%、1.91%和2.53%。第一次循环后体积增长量约占30次循环后总体积增长量的29%、56%、59%和68%,即300℃、400℃和500℃时第一次循环后体积增长量约占30次循环总体积增长量的50%以上。

3. 温度与循环次数对密度的影响

高温遇水冷却循环作用后,花岗岩质量随温度和循环次数而减小,而体积随温度和循环次数而增加,因此,由密度定义可知,高温遇水冷却循环作用后花岗岩密度必然随随温度和

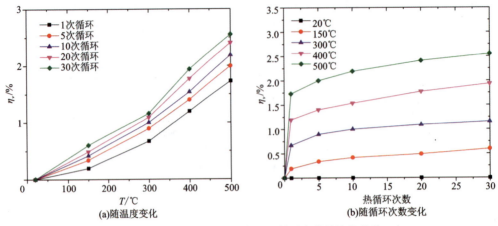

图 5-8　体积增大率随温度以及循环次数的演化规律

循环次数发生变化。

如图 5-9 所示,高温遇水冷却循环作用后 SZ 花岗岩密度随温度和循环次数的增加而减小。如图 5-9(a)所示,高温遇水冷却循环后花岗岩密度减小率 η_ρ 随温度升高而增大,微呈上凹型,与体积膨胀率变化随温度变化趋势[图 5-8(a)]基本一致。高温遇水冷却循环后花岗岩密度减小率随循环次数的增加先快速增加后平缓增加,可明显划分为两个阶段:0～1 次循环显著上升,1～30 次循环平缓上升[图 5-9(b)]。150℃、300℃、400℃和 500℃各温度水平下,1 次循环后,SZ 花岗岩密度减小率 η_ρ 分别为 0.27%、0.78%、1.29%和 1.85%;30 次循环后,SZ 花岗岩密度减小率 η_ρ 分别为 0.71%、1.30%、2.11%和 2.75%。各温度下第 1 次循环后密度减小率分别占总密度减小率的 38%、60%、61%和 67%,即 300℃、400℃和 500℃时第一次循环后密度减小量约占 30 次循环总体积减小量的 50%以上。因为高温遇水冷却循环作用后花岗岩质量变化极小(图 5-7),所以高温遇水冷却循环作用后花岗岩密度减小率随温度与循环次数的变化关系与其体积随温度与循环次数的变化关系基本一致。总的说来,500℃内花岗岩密度降幅很小,最大减小率<3%。

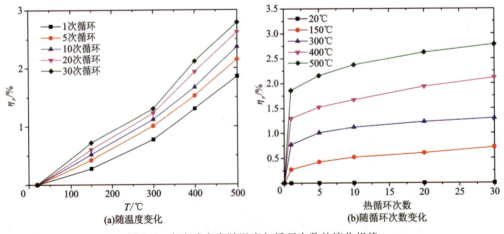

图 5-9　密度减小率随温度与循环次数的演化规律

4. 温度与循环次数对纵波波速的影响

不同高温遇水冷却循环后 SZ 花岗岩纵波波速随循环次数的演化规律如图 5-10 所示，相关试验数据见附表 3，其归一化纵波波速随温度变化与随循环次数变化关系如图 5-11 所示。从图中可以看出，不同高温作用后 SZ 花岗岩纵波波速随循环次数变化的趋势相似：纵波波速随循环次数增大而逐渐降低，当经历第 1 次循环时，纵波波速迅速降低；多次循环后，不同高温作用后 SZ 花岗岩纵波波速随循环次数的增加而趋于定值。同时从图中可以发现，SZ 花岗岩纵波波速随温度的升高而不断减小。在 150℃、300℃、400℃和 500℃，当循环次数为 1 次时，SZ 花岗岩纵波波速分别降低为初始波速的 86%、66%、55% 和 41%，降幅分别为 14%、34%、45% 和 59%；当循环次数为 30 次时，分别降低为初始波速的 74%、54%、37%

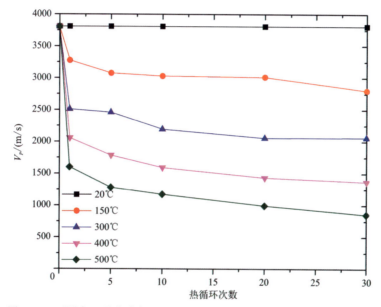

图 5-10 不同高温遇水冷却后 SZ 花岗岩纵波波速随循环次数的演化规律

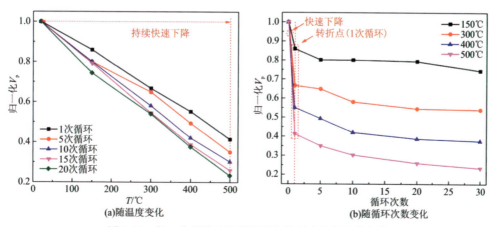

图 5-11 归一化纵波波速随温度与循环次数的演化规律

和23%,降幅分别为26%、46%、62%和77%。各温度下,第1次循环后纵波波速降幅分别为30次循环后波速总降幅的54%、74%、71%和77%,即第1次循环后纵波波速降幅占30次循环后总降幅的一半以上,且该占比随温度升高有呈增加趋势。说明高温遇水冷却循环SZ对花岗岩的损伤中,高温遇水冷却产生的损伤占主导作用,且该主导作用随温度的升高而增强。

为了更好地分析花岗岩纵波波速随循环次数的变化规律,这里开展文献调研,相关文献及其所有岩石初始性质见表5-2,纵波波速所用岩样除Shi等(2020)外均为φ50mm×100mm的标准圆柱体,Shi等(2020)采用φ25mm×50mm的圆柱岩样。表中文献除Rong等(2021)开展了高温-空气自然冷却循环和高温-液氮冷却循环试验外,均为高温-水冷循环。300℃高温不同冷却方式下花岗岩的归一化纵波波速随循环次数的变化规律如图5-12所示。可见,这三种冷却方式下,花岗岩的纵波波速均随循环次数的增加而减小,且循环次数达到某一阈值后,纵波波速保持基本恒定,不再随循环次数而减小,这一阈值为10次左右。同时还发现,第1次循环后纵波波速的降幅约占总降幅的50%,前5次循环产生的降幅约占总降幅的90%以上[除Yu等(2021)外]。

表5-2 循环作用相关文献及其岩样初始性质与试验方法

试样产地	ρ / g·cm^{-3}	V_p / m·s^{-1}	UCS/ MPa	E/ GPa	σ_t/ MPa	加热速率/ ℃·min^{-1}	恒温时间/ h	冷却方式	参考文献
随州	2.6	3807	118.55	18.39	—	2	1	水	本书
漳州	—	4692	—	—	—	1.5	—	水	Shi等(2020)
山东	2.63	4800	80.35*	8.18*	6.03*	5	3	水	Yu等(2021)
甘肃	2.63	4655	90.06	10.84	—	5	4	水	余莉等(2021)
麻城	2.61	4430	160.37	70.11	5.42	5	4	空气/液氮	Rong等(2021)

注:* 文献中未给出室温下原岩的相关数据,该值为300℃高温遇水冷却后的数据。

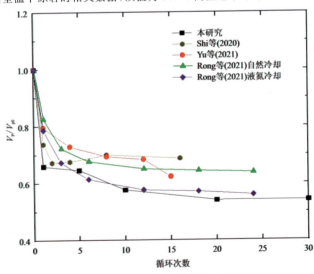

图5-12 300℃不同冷却方式下归一化纵波波速随循环次数的演化规律

三、力学特性

对不同高温遇水冷却循环后 SZ 花岗岩岩样开展单轴压缩试验,以研究温度和循环次数对花岗岩力学特性的影响规律,所得的单轴抗压强度和弹性模量等试验数据见附表3。

1.应力-应变曲线

不同温度(150℃、300℃、400℃、500℃)、不同循环次数(1、5、10、20、30 次)下的花岗岩单轴压缩条件下应力-应变曲线如图 5-13 所示。与常温岩石单轴压缩下应力-应变曲线特征相似,高温遇水冷却循环作用下岩石的应力应变曲线也可分为 4 阶段:压密、弹性、屈服和破坏。起始加载时为压密阶段,曲线呈上凹型,此时岩石内部微裂隙闭合。提高温度和循环次数,压密闭合阶段越来越明显,间接说明花岗岩内微裂隙数量随着温度的升高和循环次数的增加而增多。微裂隙在轴向加载作用下闭合后,应力-应变曲线进入近线性的弹性变形阶段。继续加载,曲线开始偏离直线段,岩样进入屈服阶段,直至达到峰值强度。峰值强度后,曲线开始陡降,直到试件完全破坏,该段峰后曲线随温度的升高和循环次数的增加而趋于平缓,且破坏时岩石应变增加,说明岩石的脆性减小而塑性增加。需要注意的是,曲线不是呈

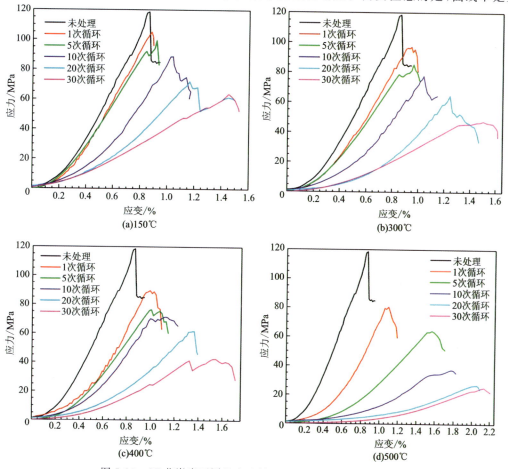

图 5-13 SZ 花岗岩不同温度及循环次数下的应力-应变曲线

平稳变化,有小程度的波状起伏,此现象对应于微裂纹的萌生与扩展。与室温下原岩应力-应变曲线相比,随温度的升高和循环次数的增加,花岗岩屈服强度与峰值强度降低,峰值应变增加,塑性增加,峰后曲线趋于平缓。这与 Meng 等(2020)和余莉等(2021)的试验结果基本相同。Rong 等(2021)对 300℃自然冷却循环和液氮冷却循环作用后花岗岩开展单轴压缩试验,所得到应力-应变曲线也呈现这样的特征。

2. 单轴压缩强度

高温遇水冷却循环作用后 SZ 花岗岩单轴压缩强度、归一化单轴压缩强度随温度变化关系、随循环次数变化如图 5-14 和图 5-15 所示。从图中可以看出,各循环次数下,UCS 均随温度的升高而减小;且循环次数≤5 次时,UCS 随温度呈线性减小趋势;循环次数大于 5 次时,曲线存在转折点:400℃之后 UCS 随温度减小幅度明显高于 400℃之前的。各温度下 UCS 均随循环次数而降低,1 次循环时降速最大。经 500℃、30 次循环后,花岗岩 UCS 仅约为原岩的 20%。500℃,30 次循环后归一化 UCS 曲线已近乎平行于 X 轴,说明此时 UCS 随

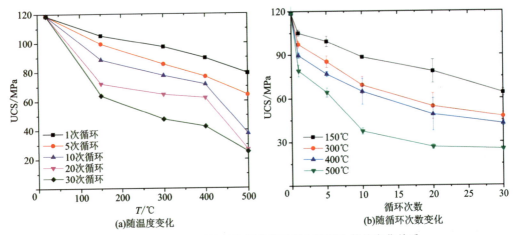

图 5-14　SZ 花岗岩单轴压缩强度随温度和循环次数的变化关系

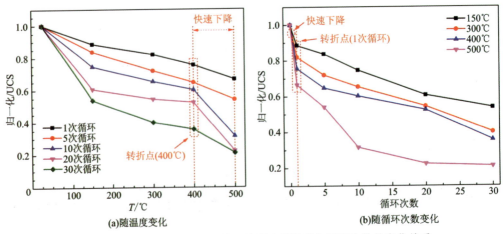

图 5-15　SZ 花岗岩归一化单轴压缩强度随温度和循环次数的变化关系

循环次数减小已趋于平稳,再继续增加循环次数强度也不会继续降低。即循环次数对花岗岩强度的损伤作用是有极限的,超过一定次数后,强度不再随循环次数的增加而减小;该极限次数受岩石自身和温度的影响,不同岩石、不同温度时极限次数也不同。

3. 弹性模量与峰值应变

高温遇水冷却循环作用后 SZ 花岗岩弹性模量、归一化弹性模量随温度变化关系、随循环次数变化如图 5-16 和图 5-17 所示。从图中可见,当循环次数一定时,弹性模量随温度的升高而减小,400℃为转折点,400℃之后曲线更陡,即 400℃后弹性模量随温度降低程度大于 400℃之前的[图 5-17(a)]。当温度一定时,弹性模量随循环次数的升高而减小,且 1 次循环时降速最大[图 5-17(b)]。整体上,SZ 花岗岩弹性模量随温度的升高和循环次数的增加而减小。经 500℃、30 次循环后,花岗岩弹性模量约为原岩的 10%。

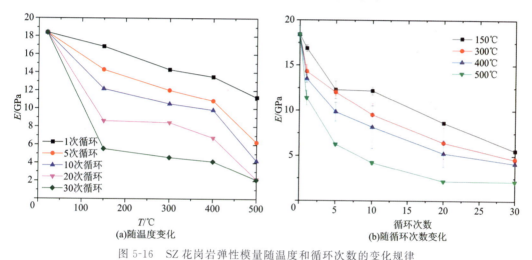

图 5-16 SZ 花岗岩弹性模量随温度和循环次数的变化规律

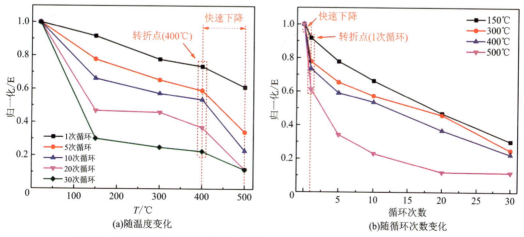

图 5-17 SZ 花岗岩弹性模量归一化弹性模量随温度与循环次数的演化规律

不同循环次数下 SZ 花岗岩峰值应变随温度的变化关系见图 5-18。可见,同一循环次数下,峰值应变随温度的升高而增加;同一温度下,峰值应变随循环次数的增加而增大。400℃为转折点,温度高于 400℃后,不同循环次数下的峰值应变-温度曲线均出现变陡现象,即峰值应变随温度的增幅变大。

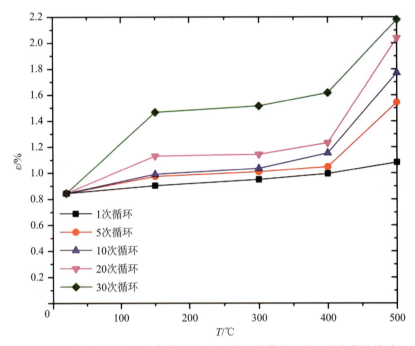

图 5-18　高温循环遇水冷却条件下 SZ 花岗岩峰值应变随温度变化的关系

4. 宏观破坏形态

不同高温遇水冷却后 SZ 花岗岩经过 1 次和 30 次循环作用后单轴压缩条件下的宏观破坏形态如图 5-19 所示。在未热损伤的情况下,SZ 花岗岩是一种典型的脆性岩石材料,呈现多轴劈裂拉伸破坏模式。当施加温度增加到 150℃和 300℃时,有从轴向劈裂向剪切破坏过渡的趋势。从 400℃以后,花岗岩试样中出现一个贯通剪切面,花岗岩表现为宏观剪切破坏模式。总的来说,单轴压缩条件下,岩样在不同温度下随同循环次数的破坏模式的变化基本一致,由劈裂破坏转为剪切破坏。如图 5-20 所示,以 500℃为例,经过 1 次高温遇水冷却处理,破坏模式由从劈裂破坏过渡到剪切破坏的趋势;循环次数增加 5 次及以上,岩样呈剪切破坏。随循环次数的增加,岩样中产生了更多的微裂纹,岩样的完整性降低,剪切破坏时岩石碎块增加。Meng 等(2020)和余莉等(2021)的试验也呈现这样的现象。

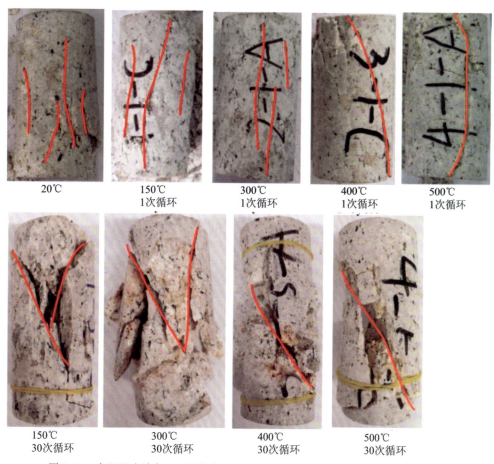

图 5-19　高温遇水冷却 SZ 花岗岩经过 1 次和 30 次循环作用后的宏观破坏形态

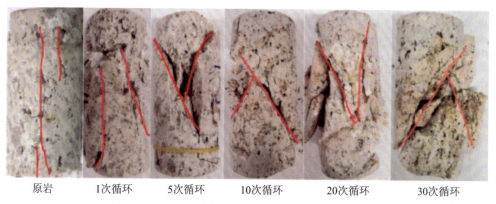

图 5-20　500℃时岩样破坏模式随不同循环次数的变化

第三节　微观表征

为了揭示循环和遇水冷却后花岗岩物理性质变化机理,利用 SEM 对不同循环次数和不同高温处理后 SZ 花岗岩试样微观结构进行观测,图 5-21—图 5-24 为放大 100 倍的 SEM 图像。如图 5-21 所示,未经高温处理(0 次循环)的 SZ 花岗岩微结构完整,原始微裂纹稀疏且延伸短,局部可见微孔洞。150℃高温水冷却后,可见随着循环次数增加,微裂纹数目增多,延伸长度变大,微空洞有所增加小(图 5-21)。300℃时,可明显观察到整个视野均匀分布着微空洞,随着循环次数的增加,裂纹数目进一步增多,裂纹宽度变大,延伸长度变大,有部分裂纹交叉联结(图 5-22)。如图 5-23 所示,400℃时,相较前两个温度,可以明显观察到岩样表面更加破碎,微裂纹纵横交错,宽度进一步加大,循环次数越大这种现象越严重,可以观察到断口且裂隙周围伴随着极其破碎的颗粒,另外花岗岩内部的原始微孔洞逐渐扩张,并发育了新的微空洞,这可能是由于脱水、熔融、分解等物理化学反应造成的(张卫强等,2017)。当温度升至 500℃时,可以明显观察到花岗岩表面更加支离破碎,这些微裂纹不断扩展、增宽和相互影响,甚至形成微裂纹网络,随着循环次数增加,裂纹宽度明显增加,岩样趋向开裂,岩样结构破坏严重,损伤加剧(图 5-24)。Hu 等(2021)也发现随着循环次数的增加,花岗岩的微裂纹宽度增加,且微裂纹直接的连通性也更好。Weng 等(2020)在光学显微镜下观察到 350℃遇水冷却循环作用后,花岗岩微裂纹密度随循环次数增加而增大,且穿晶裂纹数量也随循环次数增加。

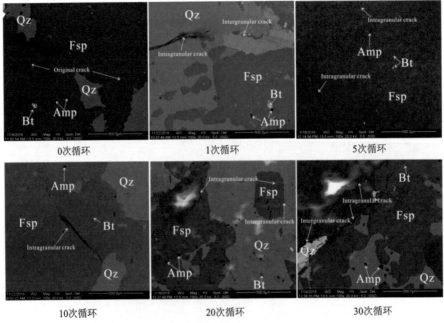

图 5-21　150℃不同循环遇水冷却后 SZ 花岗岩 SEM 图
("Qz"代表石英;"Fsp"代表长石;"Bt"代表黑云母;"Amp"代表角闪石)

第五章 花岗岩高温遇水冷却循环后力学特征研究

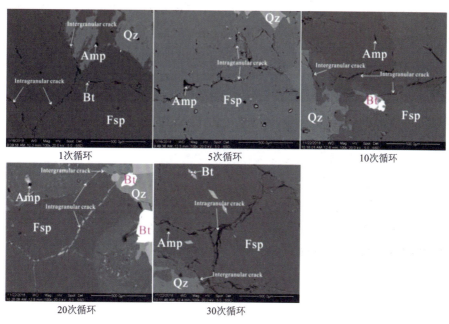

图 5-22　300℃不同循环遇水冷却后 SZ 花岗岩 SEM 图

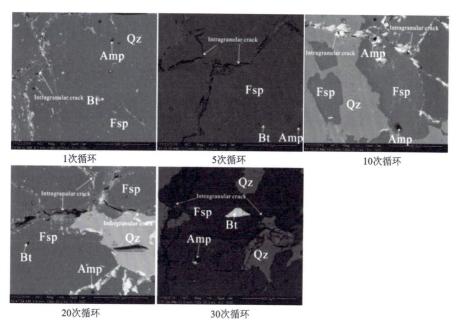

图 5-23　400℃不同循环遇水冷却后 SZ 花岗岩 SEM 图

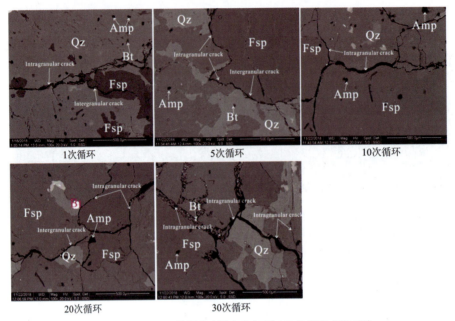

图 5-24　500℃不同循环遇水冷却后 SZ 花岗岩 SEM 图

为了定量分析不同温度和循环次数下 SZ 花岗岩微裂纹的演化规律,采用式(3-16)计算微裂纹密度,计算结果如图 5-25 所示。同时,为反映裂隙发育的总体情况,定义裂隙率为

$$\eta = \frac{A_C}{A_S} = \frac{\sum b_i \times l_i}{A_S} \tag{5-1}$$

式中:A_C 为裂隙面积,μm^2,由不同裂隙开度 b_i(μm)与对应裂隙长 l_i(μm)相乘得到;A_S 为扫描电镜视野范围面积,μm^2。

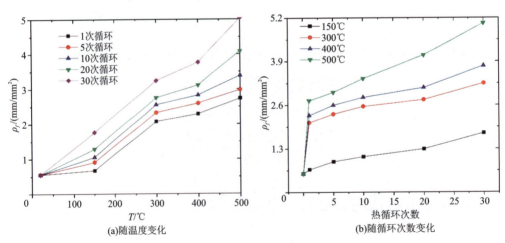

图 5-25　SZ 花岗岩微裂纹密度随温度与循环次数变化的关系

表 5-3 和表 5-4 统计了不同温度循环 30 次后花岗岩薄片 SEM 图像的裂隙率和主要裂隙开度以及 500℃下循环 1、5、15、20 及 30 次后的裂隙率和主要裂隙开度,并绘于图 5-26 中。

表 5-3　不同温度下循环 30 次后的裂隙率及主要裂隙开度

温度/℃	循环次数	裂隙率/%	主要裂隙开度/μm
150	30	1.50	8.57
300	30	2.19	14.94
400	30	3.18	20.72
500	30	9.16	49.80

表 5-4　500℃时不同循环次数后的裂隙率和主要裂隙开度

温度/℃	循环次数	裂隙率/%	主要裂隙开度/μm
500	1	1.98	10.90
500	5	2.80	12.75
500	10	3.44	16.93
500	20	4.60	22.81
500	30	9.16	49.80

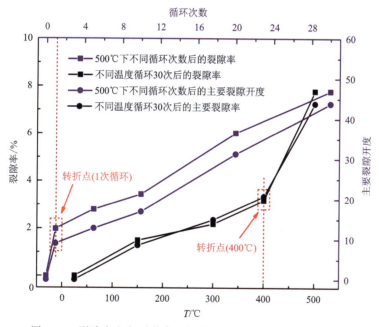

图 5-26　裂隙率和主要裂隙开度随温度和循环次数的变化关系

如图 5-25 所示，微裂纹密度随热循环次数的增加而增加的趋势与体积、质量、密度和纵波波速随循环次数增加的趋势一致。不同热循环条件下的微裂纹密度在第一次热循环后显著增加，说明第 1 次遇水冷却循环对花岗岩造成了较大的热损伤。然而微裂纹密度的增长率随热循环次数的增加而逐渐减小，即热循环后，花岗岩的热损伤诱导了微裂纹的萌生发生在前几个热循环中，更多的热循环可能导致微裂纹的扩展和扩展，甚至相互作用，然后趋于稳定，这与Li和Ju(2018)、Rong等(2018)和Shi等(2020)的研究结果一致。总体而言，不同循环水冷却条件下SZ花岗岩的微裂纹密度随温度的升高而增大。

同时，裂隙率和主要裂隙开度也随温度的升高、循环次数的增多而增加（图5-25）。以500℃为例，观察分析不同循环次数下花岗岩内形成的微裂纹的细观形态。如图5-24和图5-26所示，1次循环后，石英与长石颗粒间形成一条主要裂隙，开度约10.90μm，断口较平整，裂隙率仅1.98%。循环5次后，裂隙开度进一步加宽，约12.75μm，裂隙率增至2.80%。循环10次后，裂隙开度进一步增大，约13.55μm，裂隙之间相互搭接，裂隙率为3.44%。循环20次后，裂隙开度增至20.72μm，包围长石颗粒的封闭多边形裂隙清晰可见，裂隙率为4.60%。循环30次后，裂隙开度达到49.80μm，主干裂隙相连贯通，断裂口支离破碎，裂隙内充填有石英破碎颗粒，裂隙率达到9.16%。

第四节　讨　论

一、高温遇水冷却循环作用损伤机理

上述试验研究表明高温遇水冷却循环后花岗岩物理力学性质随温度的升高和循环次数的增加而劣化，其损伤机理可以总结为三方面：高温遇水冷却作用、循环作用以及水的弱化作用。

第五章已分析了高温遇水冷却作用对花岗岩的劣化机理，这里就不再赘述了。循环进行高温遇水冷却时，虽然最高加热温度没有变化，但是每次高温以及遇水冷却都使岩石再次损伤一次，形成新裂隙并扩展原有裂隙，SEM观察也可证明此点，例如，500℃时，循环次数从1次到30次，微裂隙数目增加、宽度增大，且逐渐彼此相交形成裂隙网络（图5-27）。

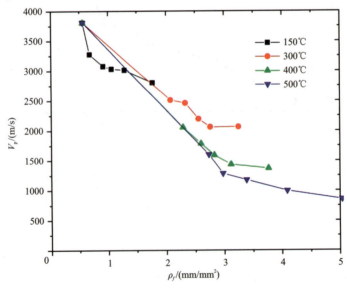

图5-27　不同温度下SZ花岗岩纵波波速随微裂纹密度变化的关系

水的弱化作用同样是岩石劣化的控制因素之一。一方面,矿物中结合水和结构水在加热过程中会挥发,破坏矿物结构,进而影响岩石微结构;另一方面,水的溶蚀和水解作用会弱化矿物间的联结力,特别是岩石中包含一些诸如云母等水敏矿物。这两方面使岩石的力学性质降低。

综上所述,以上三方面因素的共同作用导致岩石的损伤劣化。矿物内以及矿物间不均质膨胀引起的热应力会造成热致微裂纹的出现,热冲击引起的拉应力一方面形成拉伸微裂纹,另一方面扩展已形成的热致微裂纹,与此同时,循环作用加剧了微裂纹的形成和扩展,此外,水侵入微裂纹内部弱化矿物间的联结力。因此,三者相辅相成,共同加剧岩石的劣化,宏观上,物理力学性质也变得越来越差。

为了反映高温循环遇水冷却后花岗岩的微观和宏观物理特征之间的相关性,将不同高温条件下 SZ 花岗岩的微裂纹与纵波波速绘制成图。如图 5-27 所示,随着微裂纹密度的增加,高温循环遇水冷却后 SZ 花岗岩纵波波速逐渐降低。在不同高温条件下,SZ 花岗岩纵波波速随微裂纹密度的增加而迅速减小,而其降低速率则随微裂纹密度增大而减小。高温循环遇水冷却后 SZ 花岗岩微裂纹密度变化趋势与纵波波速变化趋势一致。因而可以得出,纵波波速劣化是微裂纹的一种宏观反映。

热循环后,花岗岩的热损伤诱导了微裂纹的萌生发生在前几个热循环中,更多的热循环可能导致微裂纹的扩展和扩展,甚至相互作用,然后趋于稳定。不同热循环条件下的微裂纹密度在第 1 次热循环后显著增加,说明第 1 次遇水冷却循环对花岗岩造成了较大的热损伤,微裂纹密度的增长率随热循环次数的增加而逐渐减小。最终导致花岗岩力学特性第 1 次热循环后显著降低,力学特性的减小随热循环次数的增加而逐渐减小。

图 5-28 和图 5-29 给出了不同高温条件下 SZ 花岗岩试样的 UCS 和 E 值随微裂纹变化的关系。从图中可以得出,在不同的高温条件下,循环遇水冷却后 SZ 花岗岩的 UCS 和 E 值随微裂纹密度的增大而减小,而 UCS 和 E 的减小速率随着微裂纹密度的增大而逐渐减小。循环遇水冷却后 SZ 花岗岩微裂纹密度的变化趋势与力学特性的变化趋势一致,因而可以得出 UCS 和 E 的劣化是热致微裂纹的宏观反映。

二、力学指标归一化分析

通过开展文献调研,基于文献数据和本书数据,300℃遇水冷却循环作用后花岗岩归一化弹性模量和归一化单轴压缩强度随循环次数的变化关系如图 5-30 和图 5-31 所示,其岩样基本性质见表 5-2,这些数据均通过对 ϕ50mm×100mm 岩样开展单轴压缩试验获得。此处的归一值为,任一温度和循环次数后的某参数与室温下原岩的比值。可见,尽管这样文献所用岩样不同,加热速率和冷却方式也有所不同,300℃情况下,弹性模量和单轴压缩强度的归一化值均随循环次数的增加而减小,Rong 等(2021)经 25 次循环后归一化值曲线近似平行于 x 轴,即循环损伤已达极限,而本研究的 SZ 花岗岩 30 次循环后仍未达到循环损伤极限。这说明循环损伤作用高度依赖岩石自身性质。

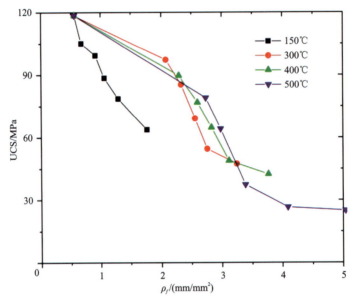

图 5-28　不同温度下 SZ 花岗岩单轴抗压强度随微裂纹密度变化的关系

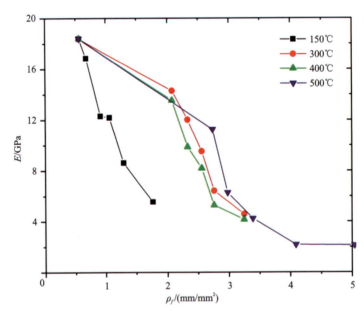

图 5-29　不同温度下 SZ 花岗岩弹性模量随微裂纹密度变化的关系

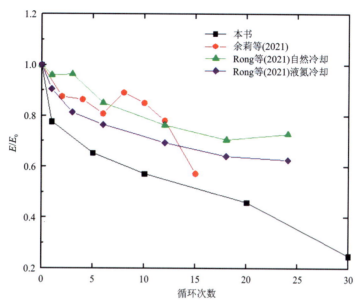

图 5-30　300℃不同冷却方式下归一化弹性模量随循环次数的演化规律

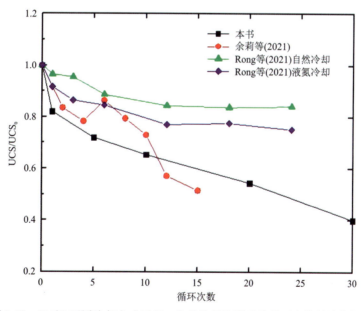

图 5-31　300℃不同冷却方式下归一化单轴压缩强度随循环次数的演化规律

不同高温冷却循环后花岗岩的弹性模量和单轴压缩强度归一化值随循环次数的变化关系如图 5-32 所示。从图中可见,不同温度和不同冷却方式下花岗岩的 UCS 和 E 均随循环次数的增加而不断降低,且降低幅度逐渐减小。当循环次数小于 5 尤其是经历第一次循环冷却时,花岗岩的 UCS 和 E 迅速降低;当循环次数大于 5 时,花岗岩 UCS 和 E 逐渐趋于定值。由此可见,循环冷却仅在循环次数较小时对花岗岩产生较大的损伤。与此同时,不同循环次数下 500℃遇水冷却花岗岩 UCS 和 E 归一化值低于 600℃自然冷却花岗岩 UCS 和 E

归一化值。可以佐证遇水冷却较自然冷却对花岗岩造成损伤严重,进一步降低花岗岩力学特性,当然,这也与岩样自身性质有关。

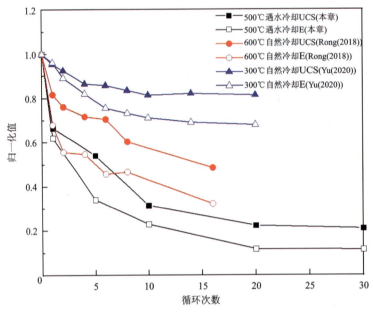

图 5-32　高温循环后不同花岗岩 UCS 和 E 归一化值随循环次数变化关系

3. 不同冷却循环方式的影响

一些学者还开展了自然冷却循环(Li et al.,2019)、液氮冷却循环(Wu et al.,2019c)以及高温自然冷却循环冲击(Wang et al.,2019)对花岗岩力学性质的影响研究。图 5-33 给出了不同冷却方式后花岗岩归一化单轴抗压强度随循环次数的关系。从图中可见,不同冷却方式后花岗岩单轴抗压强度均随循环次数的增加而减小,且超过某一循环次数后,单轴抗压强度趋于稳定,不再随循环次数而变化。当然,加热温度、冷却方式、原岩的矿物组成等都对该关系有影响。

加热温度越高,则遇水冷却循环后单轴抗压强度降低幅度越大(如本研究)。对于本研究 500℃ 水冷却循环和 650℃ 自然冷却循环(Li et al.,2019),单轴抗压强度在第 1 次循环时大幅降低,之后随着循环次数的增加而平缓降低,第一次循环后降幅占所有循环后总降幅的 50% 以上。10 次循环前,自然冷却循环产生的降幅大于遇水冷却的,这说明 10 次循环内高温产生的热损伤大于循环产生的损伤。20 次循环及以上,水冷却后花岗岩单轴抗压强度降幅大于自然冷却的,说明此时循环作用带来的累积损伤大于温度的热损伤。

对比本研究 150℃ 水冷却循环和液氮冷却循环(Wu et al.,2019c)曲线,可发现液氮冷却循环 UCS 降低主要发生在前 10 次循环中,之后 UCS 基本不变;而水冷却后 UCS 随着循环次数的增加一直在降低。这是因为液氮热导率低,可隔离热传导保持低温,因此,液氮冷却会带来更严重的热冲击,使 UCS 降幅更大。

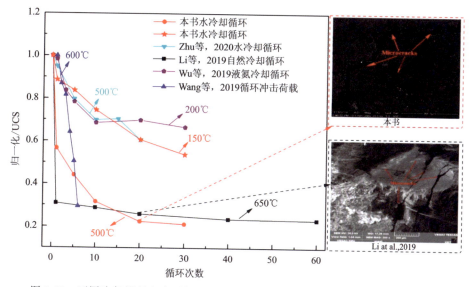

图5-33 不同冷却循环方式下归一化UCS与循环次数的关系（Zhang et al.,2021）

Zhu等（2020）开展的500℃水冷却循环花岗岩UCS随循环次数的降幅小于本研究500℃水冷却循环的,这主要是因为两者岩样的差异造成的。Wang等（2019）对高温自然冷却后花岗岩开展循环冲击作用,发现岩石强度快速降低,6次循环后,UCS已降低71%。

一些学者通过开展巴西劈裂试验,研究了高温自然冷却循环、高温遇水冷却循环与高温液氮冷却循环作用对花岗岩抗拉强度的影响,如图5-34所示。可见,花岗岩抗拉强度也随循环次数的增加而减小。

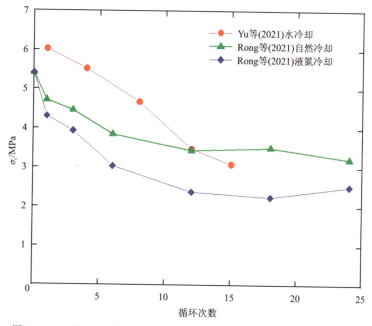

图5-34 300℃时不同冷却方式下花岗岩抗拉强度随循环次数的关系

综上所述，在这些方法中，循环冲击对花岗岩强度影响最大。水冷却循环对岩石的损伤大于自然冷却循环的。理论上，液氮冷却循环对岩石的损伤作用应大于水冷却的，但由于数据有限，需要开展更多的试验进行深入研究。

四、力学指标与波速的关系

1. 不同温度下力学指标与波速的关系

纵波波速是岩石物理力学特性的综合表征，是评价岩体质量和进行岩体结构分类的重要参数。通常通过建立经验方程，用纵波波速预测岩石的力学性质。通过第五章第二节分析可知高温遇水冷处后 SZ 花岗岩的 V_{pT}、UCS_T 和 E_T 均随热循环次数的增加而降低。那么，高温循环遇水冷处后 SZ 花岗岩的 V_{pT}、UCS_T 和 E_T 之间是否存在一定的关系呢？这里采用回归分析建立了 UCS_T 和 V_{pT}、E_T 和 V_{pT} 间的经验关系，其回归结果及相关系数（R^2）见表 5-5，并绘于图 5-35 和图 5-36 中。

表 5-5　不同高温条件下 SZ 花岗岩 UCS_T、E 与 V_p 的拟合关系

参数	温度	回归方程	R^2
UCS_T	150°C	$UCS_T = 170.58\ln(V_{pT}) - 1281.9$	0.8355
	300°C	$UCS_T = 170.43\ln(V_{pT}) - 759.88$	0.8493
	400°C	$UCS_T = 71.99\ln(V_{pT}) - 469.24$	0.9292
	500°C	$UCS_T = 69.949\ln(V_{pT}) - 419.69$	0.9275
E_T	150°C	$E_T = 41.538\ln(V_{pT}) - 322.31$	0.8126
	300°C	$E_T = 20.244\ln(V_{pT}) - 147.14$	0.8381
	400°C	$E_T = 13.648\ln(V_{pT}) - 92.981$	0.9254
	500°C	$E_T = 11.678\ln(V_{pT}) - 77.249$	0.9571

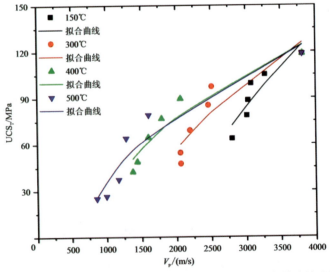

图 5-35　不同高温遇水冷却作用后 SZ 花岗岩单轴抗压强度与纵波波速的关系

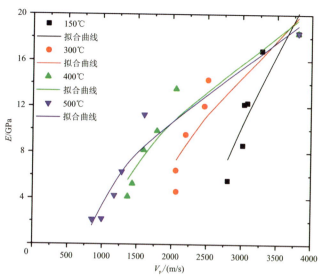

图 5-36　不同高温遇水冷却作用后 SZ 花岗岩弹性模量与纵波波速的关系

由图可见,在不同高温遇水冷却循环作用后,SZ 花岗岩的 UCS_T 和 V_{pT}、E_T 和 V_{pT} 均呈对数关系,相关程度较高,且回归公式的相关系数均随温度的升高而增大。也就是说,温度越高,高温遇水冷却循环作用后花岗岩 UCS_T、E_T 与 V_{pT} 间相关性越好。

2. 不同循环次数下力学参数与波速的关系

如表 5-6 所列,通过对 UCS_T、E_T 和 V_{pT} 试验数据进行线性、二次多项式及 e 指数形式回归分析,发现纵波波速 V_p 与 UCS、E 之间具有高度相关关系,说明在一定程度上声波法可用于对 UCS、E 预测。不同循环次数对应的最优拟合方程包括二次函数或者 e 指数函数形式,如图 5-37 和图 5-38 所示。30 次循环以前,UCS、E 与 V_p 的线性拟合方程的 R^2 值与最优拟合方程几乎无异,而 30 次循环时 UCS 与 E 的 R^2 值分别与最优线性拟合方程相差 0.067 04 与 0.178 92,说明循环次数越多,V_p 与 UCS、E 的关系逐渐向非线性方向发展。为了研究方程的统计学意义,进行方差分析,结果 P 值>0.05,说明三类回归方程的预测效果在显著性水平为 0.05 时可视为无显著差异。图 5-39 中,纵坐标为力学参数预测值与真实值之比,R_L、R_P 及 R_E 分别代表三类拟合方程拟合结果与真实结果的比值,可以看出,除了个别偏离较远以外,大多比值均控制在 0.75~1.5 范围内,说明三类方程均可用来对 UCS、E 进行预测。

表 5-6　不同循环次数下 SZ 花岗岩 UCS、E 与 V_p 的拟合关系

力学指标	循环次数	R^2			最优拟合方程	方差分析	
		线性	多项式	指数		F 值	P 值
UCS	1	0.978 1	0.978 2	0.974 8	$UCS = -0.359\,04\,V_p^2 + 18.570\,18\,V_p + 51.451\,81$	0.000 01	0.999 9
	5	0.986 8	0.992 7	0.993 1	$UCS = 48.774\,12\,e^{0.232\,6 V_p}$		
	10	0.900 9	0.905 1	0.879 8	$UCS = -2.440\,48\,V_p^2 + 38.235\,17\,V_p + 4.232\,85$		

续表 5-6

力学指标	循环次数	R^2 线性	R^2 多项式	R^2 指数	最优拟合方程	方差分析 F 值	方差分析 P 值
UCS	20	0.845 5	0.851 0	0.856 8	$UCS = 27.178\ 09\ e^{0.376\ 41 V_p}$	0.000 01	0.999 9
UCS	30	0.910 4	0.973 6	0.977 4	$UCS = 17.302\ 68\ e^{0.500\ 19 V_p}$		
E	1	0.987 7	0.990 0	0.978 3	$E = -0.247\ 46 V_p^2 + 4.465\ 26 V_p + 4.926\ 51$	0.000 88	0.999 1
E	5	0.954 5	0.954 9	0.937 3	$E = -0.131\ 41 V_p^2 + 5.002\ 23 V_p + 0.871\ 16$		
E	10	0.888 9	0.889 0	0.881 9	$E = 0.083\ 3 V_p^2 + 4.070\ 27 V_p + 0.893\ 55$		
E	20	0.832 9	0.857 7	0.874 6	$E = 2.218\ 82\ e^{0.541\ 62 V_p}$		
E	30	0.769 0	0.942 0	0.948 0	$E = 0.728\ 69\ e^{0.840\ 48 V_p}$		

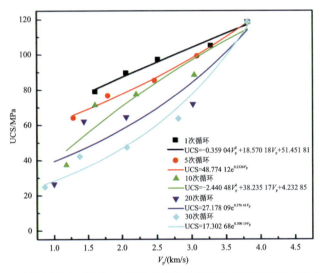

图 5-37 不同循环次数下 SZ 花岗岩单轴抗压强度与纵波波速的最优关系

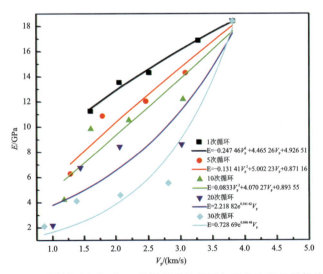

图 5-38 不同循环次数下 SZ 花岗岩弹性模量与纵波波速的最优关系

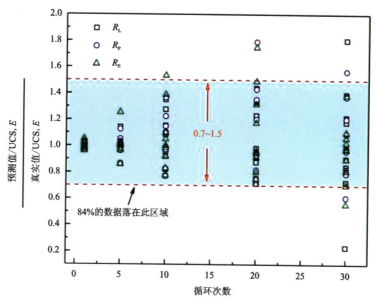

图 5-39　UCS 和 E 的预测值与真实值之比随循环次数的关系

五、损伤量化

上述分析表明纵波波速 V_p 可以很好地表征高温冷却循环作用对花岗岩的损伤,因此,可以采用来定义 V_p 损伤因子 D_p:

$$D_p = 1 - \frac{V_{pn}}{V_{p0}} \tag{5-2}$$

式中:V_{pn}、V_{p0} 分别为某一高温后花岗岩初始状态、循环 n 次的纵波波速。

图 5-40 显示了 SZ 花岗岩损伤因子 D_p 与温度和循环次数的关系。从图中可见,整个过程损伤因子 D_p 随温度持续增加,近似呈线性关系,500℃时不同循环次数损伤分别为 58.64%、64.94%、69.72%、74.05% 及 76.64%,反映出高温作用下微裂隙密度持续增加[图 5-40(a)]。D_p 随循环次数的变化趋势,起初增速较快,损伤较严重,1 次循环后 150℃、300℃、400℃ 及 500℃ 的损伤分别为 14.81%、33.32%、44.87% 及 58.64%,而后逐渐平缓,对岩石的损伤逐渐减小。

将损伤因子拓展到其他力学参数上,研究超声波法得到的损伤值与通过力学手段得到的 UCS 及 E 损伤值之间的差异,因 UCS、E 所反映的内在规律一致,此处仅利用 UCS 来比较与 D_p 之间的关系。定义 UCS 的损伤因子为 D_{UCS} 为

$$D_{UCS} = 1 - \frac{\sigma_{cn}}{\sigma_{c0}} \tag{5-3}$$

式中:σ_{cn}、σ_{c0} 分别为某一高温后花岗岩初始状态、循环 n 次的单轴抗压强度。

图 5-41 显示了在不同温度、循环次数下花岗岩损伤因子 D_p 与 D_{UCS} 之间关系,对二者进行线性拟合,所得拟合公式如图中所示,相关系数为 0.7784,二者具有显著性相关关系。因此,基于声波法得到的损伤因子在一定程度上可以用来表征由力学手段得到的损伤因子。

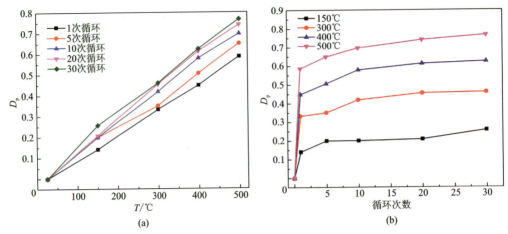

图 5-40 损伤因子 D_p 与温度(a)、循环次数(b)的关系

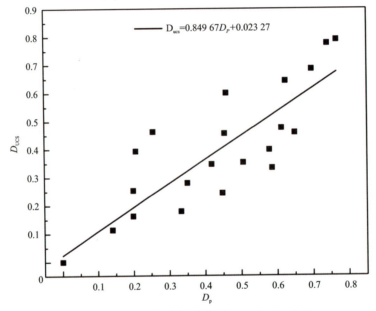

图 5-41 不同温度、循环次数下 D_{UCS} 与 D_p 关系

第六章　干热花岗岩水化学作用后力学特性研究

EGS 工程的目标是从地下深部高温岩体中提取热量,工程的成功很大程度上取决于低孔低渗储层的改造,包括人工造缝合天然裂隙的连通。常用的储层改造方法有水力压裂、热刺激和化学刺激;其中热刺激法使用较少,水力压裂法最为常用。但水力压裂法改造储层有时并不理想,可能存在水流阻力和水流短路等现象。化学刺激可以弥补水力压裂的缺陷,通过向井中注入低 pH 值或高 pH 值的化学刺激剂,溶蚀裂隙内或注采井附近的矿物颗粒、泥浆等,从而改善热储层裂隙连通情况、提高裂隙渗透系数(Sandrine et al.,2009;岳高凡等,2020)。该过程将在 EGS 系统中形成复杂的水化学环境,对储层岩石产生溶蚀作用。因此对于深部高温岩体而言,当形成复杂的水化学环境时,岩体将遭受高温遇水冷却与水化学溶蚀的双重作用,其物理力学性质必然发生改变。针对以上可能遇到的实际工况,我们课题组开展了相关试验及理论研究,对高温遇水冷却并遭受不同水化学作用后的花岗岩开展纵波波速测试、单轴压缩试验及巴西劈裂试验,研究高温遇水冷却与水化学溶蚀的双重作用下花岗岩物理力学性质的劣化规律,揭示其劣化机理,从而为 EGS 工程储层岩石稳定性评价提供理论支撑。

第一节　试验概况

一、试验对象

本章研究所用岩石采自共和盆地花岗岩露头(简称 GH 花岗岩),呈灰白色,结构致密,平均密度为 2.655g/cm^3,平均纵波波速为 5263m/s。XRD 成分分析表明其矿物成分为石英 9.04%、钠长石 53.44%、斜长石 30.07% 和黑云母 7.45%。制作标准岩样时,先将岩石加工成 $12\text{cm}\times12\text{cm}\times12\text{cm}$ 的立方体,再利用水钻套制取 $\phi50\text{mm}\times100\text{mm}$、$\phi50\text{mm}\times50\text{mm}$ 两种圆柱试样,两端用磨平机进行整平,最终岩样符合《工程岩体试验方法标准》(GB/T 50266—2013)的制样要求(图 6-1)。

二、试验方案

针对干热岩储层的刺激剂主要包括土酸、弱有机酸、胶凝剂溶液以及螯合剂等。其中,土酸体系对以石英、长石为主的花岗岩地层具有最好的溶蚀效果。因此,本章研究酸性水化

图 6-1　GH 花岗岩岩样

学环境对高温遇水冷却后花岗岩的影响。总体试验思路为:采取室内模拟酸性水化学环境对高温遇水冷却后花岗岩进行溶蚀试验,探究实际工况中花岗岩可能发生的溶蚀反应,然后对溶蚀作用后的岩样进行物理力学性质测量,研究溶蚀后花岗岩物理力学性质的变化规律。

1)高温花岗岩溶蚀试验

限于实验室安全管理与设备原因,高温岩石不能直接放置于水化学溶液中。因此本研究将高温花岗岩先置于室温蒸馏水(20℃)中冷却再低温烘干,然后置于 pH 值分别为 2、3、4 的水化学溶液中进行溶蚀试验(浸泡 30d),并跟踪测定水化学溶液的 pH 值变化。

2)水化学作用后花岗岩的物理力学性质试验

对不同酸性水化学溶液中浸泡 30d 后的花岗岩岩样,开展密度与纵波波速量测、单轴压缩试验与巴西劈裂试验,获得相应的物理力学参数如密度、纵波波速、弹性模量、单轴抗压强度与抗拉强度等,分析其物理力学性质的劣化规律,结合溶蚀机理,解释其损伤内在机理。

三、溶蚀试验步骤

1)水化学溶液制备

模拟热储层水化学成分采用 0.28mol/L 的 NaCl 溶液,由于地下水中离子成分复杂,要配置完全相同的化学溶液难度极大,综合考虑后配置了以 Na^+、K^+、Mg^{2+}、Ca^{2+}、Al^{3+}、Cl^- 等离子为主的溶液,酸性溶液 pH 值通过添加浓度 0.1mol/L 的 HCl 来调节。配置溶液时,先在蒸馏水中加入相应离子,然后取 0.1mol/L 的 HCl 用 100mL 的蒸馏水稀释后,逐滴加入溶液,在滴加过程中使用 pH 测试仪实时监测溶液的 pH 值变化,直到达到预定的 pH 值。

2)高温遇水冷却处理

高温遇水冷却冷却处理过程与第四章相同,即筛选岩样、高温处置与遇水冷却。首先,将所有加工完成的标准岩样放置于阴凉通风处干燥 2 周,以去除岩样中水分,并量测其质量、体积及波速,剔除密度及波速异常的岩样。然后,使用精密控制高温炉(SG-XL1200)以 2℃/min 的升温速率缓慢加热筛选后的岩样至目标温度(200℃、300℃、400℃、500℃、600℃),恒温 1h,取出并置于蒸馏水中冷却至室温,再置于高温炉中(干燥温度 100℃)干燥 2h。

3)溶蚀处理

将高温遇水冷却并干燥后的岩样浸没于调制完成的水化学溶液中,静置30d。试验过程中,为了掌握溶液pH值变化,每间隔3d采用pH测试机测量一次溶液pH值。

第二节 溶蚀试验结果与分析

一、表观特征

高温处理后的花岗岩置于不同pH值的水化学溶液中,溶蚀后岩石表面的特征有着较大的差异。其中,初始pH=2的溶液中花岗岩岩样溶蚀后的表观改变尤其突出。

1)高温遇水冷却后岩样表观特征

高温花岗岩从高温炉中取出后,立即放入室温蒸馏水中,此时发现岩样周围立即产生大量肉眼可见的气泡,并伴随"滋滋"响声。随着加热温度的升高,冷却至室温并干燥后的岩样表观颜色逐渐加深,从初始的灰白色向红棕色转变,500℃及600℃岩样已呈暗红色,这是由于岩石中的铁元素氧化所致(图6-2)。同时,原岩的黑云母矿物颗粒变为黑色斑点状,岩样表面有部分矿物发生崩解,岩样触感粗糙且有粉末状物质黏附其表面。

图6-2 高温遇水冷却后花岗岩的表观特征

2)初始pH=2溶液浸泡后岩样表观特征

将高温遇水冷却干燥后的GH花岗岩试样置于初始pH=2的溶液中浸泡,刚放入溶液时,试样周围有多束气泡产生,伴有"噼啪"响声。浸泡30d的过程中,试样被浸没的侧面及底面有肉眼可见的微小溶蚀孔洞。600℃高温、浸泡30d并干燥后,发现花岗岩试样颜色呈暗黑色,岩样表面有大量微小颗粒物,且触感凹凸不平;用手轻轻擦拭,有白色附着物粘于手上,且试样表面有少量的疑似焦糊状的附着物,位置较为分散,如图6-3所示。同时,溶液中有部分悬浮颗粒物存在,烧杯底部也有少量沉淀物。

3)初始pH=3溶液浸泡后的表观特征

高温遇水冷却干燥后的花岗岩置于pH=3的水化学溶液中,初始置入时,仍伴有"噼啪"响声,但声音微弱。500℃及600℃的试样置入后,"噼啪"响声逐渐增大,但试样周围气泡产生数量和大小少于比pH=2的水化学溶液中的。浸泡过程中,有少量的气泡附着于试样与溶液的接触面,试样表面有少量肉眼可见的溶蚀空洞且局部有凹凸不平,溶液中有少量悬浮离散颗粒,浑浊度也有所增加,但较 pH＝2 的水化学溶液浊度浅。30d 浸泡取出干燥后,试样触摸有摩擦感,有少量固体粉末附着手上,溶液颜色有浊度但浸泡期间浊度变化不大,烧杯底部有少数试样的剥落物或者沉淀物;600℃的岩样表面局部出现焦糊色(图 6-4)。

图 6-3　600℃、pH＝2 溶液 30d 后试样表观

图 6-4　600℃、pH＝3 溶液 30d 后试样表观

4)初始 pH＝4 溶液浸泡后的表观特征

初始高温遇水冷却干燥后花岗岩置于 pH＝4 的水化学溶液中,放入时不再伴有"噼啪"响声,较低温度处理后的花岗岩基本看不到有串状气泡产生,500℃及 600℃处理的花岗岩见少量气泡呈断断续续产生。浸泡过程中,观察到试样表面有极少数的溶蚀空洞,但整体上仍呈现较为完整光滑,溶液中基本未见悬浮颗粒,浊度颜色基本未发生明显变化。浸泡 30d 后,烧杯溶液底部存在极少量沉淀物,试样干燥完成后,肉眼可见的凹凸形态不明显,有凹凸触感,极少量固体粉末附着手上。

二、溶液 pH 值变化

水化学溶液经不同高温处置后花岗岩浸泡时,岩石矿物与溶液发生了化学反应,因此溶液的 pH 值发生变化。为更加清楚地表明水化学溶液的 pH 值变化,定义 pH 值变化率 v_{pH} 为:

$$v_{pH} = \frac{pH_{ti} - pH_{t0}}{7} \tag{6-1}$$

式中:pH_{ti} 为不同浸泡时间水化学溶液的 pH 值;pH_{t0} 为水化学溶液的初始 pH 值。

1.初始 pH＝2 的水化学溶液 pH 值变化

不同温度加热后花岗岩于 pH＝2 的水化学溶液中浸泡不同时间后的 pH 值见表 6-1,溶液的 pH 值变化情况如图 6-5 与图 6-6 所示。如图 6-5 所示,初始 pH＝2 的水化学溶液,

400℃前，其水化学溶液pH值缓慢上升。30d时，25~400℃间，pH值变化较为平缓；400℃后，水化学溶液pH值急剧上升。如图6-6所示，可发现浸泡时间在0~6d时，溶液的pH值变化较为缓慢，6d、600℃时，pH值变化率约为5.29%；6~18d，溶液pH值迅速升高，600℃时，9d、12d、15d及18d的pH值变化率分别为7.71%、14.29%、19.71%和27.71%；18~30d，溶液pH值变化率趋缓，但pH值仍呈现增长趋势。

表6-1 初始pH=2的水化学溶液经不同高温处理后花岗岩浸泡不同时间后的pH值

天数/d	温度/℃					
	25	200	300	400	500	600
3	2.09	2.11	2.12	2.14	2.21	2.28
6	2.27	2.32	2.34	2.37	2.49	2.64
9	2.67	2.71	2.75	2.82	3.01	3.21
12	2.99	3.21	3.17	3.24	3.67	3.99
15	3.14	3.47	3.61	3.77	4.32	4.52
18	3.23	3.56	4.02	4.13	4.81	5.17
21	3.35	3.72	4.1	4.2	5.2	5.61
24	3.41	3.91	4.17	4.27	5.57	5.82
27	3.57	4.07	4.33	4.39	5.82	5.99
30	3.66	4.21	4.52	4.61	6.14	6.21

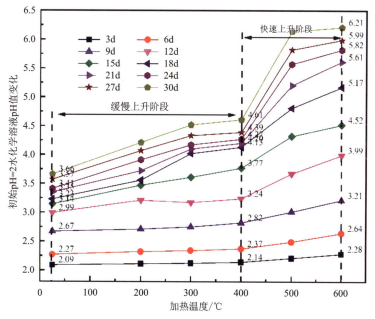

图6-5 pH=2不同加热温度后水化学溶液pH值变化

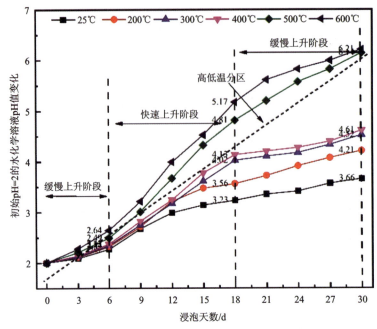

图 6-6 pH＝2 不同浸泡天数后水化学溶液 pH 值变化

2. 初始 pH＝3 的水化学溶液浸泡结果

不同高温处理的花岗岩经初始 pH＝3 的水化学溶液浸泡不同时间后溶液的 pH 值见表 6-2。如图 6-7 所示，初始 pH 值＝3 的水化学溶液，400℃前，溶液 pH 值上升速率相对 pH＝2 的水溶液 pH 值上升速率较缓。25～400℃，pH 值变化较为缓慢；400℃后，pH 值变化率有所上升；30d 时，400～600℃，pH 值变化率分别为 40.74％、49.13％。如图 6-8 所示，0～9d 时，溶液的 pH 值变化较缓，9d、600℃时，溶液 pH 值变化率约为 8.57％；9～18 d，溶液 pH 值变化有所提升；18～30d，pH 值的变化速率有所趋缓，30d、600℃时，溶液 pH 值为 6.63，较初始溶液 pH 值增长约 37.71％，pH 值的变化率约为 51.85％，且 pH 值变化有趋向稳定态势。

表 6-2 初始 pH＝3 的水化学溶液经不同高温处理后花岗岩浸泡不同时间后的 pH 值

天数/d	温度/℃					
	25	200	300	400	500	600
3	3.07	3.08	3.10	3.13	3.16	3.19
6	3.15	3.17	3.21	3.26	3.39	3.47
9	3.25	3.31	3.42	3.54	3.74	3.85
12	3.34	3.47	3.67	3.81	4.13	4.51
15	3.47	3.56	3.97	4.23	4.58	5.07
18	3.56	3.71	4.31	4.58	5.17	5.63

续表 6-2

天数/d	温度/℃					
	25	200	300	400	500	600
21	3.72	3.89	4.57	4.79	5.41	6.01
24	3.83	4.07	4.69	4.97	5.69	6.28
27	3.91	4.19	4.81	5.11	5.82	6.5
30	3.99	4.33	4.93	5.23	6.01	6.63

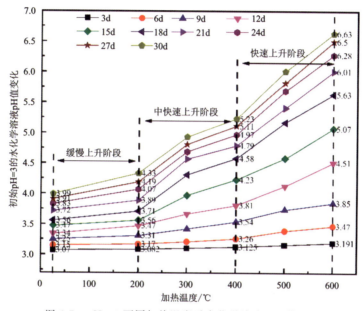

图 6-7 pH=3 不同加热温度后水化学溶液 pH 值变化

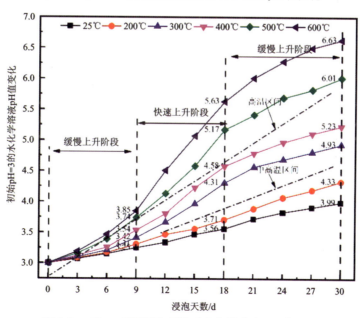

图 6-8 pH=3 不同浸泡天数后水化学溶液 pH 值变化

3. 初始 pH＝4 的水化学溶液浸泡结果

不同高温处理的花岗岩经初始 pH＝4 的水化学溶液浸泡不同时间后溶液的 pH 值数值见表 6-3。如图 6-9 所示，初始 pH＝4 的水化学溶液，400℃前，相对于 pH＝2、3 的水化学溶液，其 pH 值的变化率更为缓慢，但整体上，随着浸泡时间的长短，pH 值呈现上升趋势；400℃后，pH 值变化率有所增大。从图 6-10 中可发现，0～18d，溶液 pH 值变化率较大，600℃时，3d、6d、9d、12d、15d、18d，溶液 pH 值变化率分别为 1.24%、3.01%、6.14%、7.29%、8.86%、9.86%；18～30d，pH 值的变化速率有所趋缓；30d，600℃时，酸性基本保持在 5.53～5.79 之间，较溶液 pH＝4 约增长 11.43%，pH 值的变化率约为 25.57%，pH 值基本趋于稳定。

表 6-3 初始 pH＝4 的水化学溶液经不同高温处理后花岗岩浸泡不同时间后的 pH 值

天数/d	温度/℃					
	25	200	300	400	500	600
3	4.06	4.07	4.08	4.10	4.13	4.15
6	4.15	4.16	4.18	4.20	4.25	4.36
9	4.21	4.29	4.32	4.39	4.47	4.64
12	4.35	4.43	4.49	4.57	4.73	4.86
15	4.45	4.55	4.63	4.71	4.97	5.07
18	4.67	4.71	4.78	4.89	5.16	5.36
21	4.73	4.79	4.92	4.97	5.23	5.42
24	4.82	4.89	5.02	5.09	5.37	5.53
27	4.91	5.02	5.09	5.14	5.46	5.67
30	4.99	5.12	5.19	5.26	5.61	5.79

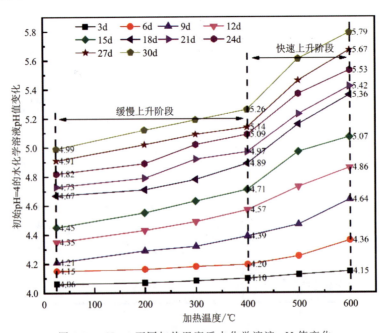

图 6-9 pH＝4 不同加热温度后水化学溶液 pH 值变化

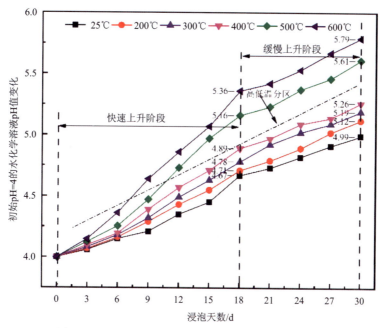

图 6-10　pH=4 不同浸泡天数后水化学溶液 pH 变化

第三节　水化学作用后花岗岩力学性质

一、质量、体积、密度

如图 6-11 所示，不同 pH 值水化学溶液浸泡 30d 后的花岗岩质量整体都随着加热温度的增加呈现出递减的趋势，具体数据见附表 4。600℃时，遇水冷却后的花岗岩岩样及水化学溶液 pH=2、3、4 浸泡后的岩样质量约分别减少 3.46%、2.45%、2.75% 及 3.18%。400℃前，遇水冷却后岩样的质量减少幅度要低于初始 pH=2、3、4 水化学溶液浸泡后的岩样质量，400℃时，遇水冷却后岩样质量约减少 1.16%，初始 pH=2、3、4 水化学溶液浸泡后的岩样质量约减少 1.86%、1.56% 及 1.44%，400℃后，水化学溶液 pH=2、3、4 浸泡后的岩样质量降幅明显变缓，遇水冷却后岩样的质量降幅反而增大。造成质量随温度变化逐渐降低的主要原因是如下。

(1) 由于试验岩样均经过高温遇水冷却处理，温度造成的热应力，造成试样结构部分矿物黏结较为薄弱部分，在高温下崩解，而经过水化学溶液浸泡后的花岗岩试样，由于钠长石、钾云母及部分氧化物的遇酸溶蚀，造成部分矿物溶蚀脱落，因此其质量的减少率更大，且这种减少随着 pH 值的酸性增强，有正比关系。

(2) 高温下，$SiO_2·nH_2O$ 等其他结晶水矿物失去结晶水。

(3) 400℃后，经水化学溶液浸泡处理后的试样质量变化反而与 400℃前的质量变化趋势相反，质量减小率趋缓，且初始 pH 值酸性越强，其质量减小反而越小，这可能由于温度较高导致花岗岩试样在浸泡前,其结构内部造成的裂隙较多较大,因此水化学溶液溶蚀后,产生的高岭石等其他黏土矿物,较多的附着在其内部裂隙中,同时试样内部的氧化物及部分易溶蚀生成沉淀的化合物,最终沉淀在试样结构中,从而导致水化学溶液处理后的试样质量变化较小。

(4)对于溶蚀后产生的高岭石,其亲水性很强,而酸性越强,反应产生的高岭石矿物也越多,因此酸性较强的水化学溶液溶蚀后的花岗岩试样,其由于产生的高岭石矿物更多,吸水性更强,产生的高岭石结晶水矿物更多,因此酸性较强的水化学溶液溶蚀后的花岗岩试样其质量变化在400℃反而不大。

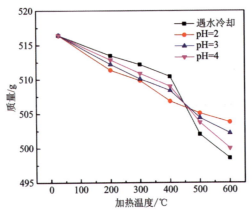

图6-11 不同处理方式后花岗岩质量随初始岩样加热温度的变化

如图6-12所示,不同pH值水化学溶液浸泡30d后的花岗岩体积随着加热温度的增加而逐渐递增。400℃前,体积增加较为缓慢,400℃时,经pH=2、3、4的水化学溶液浸泡30d及遇水冷却处理花岗岩体积仅分别约仅增加1.29%、1.97%、2.32%及2.40%,400℃后,体积增加速率增大,600℃时,各处理方式后的花岗岩试样体积较初始体积约分别增加6.21%、7.28%、7.80%及8.17%。遇水冷却后的花岗岩试样其体积增加要大于经pH=2、3、4的水化学溶液浸泡后的花岗岩试样,且酸性越强,其体积增加越少。无论是高温遇水冷却处理还是高温后经水化学溶液溶蚀,其试样的体积均呈现增加趋势。

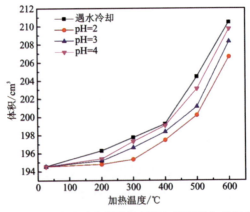

图6-12 不同处理方式后花岗岩体积随初始岩样加热温度的变化

造成体积增加的原因主要是:①高温遇水冷却处理后,由于内外温度应力急剧增大,造成试样内部原生结构遭到破坏,热应力作用下,试样内部的部分矿物颗粒发生膨胀;②岩样中不同矿物热膨胀系数不同,颗粒膨胀的方向也不相同,导致试样内部裂隙扩展;③水化学作用下,溶液经高温产生的扩展裂隙从而进一步溶蚀试样内部结构,产生的新的黏土矿物等化合物一部分黏连在裂隙中,另一部分脱落,悬浮或沉淀于溶液,赋存于裂隙中的这些矿物进一步扩充裂隙,从而导致体积增大。

图 6-13 呈现了不同 pH 值水化学溶液浸泡 30d 后的花岗岩密度随温度的关系。可见,随着加热温度的增加而花岗岩密度逐渐减少,但整体上变化不大。400℃前,密度减少较缓,400℃时,经 pH=2、3、4 的水化学溶液浸泡 30d 及遇水冷却处理花岗岩密度仅分别约仅减少 3.13%、3.47%、3.69% 及 3.50%;400℃后,密度减小率迅速增大,600℃时,各处理方式后的花岗岩试样密度分别约为 2.384g/cm³、2.406g/cm³、2.438g/cm³ 及 2.369g/cm³,较初始密度约分别减少 10.21%、9.38%、8.17% 及 10.77%。遇水冷却后的花岗岩试样其密度减小要大于经 pH=2、3、4 的水化学溶液浸泡后的花岗岩试样,且酸性越强,其密度减小越少。高温遇水冷却后的花岗岩密度减小率变化相较于经水化学溶液浸泡后的花岗岩密度减小率反而更大。

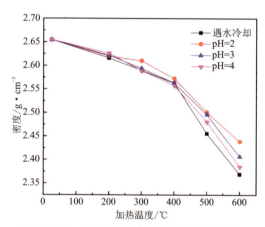

图 6-13　不同处理方式后花岗岩密度随初始岩样加热温度的变化

造成密度变化的原因可能是:①经高温及水化学溶液浸泡后,试样整体质量减少,体积由于裂缝及黏土矿物的生成等原因导致增大,从而密度整体呈现减小趋势;②遇水冷却后试样花岗岩密度减小率较大的原因可能是,经过水化学溶液溶蚀后的花岗岩试样,其中钠长石(密度为 2.61~2.64g/cm³)、钾云母等易与酸发生反应的含氧化合物,经溶蚀作用、水解作用及离子反应等产生的高岭石、胶体及其他碎屑矿物,导致经水化学溶液浸泡后的花岗岩试样密度减小相对遇水冷却后的试样密度减小不大。

二、纵波波速

对不同温度加热后以及不同水化学溶液浸泡后的花岗岩岩样,在高温炉中干燥 2h 后,利用 RSM-SY5 声波检测仪测量其纵波波速。如图 6-14 所示,遇水冷却及经 pH=2、3、4 的水化学溶液浸泡后的花岗岩试样其纵波波速值随着加热温度的升高呈现显著的减小趋势。400℃前，遇水冷却及经 pH＝2、3、4 的水化学溶液浸泡后的花岗岩试样纵波波速分别为 3478m/s、3204m/s、3311m/s 及 3417m/s，较初始波速约分别降低 33.92％、36.68％、32.41％ 及 31.66％，且高温遇水冷却后的花岗岩试样波速变化率比经过 pH＝2、3、4 的水化学溶液浸泡的花岗岩试样的波速变化率小，同时 pH 值越小，酸性越强的浸泡后，波速变化越大。400℃后，各处理方式（遇水冷却、pH＝2、3、4）的花岗岩试样波速减小率出现转点，经过水化学溶液浸泡后的花岗岩试样其波速值减小趋缓，且酸性越强，波速降低愈缓，反而经高温遇水冷却后的花岗岩试样的波速值降低得更快，600℃时，各处理方式（遇水冷却、pH＝2、3、4）的花岗岩试样的波速较初始波速约分别降低了 76.82％、59.76％、66.42％ 及 73.62％。

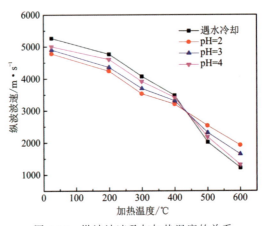

图 6-14 纵波波速及与加热温度的关系

造成波速变化的主要原因可能是：①花岗岩试样经高温处理后，内部结构遭到破坏，且经遇水冷却后，裂隙进一步扩张，影响了声波在岩石中的传播能力；②水化学溶液对岩石表面及内部中由温度造成的裂隙进行二次溶蚀，进一步扩展裂隙。400℃前，由高温造成的裂隙较少，对于波速影响的主要因素是水化学溶液的浸泡溶蚀，而这些溶蚀多集中于试样表层，钠长石等长石类溶蚀脱落，导致试样表层凹凸不平及内部少量微裂隙的二次扩展，因此 400℃前，水化学溶蚀后试样的波速降低更多。400℃后，虽然由高温造成的裂隙增多以及水溶液浸泡造成的裂隙二次溶蚀，但试验中 400℃后，经 pH＝2、3、4 水化学溶液浸泡后试样波速减小速率趋缓，这可能是此时裂隙中与酸反应产生的高岭石以及与含钙化合物等反应生成的易黏结和沉淀的物质填补了部分裂隙，从而导致经过水化学溶蚀后试样波速减小率趋缓，但整体上波速仍呈减小趋势。

三、应力-应变曲线

图 6-15—图 6-18 显示了不同高温遇水冷却及初始 pH＝2、3、4 的水化学溶液浸泡 30d 后的花岗岩的应力应变曲线。可见，各曲线整体特征基本相似。应力-应变曲线都表现出了明显的压密阶段，并且随着温度的升高以及水化学溶液酸性的增强，其压密阶段也随之增

加。压密阶段是由孔隙、裂隙闭合形成的,压密阶段变长,说明岩石中裂隙增多。尤其是 400℃后。试样压密阶段明显增加,同时酸性越大,压密阶段越长,这主要受到试样内部的微裂隙密集程度增加所致,且温度越高,酸性越强,其内部微裂隙的密集程度越高,同时也由于 H^+ 与裂隙中的易溶于酸的黏土矿物发生反应导致裂隙张度也越大。

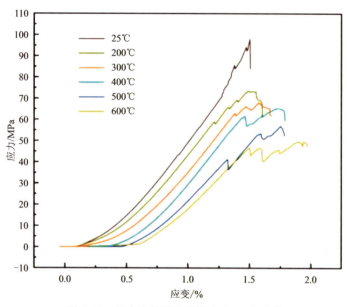

图 6-15 遇水冷却后花岗岩应力-应变曲线

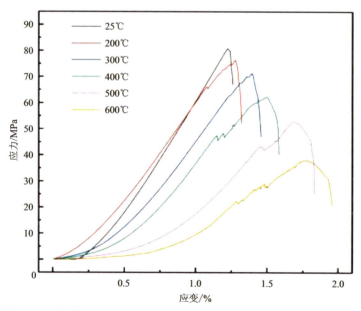

图 6-16 经初始 pH=2 的水化学溶液浸泡 30d 的花岗岩应力-应变曲线

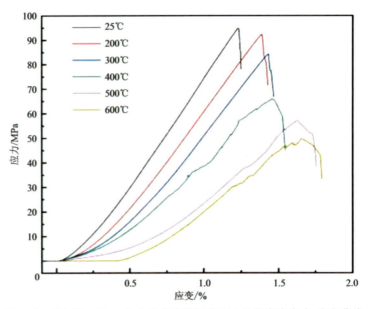

图 6-17　经初始 pH＝3 的水化学溶液浸泡 30d 的花岗岩应力-应变曲线

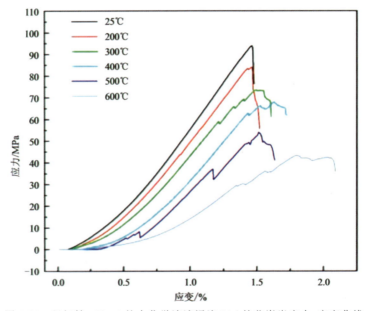

图 6-18　经初始 pH＝4 的水化学溶液浸泡 30d 的花岗岩应力-应变曲线

无论是高温遇水冷却处理还是经初始 pH＝2、3、4 的水化学溶液浸泡 30d 后的试样,都可以看出,随着加热温度的升高,其试样在应力-应变曲线中所达到的峰值应力也随之降低;25～400℃处理的试样应力-应变曲线在达到峰值应力时,应力迅速降低,应力降明显,整体上属于脆性破坏,而 400℃后,峰后曲线相对平缓,塑性特征明显。

纵向对比四种处理方式后的花岗岩试样应力-应变曲线,发现花岗岩无论是经过高温遇水处理还是经过水化学溶液的浸泡,25～400℃温度区间内,试样的应力-应变曲线整体形态基本一致,都是达到峰值应力后,应力迅速降低。说明这四种处理方式后的花岗岩此时基本都属于脆性破坏,同时也说明了此时温度对于花岗岩的力学性质的影响占主导地位。而400℃后,对比遇水冷却试样应力-应变曲线,经过水化学溶液浸泡后的试样应力-应变曲线则表现出了更多的塑性特征,说明导致试样塑性的主要原因可能是酸溶蚀导致,此时水化学溶液的溶蚀作用占主要地位。

从单一处理方式可以看出,随着温度的升高花岗岩硬度显著下降,对比各处理方式也可以看出,随着水化学酸性的增强,其试样达到破坏的峰值应力越小,所对应的峰值应变越大,塑性也增大,整体试样强度降低,同时结构更加劣化。

四、单轴压缩强度

高温遇水冷却处理和经初始 pH=2、3、4 的水化学溶液浸泡 30d 后岩样的单轴压缩强度见表6-4,其与温度的关系如图 6-19 所示。可见,无论是高温遇水冷却还是经水化学溶液溶蚀后,花岗岩峰值应力均随着温度的增加呈现出逐渐降低的趋势。600℃时,高温遇水冷却后花岗岩其峰值应力较原岩(94.84MPa)约降低 28.57%;600℃的花岗岩经 pH=2、3、4 的水化学溶液溶蚀 30d 后的峰值应力较原岩经 pH=2、3、4 的水化学溶液溶蚀 30d 的峰值应力(80.53MPa、84.08MPa、90.86MPa)约分别降低 41.44%、38.67%及 37.74%。

表6-4 不同温度花岗岩经不同方式处理后的峰值应力和弹性模量

加热温度/℃	遇水冷却		pH=2		pH=3		pH=4	
	UCS/MPa	E/GPa	UCS/MPa	E/GPa	UCS/MPa	E/GPa	UCS/MPa	E/GPa
25	94.84	88.40	80.53	74.74	84.08	77.91	90.86	83.13
200	92.27	83.52	73.32	70.30	78.23	74.74	84.08	76.76
300	85.22	76.85	68.30	64.04	71.037	68.30	77.23	71.30
400	80.93	73.04	57.27	54.57	62.15	58.57	67.04	62.89
500	72.16	61.31	55.03	48.89	59.82	51.13	62.98	55.28
600	67.75	58.17	47.16	43.10	51.57	45.92	56.57	51.04

高温遇水冷却处理后的花岗岩峰值应力曲线主要由两个阶段构成:400℃前,峰值应力随着温度的增加缓慢降低,400℃时,降幅约为 13.90%;400℃后,峰值应力随温度增加快速降低,降幅约为 21.28%。而经水化学溶液溶蚀 30d 后的花岗岩峰值应力曲线恰好与高温遇水冷却方式处理的花岗岩峰值应力曲线相反,即 400℃前,峰值应力随着温度的增加快速降低,降幅(pH=2、3、4)约分别为 28.88%、26.21%、23.08%;400℃后,峰值应力随温度增加缓慢降低,降幅(pH=2、3、4)约分别为 12.58%、12.55%及 9.52%。

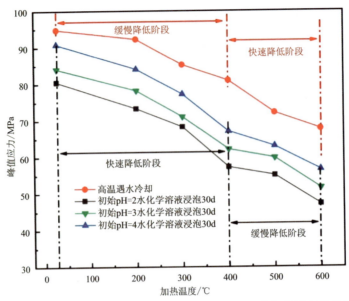

图 6-19　不同处理方式后花岗岩峰值应力随试样初始加热温度的变化

五、弹性模量

图 6-20 绘制了四种方式作用后花岗岩弹性模量随温度的关系。整体来看,弹性模量的变化情况与峰值应力类似。无论是高温遇水冷却还是经水化学溶液溶蚀后,花岗岩弹性模量均随着温度的增加呈现出逐渐降低的趋势。600℃时,高温遇水冷却后花岗岩其弹性模量较原岩(58.17MPa)约降低 34.19%;600℃的花岗岩经 pH=2、3、4 的水化学溶液溶蚀 30d 后的弹性模量较原岩经 pH=2、3、4 的水化学溶液溶蚀 30d 的弹性模量(43.10MPa、45.92MPa、51.04MPa)约分别降低 42.34%、41.06%及 38.60%。

高温遇水冷却处理后的花岗岩弹性模量曲线主要由两个阶段构成:400℃前,弹性模量随着温度的增加缓慢降低,400℃时,降幅约为 14.37%;400℃后,弹性模量随温度增加快速降低,降幅约为 18.83%;而经水化学溶液溶蚀 30d 后的花岗岩弹性模量曲线恰好与高温遇水冷却方式处理的花岗岩弹性模量曲线相反,即 400℃前,弹性模量随着温度的增加快速降低,降幅(pH=2、3、4)约分别为 26.99%、24.83%、23.34%;400℃后,弹性模量随温度增加缓慢降低,降幅(pH=2、3、4)约分别为 15.35%、16.23%及 14.26%。

六、峰值应变

如图 6-21 所示,高温遇水冷却及经水化学溶液溶蚀后的花岗岩的峰值应变的变化趋势整体上随温度增加呈现逐渐增长。600℃时,高温遇水冷却后花岗岩其峰值应变较原岩应变(1.12)约降低 24.59%;600℃的花岗岩经 pH=2、3、4 的水化学溶液溶蚀 30d 后的峰值应力较原岩经 pH=2、3、4 的水化学溶液溶蚀 30 d 的峰值应变(1.33、1.30、1.27)约分别增长 35.34%、30.77%及 27.56%,可以看出酸性大小对花岗岩的峰值应变影响随酸性强度增强而逐渐增大。

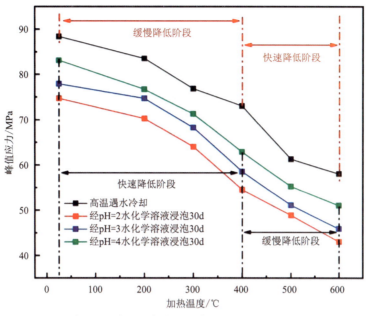

图 6-20　不同处理方式后花岗岩弹性模量随试样初始加热温度的变化

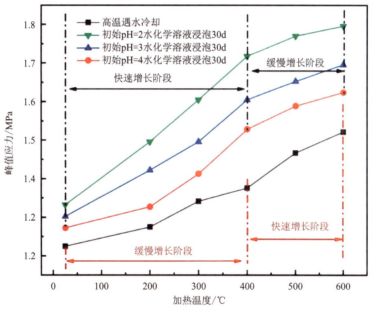

图 6-21　不同处理方式后花岗岩峰值应变随试样初始加热温度的变化

高温遇水冷却处理后的花岗岩峰值应变曲线同样主要由两个阶段构成：400℃前，峰值应变随着温度的增加缓慢增长，400℃时，增幅约为 9.30%；400℃后，峰值应变随温度增加快速增长，增幅约为 15.30%；而经水化学溶液溶蚀 30d 后的花岗岩峰值应变曲线恰好与高温遇水冷却方式处理的花岗岩峰值应变曲线相反，即 400℃前，峰值应变随着温度的增加快速增长，增幅（pH＝2、3、4）约分别为 24.32%、18.08%、15.48%；400℃后，峰值应变随温度增加快速增长,增幅(pH=2、3、4)约分别为11.58%、12.69%及13.09%;可发现酸性越大,在400℃前,峰值应变的增幅越大,400℃后,酸性越大,峰值应变的增幅越小。

七、抗拉强度

基于巴西劈裂试验测得高温遇水冷却及经水化学溶液浸泡后的花岗岩抗拉强度(表6-5),其随温度的关系如图6-22所示。可见,高温遇水冷却及水化学溶液浸泡30d后花岗岩抗拉强度均随温度的升高呈下降趋势。600℃时,高温遇水冷却后的花岗岩抗拉强度约为15.95MPa,较初始抗拉强度约降低43.38%;不同初始pH值(pH=2、3、4)的水化学溶液浸泡30d后的抗拉强度约分别降低37.61%、60.56%及57.12%。高温遇水冷却后花岗岩抗拉强度在各温度中数值均大于水化学溶液浸泡后的花岗岩抗拉强度,存在明显的分区。

表6-5 不同温度花岗岩经不同方式处理后的抗拉强度(MPa)

加热温度	遇水冷却	pH=2	pH=3	pH=4
25℃	28.17	20.93	22.67	25.72
200℃	26.75	18.51	19.77	23.25
300℃	23.12	14.82	17.43	19.95
400℃	21.79	13.24	15.73	18.63
500℃	18.27	9.55	11.63	14.32
600℃	15.95	6.78	8.94	11.03

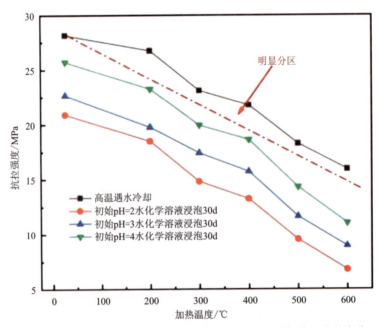

图6-22 不同处理方式后花岗岩抗拉强度随试样初始加热温度的变化

与峰值应力、弹性模量及峰值应变随温度的变化曲线不同的是,抗拉强度的改变不再具有快速下降阶段及缓慢下降阶段。只有高温遇水冷却后的花岗岩抗拉强度在 400℃前呈缓慢下降，400℃后呈快速下降，但经水化学溶液浸泡后的花岗岩抗拉强度其下降速率基本保持不变。说明由酸溶蚀导致的矿物颗粒及少量沉淀物对花岗岩的抗拉强度影响较低，在劈裂过程中矿物结晶之间的黏结力较小。

第四节 水化学作用对花岗岩损伤机理

一、损伤机理

高温遇水冷却作用使花岗岩内部产生大量微裂隙，这些微裂隙增大了酸-岩反应的接触面，导致反应进行得更加迅速而产生更多的离子或其他化合物。

酸性条件下花岗岩强度降低主要是由于其矿物成分与酸发生化学反应，破坏岩石微结构所致。花岗岩主要由长石、石英、云母构成。常温常压下，石英一般不与酸性溶液发生反应。长石和云母在酸性条件下可发生如下极缓慢的溶解、溶蚀反应，形成高岭石[$Al_2Si_2O_5(OH)_4$]和微晶石英沉淀（乔丽苹等，2007；申林方等，2010；凌斯祥等，2016）：

钠长石（$NaAlSi_3O_8$）：

$$2NaAlSi_3O_8 + 2H^+ + H_2O \rightarrow Al_2Si_2O_5(OH)_4 \downarrow + 4SiO_2 + 2Na^+ \tag{6-2}$$

$$NaAlSi3O_8 + 4H^+ \rightarrow Al^{3+} + 3SiO_2 + Na^+ \tag{6-3}$$

钾长石（$KAlSi_3O_8$）：

$$2KAlSi_3O_8 + H_2O + 2H^+ \rightarrow 2K^+ + 4SiO_2 + Al_2Si_2O_5(OH)_4 \downarrow \tag{6-4}$$

$$KAlSi_3O_8 + 4H^+ \rightarrow Al^{3+} + 3SiO_2 + K^+ \tag{6-5}$$

钙长石（$CaAl_2Si_2O_8$）：

$$CaAl_2Si_2O_8 + H_2O + 2H^+ \rightarrow Ca^+ + Al_2Si_2O_5(OH)_4 \downarrow \tag{6-6}$$

白云母：

$$KAl_3Si_3O_{10}(OH)_2 + 10H^+ \rightarrow 3Al^{3+} + 3SiO_2 + K^+ + 6H_2O \tag{6-7}$$

黑云母矿物受到富含 Mg^{2+} 的地层水作用时，Mg^{2+} 可取代晶体中的 K^+ 和 Fe^{2+} 离子，并有一定量的水进入黑云母晶格成为结构水，从而使黑云母蚀变为绿泥石，附着在矿物表面（伍英，2009）。

花岗岩中还可能含有少量方解石、白云石等碳酸盐矿物，这些矿物与酸反应已为大家所熟知，这里就不再赘述。

长石在水溶液中还可发生水解作用，生成新的黏土矿物高岭石和二氧化硅胶体：

$$KAlSi_3O_8 + 3H_2O \rightarrow Al_2Si_2O_5(OH)_4 \downarrow + 4SiO_2(aq) + 2KOH \tag{6-8}$$

根据上述化学反应分析，酸性溶液与花岗岩中的长石、云母等矿物发生水解、溶解、溶蚀等化学反应，反应后生成的离子随溶液运移、扩散而流失，岩样表面有部分颗粒脱落。在细观层面上，酸性溶液对花岗岩的腐蚀引起了矿物成分与晶体结构的变化，在矿物表面形成溶蚀孔洞，这样就削弱了矿物之间的连接，生成次生孔隙、裂隙，破坏了岩石的微结构，导致岩石宏观力学性质劣化。如图 6-23 所示,500μm 尺度下不同 pH 值硝酸浸泡 60d 后花岗岩的 SEM 微观结构图显示,矿物表面腐蚀严重,因化学反应而凹凸不平。本章试验发现 GH 花岗岩纵波波速随 pH 值减小而降低,间接说明了岩石内部微裂隙的增多(图 6-14)。溶液酸性越强,花岗岩与酸的反应就越剧烈,诱发的微裂隙就越多,对岩石结构破坏就越严重,因此岩石强度劣化越严重。

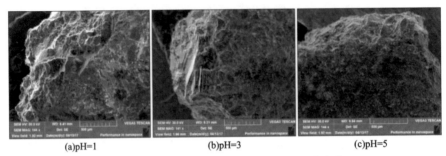

(a)pH=1　　　　　(b)pH=3　　　　　(c)pH=5

图 6-23　硝酸浸泡 60d 后花岗岩的 SEM 图(王苏然等,218)

二、水化学反应动力模型

水化学反应中主要为酸和岩石矿物之间的反应,其基本的反应式为:

$$AB + a H^+ \rightarrow A^{a+} + H_aB \tag{6-9}$$

以及矿物的溶蚀作用、水解作用、水化作用共同构成。这些作用的综合作用下导致岩石多项物理力学参数发生变化,对于 EGS 储层稳定性有一定的影响。且与高温遇水冷却相对,酸溶蚀作用对岩石强度的影响占主导地位。因此探讨 H^+ 离子的扩散能力对判断岩石强度极其关键。本书模型做如下假设:

(1)把反应过程的非稳态看作是稳态过程;
(2)在发生反应的瞬间忽略温度的变化;
(3)反应的过程,假设 H^+ 离子扩散速度为恒定常数值;
(4)各种反应对花岗岩直径改变为均匀改变;
(5)H^+ 的花岗岩中的渗透始终在同一方向,这里假设沿 x 方向。

王博(2016)基本模型以 Fick 第二定律,可得到任意时间里的 H^+ 浓度变化,因此模型简化为:

$$DC'' - vC' = \frac{\partial C}{\partial t}, C(0 < x < \infty, t > 0) \tag{6-10}$$

式中:C 为 H^+ 离子在 x 方向的浓度;C' 为 H^+ 浓度在 x 方向一次偏导;C'' 为 H^+ 浓度在 x 方向二次偏导;D 为 H^+ 在 x 方向的扩散速度,为一恒定值;v 为实际渗流速度。

边界条件:$C(x=0, t>0) = C_0, C(x=\infty, t>0) = C_0$

初始条件:$C(x \geq 0, t > 0) = C_1$

代入边界条件和初始条件求解式(6-10)得

$$C(x,t) = C_1 + \frac{C_0 - C_1}{2}\left[\text{erfc}\left(\frac{x - vt}{2\sqrt{Dt}}\right) + \exp\left(\frac{vx}{D}\right) \times \text{erfc}\left(\frac{x + vt}{2\sqrt{Dt}}\right)\right] \tag{6-11}$$

通过此模型来求解岩石内不同位置不同时间的 H^+ 浓度。假设溶蚀过程中的溶液实际渗透速度为 $1.9×10^5 m/d$(霍润科,2007),水化学溶液的初始 pH=4,则 H^+ 的初始浓度为 0.1mg/L,即可求出 H^+ 浓度在不同时间的变化曲线如图 6-24 所示。

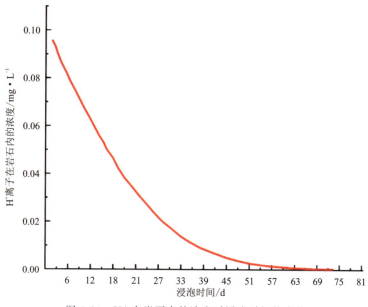

图 6-24 H^+ 在岩石内的浓度对浸泡时间的变化

三、水化学作用后岩石强度

在地热开采环境中,由于多重因素导致下使得地热水存在一定酸性,而保持地热储层的稳定性是维持地热开发的重要因素。在水化学溶液的作用下,岩石的强度劣化甚至强度丧失主要是由于 H^+ 的扩散作用以及高温作用。通过在本章第三节中讨论,花岗岩的各力学参数在酸和高温共同作用下时,酸溶蚀作用占主导因素。因此这里做出如下假设。

(1)由于高温及水化学共同作用时,水化学溶液的酸性强度占主导作用,并且试验中经水化学溶液浸泡 30d 的花岗岩也是经过高温处理的,因此在对比高温作用时效果不明显,即此假设中忽略高温对岩石强度的影响。

(2)在讨论酸性强度对岩石强度的影响中,假设单轴抗压强度与水化学溶液在岩石的浓度成正比,即满足线性关系式:

$$\sigma_c(x,t) = d - ec(x,t) \tag{6-12}$$

式中:c 为岩石内 H^+ 浓度;d、e 为线性关系中截距与系数。

初始条件和边界条件为:

$$\sigma_c(x,0) = \sigma_0 \tag{6-13}$$

$$\sigma_c(x,\infty) = \eta\sigma_0 \tag{6-14}$$

$$c(x,0) = 0 \tag{6-15}$$

$$c(x,\infty) = \sigma_0 \tag{6-16}$$

式中：σ_0 为未经过水化学溶液浸泡的单轴抗压强度；σ_c 为水化学浸泡 t 时的岩石单轴抗压强度；η 为材料影响系数（$0<\eta<1$），取花岗岩的材料影响系数为 0.65（梁源凯，2019）。

联立上式可得：

$$\frac{\sigma_c(x,t)}{\sigma_0} = 1 - (1-\eta)\frac{c(x,t)}{c_0} \tag{6-17}$$

在本次试验中，经水化学溶液浸泡的花岗岩试样均为 30d，材料影响系数为 0.65，未经水化学溶液浸泡后的单轴抗压强度为 94.84MPa，因此式（6-17）可写为：

$$\frac{\sigma_c(x,t)}{94.84} = 1 - 0.35\frac{c(x,t)}{c_0} \tag{6-18}$$

将式（6-11）代入式（6-18）即可得到任意位置与任意时间时岩石的单轴抗压强度 σ_c：

$$\sigma_c = 94.84 - 0.35\left\{C_1 + \frac{(C_0-C_1)}{2}\left[\mathrm{erfc}\left(\frac{x-vt}{2\sqrt{Dt}}\right) + \exp\left(\frac{vx}{D}\right)\cdot\mathrm{erfc}\left(\frac{x+vt}{2\sqrt{Dt}}\right)\right]\right\} \tag{6-19}$$

经过模型计算得到的不同水化学作用浸泡天数后的单轴抗压强度见表 6-6，其与时间的关系如图 6-25 所示。从图中可见，以 25℃ 花岗岩单轴抗压强度实际试验取值与理论曲线得到的 30d 时的花岗岩抗压强度值对比，相差不大，因而使用此模型可以更好地预测水化学溶液浸泡后的花岗岩其单轴抗压强度的劣化是可行的。

表 6-6 不同水化学作用浸泡天数后的单轴抗压强度理论值（MPa）

浸泡天数/d	pH=2	pH=3	pH=4
0	98.84	98.84	98.84
3	91.09	96.42	98.33
6	87.44	95.08	97.16
9	86.09	93.11	96.42
12	84.74	91.09	95.08
18	83.39	90.08	94.23
21	82.16	88.79	93.11
24	81.20	87.44	92.21
27	80.19	86.09	91.09
30	79.01	84.74	90.08

同时，发现模型的计算数值要比实际试验中的单轴抗压强度大，且水化学溶液的酸性越大，此偏差越大，其主要原因是在于模型假设，花岗岩的单轴抗压强度与 H^+ 离子在岩石内的浓度成正比及模型的假设条件导致，模型实际计算的 H^+ 离子浓度偏大，因此再带入式（6-19）中时，最终得到模型计算出的单轴抗压强度偏大，也说明此模型仍存在不足，并且在室内试验中由于对试样的大量需求，在 0~30d 里缺少部分数据对比，但整体上模型对比效果较好，可作为预测参考。

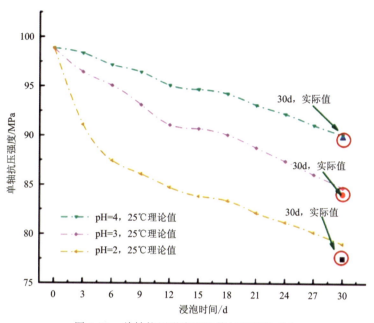

图 6-25 单轴抗压强度理论值与实际值对比

第七章　干热花岗岩可钻性研究

EGS 开发过程中,需要对深部高温岩体进行钻井作业。常规温度和压力下的破岩理论与技术已基本成熟,但随着钻井深度的增加,地应力和岩石温度都在增加,尤其是 EGS 工程,其岩石处于高温高压状态。在钻进过程中,高温原岩与钻头摩擦大量生热,钻井液不仅起到冷却钻头的作用,客观上也对孔底和孔壁岩石形成快速冷却作用。高温岩石快速冷却时,如第四章所述,温度快速下降产生热冲击作用,在岩石内诱发微裂隙的萌生与扩展,使岩石的物理力学性质劣化,必然对岩石可钻性产生影响。

岩石的可钻性是在一定钻进方法下岩石抵抗钻头破碎它的能力,反映了钻进时岩石破碎的难易程度,是合理选择钻进方式、钻头类型和设计钻进参数的依据,研究岩石(或地层)的可钻性对提高钻井效率具有重要的实际意义。岩石可钻性受岩石自身因素(矿物组成、颗粒大小与形状、粒间连接、微结构面等)、环境因素(压力、温度、液体介质等)、技术因素(钻井方法和破岩方式等)影响。由于钻头破碎岩石机理相当复杂,目前评价或预测岩石可钻性最常用的方法有两类:①开展与碎岩机理相符或相似的试验,得到反映其可钻性大小的岩石性质参数;②进行微钻或实钻试验,以钻进速度直观反映岩石可钻性大小。为了研究 EGS 钻进过程中干热岩的可钻性,课题组同时采用这两类方法开展研究,以高温遇水冷却作用模拟钻井液对干热岩的热冲击,其抗压强度和抗拉强度已在第三章进行了研究。本章是课题组开展第二类方法进行的相关试验与理论研究成果,通过对不同高温(150~600℃)遇水冷却后花岗岩进行摩擦磨损试验、压入硬度试验与室内微钻试验,研究干热花岗岩在 EGS 钻进工况下的可钻性,为 EGS 工程钻井设计提供理论参考与设计依据。

第一节　试验概况

本章试验所用岩石为 NA 花岗岩,其岩性及基本物理力学性质见第三章第一节。试验时,首先对 NA 花岗岩进行高温(150℃、300℃、400℃、500℃、600℃)遇水冷却作用,作用后岩石外观有一定变化(图 7-1),岩石表面逐渐由灰白色向淡肉红色转变,原因为花岗岩中的铁镁质矿物在高温作用下加速被氧化。然后测量其纵波波速、单轴抗压强度和抗拉强度,具体试验过程和所用试验设备与第四章第一节相同,这里不再赘述。纵波波速测量和单轴压缩试验均采用 $\phi 50mm \times 100mm$ 圆柱体岩样,而巴西劈裂试验采用 $\phi 50mm \times 33mm$ 圆盘岩样。

在此基础上,对不同高温遇水冷却后 NA 花岗岩开展摩擦磨损试验、微钻试验和压入硬度试验,以研究 EGS 钻进工况(高温遇水冷却)对花岗岩可钻性的影响。摩擦磨损试验所用岩样为 100mm×100mm×100mm 的立方体,微钻试验所用岩样为 200mm×100mm×100mm 的立方体,而压痕硬度试验所用试样为 $\phi 50mm×50mm$ 的圆柱体。

(a)单轴压缩试验;(b)巴西劈裂试验;(c)微钻试验;(d)压入硬度试验;(e)摩擦磨损试验。

图 7-1　不同试验中使用的 SZ 花岗岩试样

一、摩擦磨损试验

为探究原始花岗岩与经过快速冷却的不同温度花岗岩的研磨性大小,从而为 EGS 工况下岩石可钻性提供参考指标与辅助评判,我们对不同高温遇水冷却后花岗岩开展摩擦磨损试验。因为本研究微钻试验所采用的电镀钻头胎体基本成分为金属镍,故本试验所用的对磨件为一个表面镀有金属镍的圆柱形磨头。通过固定接触压力与转速使对磨件和岩样对磨,以对磨件及岩样的失重大小作为评价其研磨性与抗研磨性的主要依据。

1.胎体与岩石摩擦磨损特征与机理

胎体与岩石属于两个相对滑动的固体表面,两者间的磨损是相互接触运动时表层材料不断损伤的过程。磨损一般分为四个类型:磨粒磨损、黏着磨损、表面疲劳磨损和腐蚀磨损。

1)磨粒磨损

磨粒磨损是一种由外界硬质颗粒或硬表面的微峰在摩擦副对偶表面相对运动过程中引起表面擦伤与表面材料脱落的现象。磨粒磨损作用时,硬质颗粒或微峰上的作用力可以分解为两部分:垂直分力和水平分力,两者的作用不同,垂直分力负责把硬质颗粒压入两对偶表面,水平分力使硬质颗粒或硬表面的微峰与对偶表面产生相对运动,在两种力的共同作用下,材料被切削下来,若材料较软,则表面产生塑性变形导致犁沟现象的发生。这种磨损形式存在多种磨损机制,磨损条件发生变化时,可从一种机制转化为另一种机制。

2)黏着磨损

在法向正压力作用下,相对滑动接触的两物体表面会发生相互的啮合或嵌入,从而使对磨副中硬度较小的一面先发生磨损,这种现象称为黏着磨损。两物体摩擦过程中,不断产生摩擦热,使得摩擦面温度升高,物体表层抗剪强度下降且表面上发生黏附、燥合、连接的区域面积增大,表面形成点状黏附物。黏附点在相对运动过程中受到剪切而从基体上脱落,转移到另一基体表面,有时还会发生反黏附,即被黏附到另一基体表面的材料又会从新黏附到原来的表面上。黏着磨损的产物通常呈小颗粒状。

3)表面疲劳磨损

表面疲劳磨损又称接触疲劳磨损,是一种最普遍的磨损形式,是指在循环载荷作用下,材料表层磨擦生热以及弹性和塑性变形,导致材料表层发生疲劳,可观察到显微裂纹。若裂纹持续扩展成片时,裂纹上的材料就会从表面脱落的现象。一般来说,接触疲劳磨损是不可避免的。对于固体润滑剂增强复合材料而言,固体润滑膜的损坏就属于接触疲劳磨损。

4)腐蚀磨损

腐蚀磨损是指摩擦副对偶表面在相对滑动过程中,表面材料与周围介质发生化学或电化学反应,并伴随机械作用而引起的材料损失现象。腐蚀磨损的发生过程就是两物体表面产生摩擦时,表层材料在化学作用或者电化学作用下转化为腐蚀产物,这些产物往往和基体黏附不牢固,在摩擦过程中从基体上脱落,新的表面出露并且继续被腐蚀。按照腐蚀介质可分为氧化物、强酸碱或特殊介质腐蚀磨损;按腐蚀原理则有化学腐蚀磨损与电化学腐蚀磨损。腐蚀磨损发生时往往会有好几种磨损机理存在,各种机理之间还存在着复杂的相互作用。

在摩擦磨损发生的整个过程中,往往会有多种磨损形式存在,各种磨损机理之间相互作用,有时也会从一种磨损形式转化为另外一种。对于金属摩擦副的磨损,在摩擦过程开始阶段较容易发生黏着磨损,有腐蚀介质存在时则先发生腐蚀磨损;在摩擦持续一段时间后,摩擦副间产生的磨屑具有磨粒性质,使表面会出现磨粒磨损,甚至是还有其他形式的磨损接替出现或转换。

本次以金属对磨件与岩石的磨损实验,主要的磨损形式为起始时出现的黏着磨损与大部分时间内存在的磨粒磨损,且以磨粒磨损为主,因而岩石本身的力学与结构属性必然是其表现出的研磨性不同的内在原因。

2. 对磨件电镀试验过程

1)电镀原理

电镀是一种电化学过程,同时也是一种氧化还原过程,是目前在基体表面上获得金属层的一种主要方法。电镀的装置主要由阳极、阴极与镀液三部分构成(图 7-2)。经过镀前处理的被镀件与直流电源负极相连组成阴极,金属基体与直流电源的正极相连组成阳极,镀槽里的镀液中含有要镀金属的离子,这些金属离子以水合离子或络合离子的形式存在。接通直流电源后,在电场力作用下,镀液中的金属离子便从镀液中移动到阴极镀件表面,获得电子被还原成金属原子,结晶沉积形成镀层。

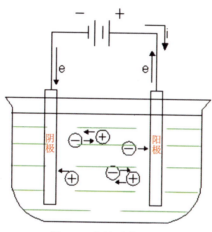

图 7-2　电镀基本原理

本试验为获得金属镍层,采用在硫酸镍电镀溶液中镀镍的方法,阳极为镍棒,金属镍失电子氧化为镍离子并进入溶液;阴极为待镀的基体,镍离子在阴极上得到电子还原为金属镍。阴极的反应式为:

$$Ni^{2+} + 2e \rightarrow Ni \tag{7-1}$$

还有氢离子还原为氢的副反应:

$$2H^+ + 2e \rightarrow H_2 \uparrow \tag{7-2}$$

在电镀过程中应通过调整镀液的初始 pH 值尽量减少这类副反应。

阳极的反应式为:

$$Ni - 2e \rightarrow Ni^{2+} \tag{7-3}$$

有时还有以下副反应:

$$4OH^- \rightarrow 2H_2O + O_2 \uparrow + 4e \tag{7-4}$$

本试验采用的电镀液由硫酸镍、硼酸、氯化钠和氢氧化钠组成。

硫酸镍($NiSO_4$)是电镀液的主盐,提供镍离子。虽然氯化镍溶液具有较好的导电性和覆盖能力,但较高的氯离子会增大镀层的内应力,成本也较高,因此一般采用硫酸镍。硼酸(H_3BO_3)作为一种缓冲剂,用来稳定电镀液的 pH 值。在镀镍过程中,镀液的 pH 值必须保持在一定的范围内。pH 值过低,H^+ 易于放电,降低镀镍的电流效率,镀层较易产生针孔;pH 值过高,镀液浑浊,阴极附近的金属离子会以氢氧化物的形式沉积,使镀层的机械性能降低。硼酸的添加量一般为 30~35g/L。氯化钠(NaCl)中的氯离子是阳极活化剂,防止阳极钝化。当阳极钝化时,阳极镍的颜色由浅色变成深色,同时,镍的溶解电位升高,深色的氧化镍膜使镍阳极不再溶解,电解液中的金属离子得不到阳极溶解的补充而迅速减少,电解液的 pH 值会很快下降,最终导致阴极电流效率降低,镀层的质量下降。因此为了防止阳极钝化,添加氯化物必不可少。氢氧化钠(NaOH)也是用于调节溶液 pH 值。电镀过程的电路图如图 7-3 所示。

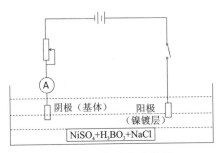

图 7-3　电镀过程电路图

2)电镀试验步骤

进行电镀金属镍以制备对磨件的步骤如下:

(1)确定配方。根据氧化还原反应的总化学式计算电镀液中各组分的比例并按照溶液总体积确定各组分质量。本次试验所采用的电镀液配方如表 7-1 所示。

表 7-1　电镀液配方

化学物质	电镀液中含量/g·L^{-1}
$NiSO_4 \cdot 7H_2O$	200.0
NaCl	15.0
H_3BO_3	35.0
NaOH	调整 pH=4

(2)配置镀液。准确称量各化学成分($NiSO_4 \cdot 7H_2O$,H_3BO_3,NaCl)并依次完全溶解于蒸馏水中,以 pH 值计测其 pH 值并使用 NaOH 溶液调节其 pH 值为 4,配置得到所需电镀液(图 7-4)。

(3)处理待镀件。对待镀的金属件(图 7-5)进行打磨以去除表面硬化层、氧化层等,用 400 目的砂纸将施镀表面打磨平整,然后再用 1 号金相砂纸打磨,使镀件表面光滑;用绝缘胶带把圆柱体和导线包裹在一起并绝缘除施镀表面之外的部分。使用硅整流设备进行 4 分钟除油处理,以去除待镀件表面的油污。

(4)进行电镀。按照图 7-3 所示连接电路,并将镀液整体放入恒温水浴锅使其温度恒定为 30℃,根据电流密度公式确定电流密度即可得到电镀电流,调整电流至设置值并恒定,开始电镀。24h 后关闭电源,将镀样取出。

电镀所得的对磨件其一端已有厚度约 0.8mm 的金属镍层(图 7-6),此端平面即为与岩样对磨的平面。

图 7-4　所配置电镀液　　　图 7-5　处理前待镀件　　　图 7-6　电镀完成的对磨件

3. 摩擦磨损试验过程

本次研究的摩擦磨损试验利用 MG-2000A 摩擦磨损试验机(图 7-7),通过加压将对磨件与岩石样接触并摩擦旋转,待测样与岩石同时磨损,通过比较相同参数下试样磨损质量的大小来表征耐磨性能。分别对室温及高温(150℃、300℃、400℃、500℃、600℃)遇水快速冷却的各岩样进行摩擦磨损试验,每次试验的步骤如下:

(1)称量对磨件与岩样质量。由于对磨件质量较小且在试验中失重的数值为毫克级,用高精度电子天平称量其试验前质量;而岩样质量为千克级,使用精度为 0.01g 的电子秤进行称量。记录以上各质量。

(2)固定岩样及安装对磨件。将岩样固定于摩擦磨损试验机下部旋转承台上[图 7-7(a)],并将对磨件安装于上部固定槽中[图 7-7(b)],完全拧紧并检查确认。放置加压砝码,每次试验施加给对磨双方的压力值为 400N。

(a)岩样固定方式　　　　　　　　(b)对磨件固定方式

图 7-7　岩样与对磨件固定方式

(3)接触并开始对磨。转动升降转轮调整岩样的位置,从接触位移量表盘观察对磨双方挤压接触的位移大小,控制每次的位移量为0.25mm,接通电源并拨下离合扳手,在试验控制软件上设置试验时间、压力值、摩擦半径等参数(图7-8),点击"运行"即可开始摩擦磨损试验,此时下部托盘控制岩样旋转而上部对磨件保持静止以实现对磨。观察控制箱显示的实时转速并手动微调,使转速恒定于200r/min。摩擦过程中需不停向摩擦接触面喷水,防止温度过高及表面太干燥影响试验进行。

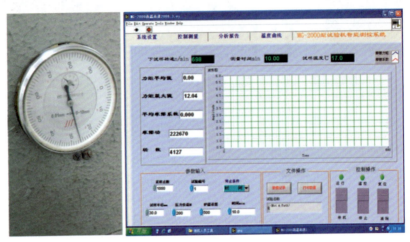

图7-8 控制软件界面

(4)烘干并称量。当试验达到预设时间时设备自动停止运行,取下岩样及对磨件,将对磨件表面岩粉完全清洗干净,使用烘干箱将对磨件完全烘干后称其质量并记录。将岩样晾干后亦称其质量并记录。

二、微钻试验

为了直观衡量经过不同高温快速冷却的岩石的可钻性大小及其与加热温度间的关系,开展室内微钻试验十分必要。微钻试验是采用微型设备和工具,在室内进行模拟试验,用微钻速来反映某一钻进条件和技术的综合指标。开展微钻试验时,需合理选用钻头,采用相同钻头、相同钻进参数与规程对岩样进行完整一回次的钻进,以一回次中平均钻进速度作为衡量其可钻性大小的直观指标,以得到岩石的可钻性。

1. 钻头选择

目前在实际生产作业中,广泛用于钻进花岗岩等坚硬岩石的钻头类型为金刚石钻头,同时在干热岩等深部高温岩体钻进中绝大部分使用孕镶金刚石取芯钻头(吴海东,2017)。但迄今为止,国内外尚未建立一种能被广泛认可的、确定金刚石钻进岩石可钻性及其分级的方法,这就为室内试验提出了自主选择金刚石钻头的要求。钻进工作中最常用到的是表镶与孕镶金刚石钻头,在油气钻井和其他大口径钻进中常采用PDC钻头。由于表镶钻头在不同回次钻进不同岩样中难以保持出刃情况的一致,无法使不同回次的钻进条件一致,且表镶钻头造价较高,本研究经综合考虑后选取孕镶金刚石钻头进行试验。孕镶金刚石粒度与胎体硬度和研磨性的关系如表 7-2 和表 7-3 所示。试验前采取了热压与电镀两种孕镶金刚石钻头进行试钻。

表 7-2　孕镶钻头所用金刚石粒度表(鄢泰宁等,2001)

粒度(目)	人造	>46	46~60	60~80	80~100
	天然	20~30	30~40	40~60	60~80
岩层		中硬—硬		硬—坚硬	

表 7-3　孕镶钻头的胎体硬度和耐磨性所适应岩层(鄢泰宁等,2001)

代号	级别	胎体硬度	耐磨性	适应岩层
1	软	20~30	低	坚硬弱研磨性岩层
			中	坚硬中等研磨性岩层
2	中软	30~35	低	硬的弱研磨性岩层
			中	硬的中等研磨性岩层
3	中硬	35~40	中	中硬的中等研磨性岩层
			高	中硬的强研磨性岩层
4	硬	40~50	高	硬的强研磨性岩层

1)热压金刚石钻头

热压金刚石钻头是热压法制造的金刚石钻头。热压法是粉末冶金法的一种,将组装于钻头模具内的金刚石和胎体粉末的压制与烧结合并在同一过程中进行,从而使胎体粉末的可塑性得到改善,增强了粉末的流动过程,有利于液相生成并加速粉末的致密化过程,以达到所需的胎体密度和给定的钻头外形尺寸。热压钻头具有金刚石排布均匀的优点,可以完全保证同等钻进规程下其磨削条件一致的原则,但其试验室条件下出刃相对更难。

本研究采用中国地质大学(武汉)工程学院金刚石工具课题组自行设计并制作的热压金刚石钻头(图 7-9)进行试钻。该钻头金刚石为螺旋排列方式,采取 4 个直水口设计,内外径分别为 34.5mm、40.5mm,金刚石粒度为 45/50 粒/ct。试钻效果如图 7-10 所示。

图 7-9　热压金刚石钻头　　图 7-10　热压钻头试钻效果

由于热压钻头在室内平稳的钻进条件下钻进时出刃相对困难,试钻时的钻进效果并不理想。在钻进未经加热的原岩时,钻头出刃困难,回转磨削约五分钟无明显进尺(图 7-10)。这主要是因为在室内条件下钻进条件较为平稳,原岩不同于实际工况下的井底岩石,缺少磨损胎体的碎屑及颗粒,使得钻头出刃困难,所以较长时间内无明显进尺。

2) 电镀金刚石钻头

电镀金刚石钻头原理,使沉积金属(合金)将金刚石颗粒包镶在钻头钢体上,形成牢固耐磨的胎体而制成的钻头。整个钻头制作过程是在低温条件下进行的,对金刚石无热损伤作用,保持了金刚石的原始强度,有利于充分发挥人造金刚石的特性;且可通过调节镀液成分和控制制造工艺,改变沉积金属层(胎体)组分,调整钻头的工作性能,有利于提高钻头的适应性和综合性能。但相对于热压钻头,电镀钻头的金刚石随机排布,只能近似认为其金刚石颗粒均匀排布,其钻探条件的一致性不及热压钻头严格。

本研究采用地大长江钻头有限公司的薄壁电镀钻头(图 7-11)进行试钻,该钻头内外径分别为 38mm 与 44mm,金刚石粒度 46 目,胎体为电镀镍金属,硬度为 26,采用 6 水口设计。经过试钻,在室内条件下该钻头出刃良好,在一个回次中可以稳定钻进。

综合考虑这两种孕镶金刚石钻头的性能与试钻效果,本研究选用了薄壁电镀金刚石钻头开展室内微钻试验。

2. 试验方法

本研究使用中国地质大学(武汉)自主研发的 WL200L 型微钻试验台开展微钻试验。如图 7-12 所示,该试验台具有数字自动操控台,可以控制钻进过程中各个钻进规程参数,如转速、钻压等。岩样尺寸为 100mm×100mm×200mm 的长方体,钻进规程参数需设置钻头钻速、钻压、注水速率、一回次进尺等,具体见表 7-4。

图 7-11 薄壁电镀钻头

图 7-12 WL200L 型微钻试验台

表 7-4 微钻试验钻进规程参数

钻进规程参数	钻头线速度/ m·s^{-1}	钻头转速/ r·min^{-1}	钻头唇面压强/ MPa^{-1}	钻压/ kg·cm^{-2}	注水速率/ L·min^{-1}	一回次进尺/ cm
	1.0	1000	9.0	29.0	20	13~14

试验操作流程如下。

(1)摆放与固定岩样:将准备好的花岗岩岩样装入圆形岩样锅中,调整好位置,用扳手拧紧均布在岩样锅四周的 8 个紧固螺栓,若螺栓长度不够无法确保岩样稳定,可配合木块进行调整固定,确保岩样在钻进过程中保持稳定,岩样固定形式如图 7-13 所示。

图 7-13 岩样固定形式

(2)安装钻头:将钻头与主动钻杆相连,再将主动钻杆连接到立轴上,用管钳夹拧紧,直至确认主动钻杆可通过立轴与上方电机转盘一同转动,安装步骤完成。

(3)开机检查与通水电:岩样与钻头安装完成后,检查电机转盘有无插入异物,确认后打开微钻试验台的总电源和水阀开关,提前给水避免干钻。

(4)稳定转速:将转速表安放在钻机顶端的回转测速电机上,在控制台上按下电机开动按钮,调节转速大小使转速表指针指向 1000。

(5)加压钻进与稳定钻压:确定钻机正常,转速稳定后,在控制台上打开油阀开关给油,根据仪表示数稳步增大油阀压力至预定值。

(6)持续钻进:根据返上来的泥浆浓稠调节水量大小。泥浆较稀时,要适当减小水量,以免岩屑全部被冲走,如果钻头唇面缺少岩屑的研磨将导致金刚石难以出刃;泥浆较稠时,要适量增加水量,以免因"烧钻"现象大幅降低钻进时效和寿命。

(7)记录从唇面接触岩样开始到关闭油阀开关停止给进的时间,作为一个回次进尺的耗时。进尺完成后,倒杆提钻,关水关电,卸钻头,换岩样重复以上 6 步,作为下一个回次的钻进。

三、压入硬度试验

钻井时岩石的破碎过程是非常复杂的,钻头破碎工具的形状是多种多样的,破碎载荷不是静载而是动载,并且破碎载荷的大小及方向都随时间而改变。对这样复杂的问题,要完全从纯理论上进行分析几乎不可能。因此,人们设法对实际井底的情况进行适当的模拟,在室内研究岩石的破碎作用和影响因素。用压入法测定岩石的硬度和塑性系数时,由于压头压入时岩石的破碎特点,与钻进时岩石破碎过程具有一定的相似性,所以用压入法所测得的岩石力学特性在一定程度上能反映钻井时岩石抗破碎的能力。

本研究采用 HYYB 岩石压入硬度计(图 7-14)进行试验,该仪器操作模式为手动控制油阀控制升降速率,可实现加载时的无级变速。该仪器主要用于测定岩石的硬度和塑性系数,并可自动绘制载荷－吃深曲线(变形曲线)。在压入硬度试验中,所有岩石的压入试验变形曲线可以分为三种类型(图 7-15)。

图 7-14　HYYB 岩石压入硬度计

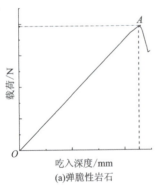
(a)弹脆性岩石

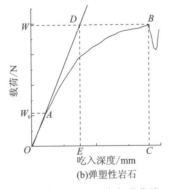
(b)弹塑性岩石

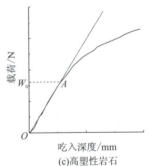
(c)高塑性岩石

图 7-15　岩石压入试验变形曲线

变形曲线的纵坐标为压头所加的载荷,横坐标为吃入深度,三种类型的曲线分别对应三大类岩石,即弹脆性岩石、弹塑性岩石和高塑性岩石。岩石的硬度指岩石抵抗其他物体压入的破碎强度,即在压头压入岩石后,岩石产生第一次体积破碎时接触面上单位面积的载荷。在压入试验中其硬度 P_y 用下式计算:

$$P_y = \frac{P}{S} \tag{7-5}$$

式中:P 为产生脆性破碎时压头的载荷,N;S 为压头的面积,mm^2。

岩石的塑性系数 K_p 是指岩石在压头压入后,岩石产生第一次体积破碎时破碎消耗的总功 A_F 与弹性变形功 A_E 的比值。如图 7-15 所示,对于弹脆性岩石,$A_F = A_E$,$K_p = 1$;对于高塑性岩石,$K_p \to \infty$;对于弹塑性岩石,塑性系数 K_p 用下式计算:

$$K_p = \frac{A_F}{A_E} = \frac{S_{OABC}}{S_{ODE}} \tag{7-6}$$

其中曲边形 $OABC$ 的面积介于梯形 $ODBC$ 和三角形 OBC 面积之间,故可近似等于两者之平均值:

$$S_{OABC} \approx (S_{OBC} + S_{ODBC})/2 \tag{7-7}$$

试验岩样采用 ϕ50mm×50mm 的圆柱形。试验时每个温度的岩样在中心与四周选取多个点位进行压入试验,得到各温度岩样压入硬度、塑性系数及变形曲线。试验过程如下:

(1)将岩样放置于承台上,调整位置使上部压头可以准确压至预设点位(图 7-16)。

(2)启动数据处理软件(图 7-17)并设置试验编号与样品尺寸,开启压入设备开关,手动缓缓旋转油阀使岩样缓缓上升至刚好与压头接触。

图 7-16 岩样放置形式

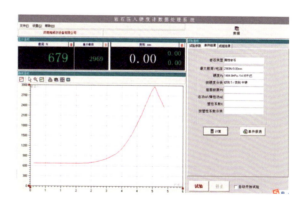

图 7-17 数据处理软件

(3)点击软件中的"试验"并匀速转动油阀使压头匀速压入岩石,当岩石突然出现较大声响,产生区域破碎时,试验自动终止,保存软件自动读取的相关数据与图线并导出。

第二节 试验结果与分析

本章对不同高温遇水冷却后 NA 花岗岩开展试验,获得的物理力学性质有:纵波波速

(V_p)、单轴抗压强度(UCS)、抗拉强度(σ_t)、微钻平均钻速(V_d)、压入硬度(I_H)、塑性指数(K_p)、岩样质量损失量(L_r)和对磨件质量损失量(L_g),具体数据见表7-5。

表7-5 高温遇水冷却后NA花岗岩试验数据

T/℃	编号	V_p/m·s^{-1}	UCS/MPa	σ_t/MPa	V_d/m·s^{-1}	I_H/MPa	K_p	L_r/g	L_g/mg
20*	1-0-1	4167	163.69	10.31	1.20	2471.34	1.07	1.53	12.7
	1-0-2	4000	156.69	11.42	1.03	2351.60	1.13	1.32	13.1
	1-0-3	4167	166.86	10.46	1.20	2882.50	0.96	1.52	11.3
150	1-1-1	3101	129.74	9.67	1.29	2068.79	1.21	1.70	14.5
	1-1-2	2964	136.84	9.10	1.24	2169.90	1.22	1.99	15.1
	1-1-3	2711	133.45	8.95	1.39	1900.50	1.31	1.68	13.0
300	1-2-1	2179	118.88	7.23	1.47	1829.30	1.37	2.13	14.7
	1-2-2	2091	115.33	7.07	1.72	1685.60	1.43	2.26	15.4
	1-2-3	1991	121.28	8.32	1.40	1982.30	1.28	2.33	16.2
400	1-3-1	2016	109.33	6.79	1.78	1543.95	1.73	2.72	16.0
	1-3-2	1934	104.22	7.11	1.72	1410.90	1.79	2.82	18.8
	1-3-3	1827	101.54	7.37	1.58	1677.20	1.58	3.15	17.7
500	1-4-1	1224	82.71	5.33	2.39	1533.76	1.90	3.97	18.6
	1-4-2	1193	92.34	5.19	2.20	1399.70	2.03	4.33	19.0
	1-4-3	1155	100.64	5.20	1.91	1302.90	1.81	4.18	21.0
600	1-5-1	691	39.90	3.13	3.07	749.04	2.34	—	—
	1-5-2	628	48.76	2.31	3.51	944.60	2.25	—	—
	1-5-3	565	42.33	3.14	2.88	921.20	2.49	—	—

注:" * "代表常温状态。

一、常规力学试验结果

常规力学参数可作为基本可钻性指标。不同高温遇水冷却后NA花岗岩纵波波速(V_p)、单轴抗压强度(UCS)和抗拉强度(σ_t)随温度变的关系见图7-18。如图所示,V_p、UCS和σ_t的平均值均随温度近线性降低。当温度高于500℃时,常规物理力学参数的平均值降低得更快,这与573℃时石英晶体的$\alpha\text{-}\beta$相变有关。当加热温度升高到600℃时,V_p、UCS和σ_t的平均值较初始状态下的分别下降84.9%、66.2%和73.3%。

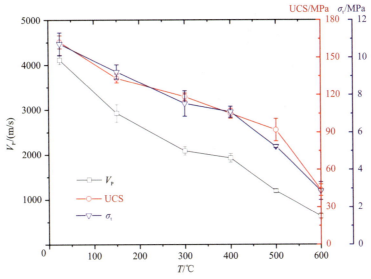

图 7-18　高温遇水冷却后 NA 花岗岩纵波波速、力学参数与温度的关系

二、摩擦磨损试验结果

图 7-19 显示了各高温遇水冷却后岩样经摩擦磨损试验后的形态。从图中可见,室温至 500℃的岩样经过与对磨件对磨后的岩样表面出现明显的圆圈状摩擦痕迹,系由于岩石表面部分微小颗粒被研磨脱落所致。600℃岩样与对磨件压紧后启动试验机岩样无法正常旋转,后采取先使岩样旋转再逐渐施加接触压力的方式开展试验;但在对磨件逐渐挤压岩样的过程中,岩石突然崩裂并在较大的线速度作用下分解成小块岩石甩出(图 7-20),试验无法正常进行。第三章与第四章的试验研究已表明经过 600℃高温后不论自然冷却还是遇水快速冷却的花岗岩,其内部已大量生成微裂隙,甚至岩样表面都出现肉眼可见的裂纹,单轴压缩下的抗压强度大幅降低且应力-应变曲线也显示出明显的塑性特征。因此,对 600℃岩样进行摩擦磨损试验,当对磨件以较大压力与之接触时就会使岩石表面破碎并压入,这使得岩样旋转出现困难,在旋转过程中对磨件对其施加压力,形成体积压碎与切向切削的同时作用,在压入点附件产生显著的应力集中,极大的应力使岩石内部本已较为丰富的裂隙扩张、贯通,最终形成了不规则的爆裂式破坏。

图 7-19　摩擦磨损试验后各温度岩样形态

图 7-20　600℃岩样崩坏后形态与脱落的碎块

试验后岩样与对磨件的质量损失与岩石冷却前所加温度的关系如图 7-21 所示。从图中可以看出,高温岩石快速冷却作用对其研磨性有着显著影响,随着所加温度的增大,岩石对胎体的磨损量及自身失重都不断增大。

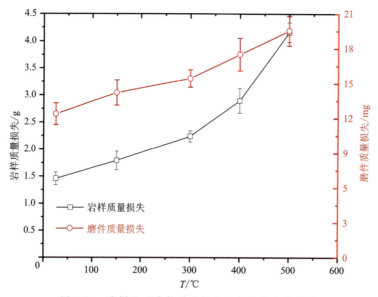

图 7-21　岩样和对磨件质量损失与加热温度的关系

岩石磨损方面,岩石的质量损失随温度升高呈越来越快的趋势。由于试验在常温下进行且所用胎体中不含金刚石颗粒,可认为胎体在研磨不同岩样时性质保持不变。这表明岩石随冷却前温度的增大其抵抗研磨的能力不断减小。高温遇水冷却对岩石起到加剧结构破坏、增大表面粗糙程度的作用,加热温度越高该作用越显著,从而使研磨接触表面的微小矿物颗粒越来越容易脱落,岩石的抗研磨性质加速减小。

胎体磨损方面,对磨件质量损失随温度一直呈上升趋势,表明岩石随冷却前温度增大其对均质物体的研磨性增大。这主要是由于温度达到一定阈值后岩石本来具有的微弱破碎开始发展,同时快速冷却作用在岩石内形成的热冲击作用进一步加大了表面与内部破碎的发展,这两种作用共同使岩石同胎体的接触区粗糙度快速增加,从而必然导致胎体的磨损量增大。在温度小于 300℃时,岩石对胎体的磨损量随温度升高相对增加较缓,其中由室温至

150℃区间胎体失重增速为6%,而150℃至300℃区间这一增加比例为5%,主要原因仍然是加热过程中矿物的体积膨胀一定程度地减缓了热冲击对岩石结构破坏的发展速率。而300℃之后胎体的磨损质量加速上升,表明岩体裂隙加速发育,结构稳定程度变弱,更加松散,石英等易于脱离的颗粒增多使得岩石的研磨性加速上升,而600℃岩样在研磨开始后快速分崩离析更是这一作用的佐证。

三、微钻试验结果

微钻试验的钻速可以直接反映岩石的可钻性。试验中,从室温到600℃六种温度均可稳定钻进,但钻进的难易程度有明显差异。未经加热的岩样钻进时进尺最为缓慢且钻头切削周围无明显的碎块掉落,且采取的岩心较为完整。温度越大的岩样进尺越快,500℃与600℃岩样钻进时沿切削边缘有明显的碎块剥落,钻进结束后600℃岩样的钻孔周围岩壁塑性显著,岩壁出现大块的崩断,附着有大量粗颗粒状碎屑,且这两组岩样所取岩心出现断裂(图7-22)。钻进速度与冷却前岩样温度关系如图7-23所示。

图7-22 实验后岩样特征

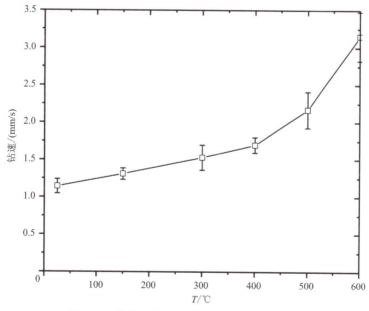

图7-23 微钻试验平均钻速随温度变化的关系

总的来说,平均钻进速度随着温度的升高而增大,且变化率也逐渐增大(图7-23),尤其是400℃后,平均钻速与温度曲线明显变陡。如图7-22所示,当温度低于400℃时,岩芯完整性良好,但在500℃以上的微钻试验过程中,岩芯破碎,小碎片从钻孔中脱落,甚至在600℃时发生坍塌。这表明在高温遇水快速冷却的作用下,岩石的可钻性随加热温度的增大而加速增大。主要是由于高温一定程度对岩石的结构产生破坏,同时快速冷却作用产生的热冲击也大大加剧了岩石结构破坏的程度,这两种作用使得岩石的硬度、耐磨性与强度加速降低,增大了其可钻性。

四、压入硬度试验结果

不同温度下遇水冷却后NA花岗岩试样载荷-压痕深度曲线如图7-24所示。可见,随着温度的升高,压痕点处的峰值载荷逐渐减小,峰前阶段的斜率也逐渐减小,表明载荷-压痕深度曲线随温度的升高由脆性向延性转变。在600℃时,屈服阶段有明显的屈服平台,表现出明显的塑性特征。

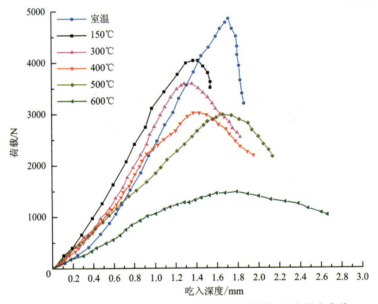

图7-24 不同温度遇水冷却后岩石压入试验荷载-压痕深度曲线

图7-25显示了不同温度下遇水冷却后NA花岗岩试样压入硬度和塑性系数随温度的变化关系。从图中可见,压入硬度I_H与塑性系数K_p随岩石加热温度升高的变化规律:随温度升高,硬度近线性减小、塑性系数近线性增加。I_H和K_p在500℃到600℃之间较500℃以内的变化幅度较大,与常规力学性能的变化趋势一致。

根据岩石级别与类别对照定量分级标准(表7-6、表7-7),按平均压入硬度进行分级,高温遇水冷却后NA花岗岩的级别变为硬(<150℃)、中硬(300~500℃)和中软(600℃)。

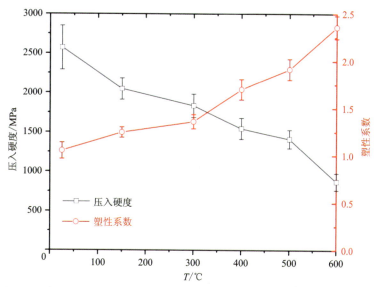

图 7-25　高温遇水冷却后 NA 花岗岩压入硬度、塑性系数与加热温度的关系

表 7-6　岩石按压入硬度的分类标准（鄢泰宁等，2001）

类别	软		中软		中硬		硬		坚硬		极硬	
级别	1	2	3	4	5	6	7	8	9	10	11	12
压入硬度/100MPa	≤1	1~2.5	2.5~5	5~10	10~15	15~20	20~30	30~40	40~50	50~60	60~70	>70

表 7-7　高温遇水冷却后 NA 花岗岩岩石分级

	室温	150℃	300℃	400℃	500℃	600℃
压入硬度均值/MPa	2 568.5	2 046.4	1 832.4	1 544.0	1 412.1	871.6
硬度级别	7	7	6	6	5	4
岩石类别	硬	硬	中硬	中硬	中硬	中软

五、可钻性指标归一化分析

力学参数和钻井参数都可以作为可钻性指标，岩石的可钻性可以通过这些参数来反映。为了直观比较这些指标随温度的变化趋势，本书对这些参数进行归一化处理，即将热处理目标温度下的参数值除以室温下的参数值，该比值即为归一值。

图 7-26 给出了本章所测参数归一值随温度变化关系。从图中可以清晰地看出，随着热温度的升高，力学参数（如 V_p、UCS 和 σ_t）和钻速的归一化值几乎线性降低，而其他钻速参数（如 I_H、K_p、L_r 和 L_g）的归一化值指数增长。这是由于随着温度的升高，花岗岩的物理力学性能（V_p、UCS 和 σ_t）值逐渐减小，耐磨性（I_H、L_r 和 L_g）逐渐增强，通过 K_p 和载荷压痕深度曲线可以得出，随着温度的升高，高温遇水冷却后 NA 花岗岩由脆性向塑性转变。力学参数和

钻进参数皆可以反映了岩石的可钻性,通过以上分析可以得出,高温遇水冷却后 NA 花岗岩样品的可钻性随温度的升高而增大。

钻井参数与力学参数都可以反映岩石的可钻性,两者有一定的统计关系。高温遇水冷却后 NA 花岗岩试样的力学强度参数(UCS 和 σ_t)与钻速和压入硬度的关系如图 7-27 和图 7-28 所示。在不同的高温条件下,V_d 的平均值随 UCS 和 σ_t 的增加呈对数下降的趋势,而 I_H 的平均值随 UCS 和 σ_t 的增加呈指数上升的趋势,拟合系数 R^2 大于 0.964。结果表明,在不同的高温作用下,遇水冷却后 NA 花岗岩试样的力学强度与钻孔参数之间存在着良好的相关性。

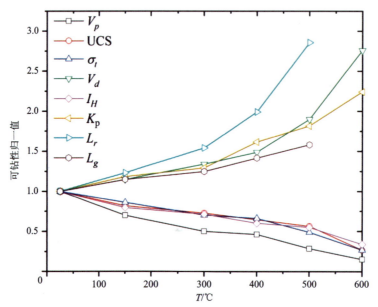

图 7-26　高温遇水冷却后 NA 花岗岩可钻性归一值与温度的关系

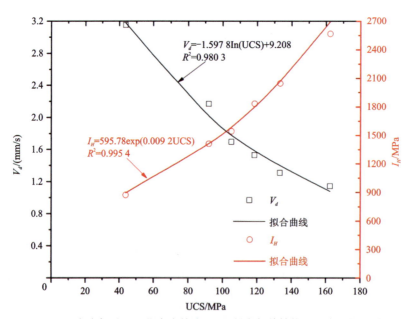

图 7-27　遇水冷却后 NA 花岗岩钻速、压入硬度与单轴抗压强度之间的关系

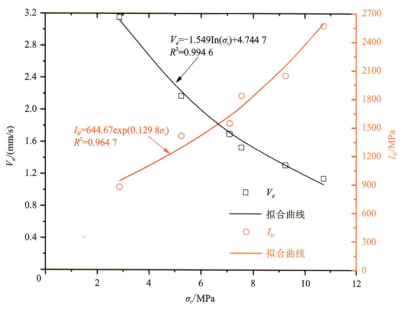

图 7-28　高温遇水冷却后 NA 花岗岩钻速、压入硬度与抗拉强度之间的关系

第三节　微观表征与损伤机理

本书前几章的研究及他人研究成果已表明：高温后岩石宏观力学性能的劣化主要是由于显微结构特征的改变，特别是微裂纹的发展和扩展引起的。本章通过对不同高温遇水冷却后岩样进行 SEM 观察，以揭示其微观变化。

图 7-29 为不同高温遇水冷却后岩样薄片放大 100 倍的 SEM 图。可见，未经加热的岩石剖面完整、致密，矿物之间结合良好，初始裂缝和孔隙很少[图 7-29(a)]；随着热温度的升高，矿物间的晶界微裂纹和晶内微裂纹数目逐渐增多、长度和宽度加大。400℃及以上，微裂纹数目急剧增加，并开始相交。600℃时，几乎所有矿物颗粒间都出现微裂纹，在整个剖面上形成了微裂纹网络，对岩石结构产生了严重的损伤。

本研究中矿物晶内微裂纹首先在长石中出现，然后在石英中出现，这是因为长石的强度低于石英，在热应力的作用下长石矿物先出现破坏。本研究，高温遇水冷却后 NA 花岗岩 SEM 观察发现：150℃时在长石颗粒开始中出现穿晶裂纹[图 7-29(b)]，300℃时在石英颗粒中开始出现穿晶裂纹[图 7-29(c)]；而高温自然冷却后 NA 花岗岩偏光显微镜下观察发现，300℃时长石颗粒开始出现穿晶裂纹，400℃时石英颗粒开始出现穿晶裂纹（图 3-25），这主要是由于高温遇水冷却形成的快速冷却对岩石产生更多的损伤造成的。

对图 7-29 进行统计分析，其微裂纹密度 ρ_f 和微裂纹平均宽度 W_a 随温度变化关系如图 7-30 所示。显然，随着热温度的升高，微裂纹的 ρ_f 和 W_a 都增加，这与可钻性指数的劣化是一致的。在 600℃时，花岗岩的微裂纹密度和平均宽度分别增加到 4.82mm/mm^2 和 20.54mm。

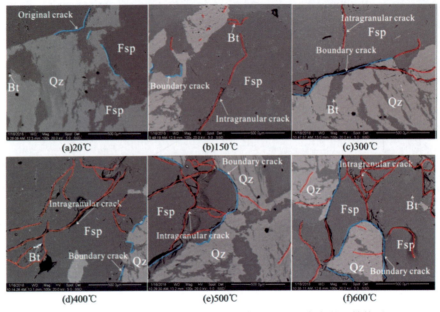

图 7-29　扫描电镜下不同高温遇水冷却后 NA 花岗岩微观结构图
("Qz"代表石英;"Fsp"代表长石;"Bt"代表黑云母;蓝线表示"晶间裂纹";红线表示"穿晶裂纹")

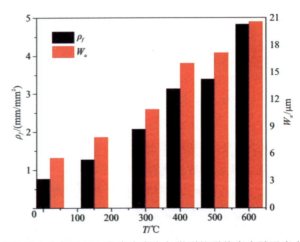

图 7-30　高温遇水冷却后 NA 花岗岩密度与微裂纹平均宽度随温度变化的关系

第四章已讨论了高温遇水冷却对花岗岩的损伤机理,这里就不再赘述。高温遇水冷却后花岗岩压入硬度随温度升高而减小、钻进速度随温度升高而增加,说明岩石的可钻性随温度升高而增强,即加热温度越高,岩石越容易钻进。这主要是因为高温遇水冷却对岩石产生损伤,在岩石内部产生微裂纹,加热温度越高,微裂纹数量越多,微裂纹宽度越大,岩石结构损伤越显著,则岩石越容易钻进。

第四节　高温遇水冷却花岗岩钻井速度模型初探

目前建立特定钻头与钻进条件下钻进速度的数学模型或公式并不多,受制于钻头破岩机理的复杂程度与钻头实际工作时的复杂状况,现有的数学模型大部分都一定程度地使用了实验数据拟合的手段,按照各种数学模型或公式的结构建立方法,可分为三类:多参数回归分析模型、多参数量纲分析模型和力学分析模型。

多参数回归分析模型综合考虑多个岩石的物理力学指标(单轴压缩强度、弹性模量、泊松比、波速等)对岩石可钻性的反映,使用多元回归分析方法建立岩石的钻进速度或可钻性级值的数学模型(如李志国,2009)。此类模型具有直观性、可操作性强的优势,但该类方法所依托的微钻实验需为符合石油行业标准的微钻实验,若对于需用金刚石钻头钻进的高硬度岩石,则无法得到有普适性的钻进速度。同样基于岩石可钻性与多个力学参数具有显著的相关关系,部分学者采用量纲分析方法建立钻进速度的数学模型(如李斌,1989);该类模型具有较高的数学技巧,但未从钻进的原理出发,所采用的各物理量的确定没有一定的规则,缺少对岩石破碎机理的参考,因而适用范围有所局限,不具有好的普适性。力学分析模型从钻头破碎与钻入岩石的机理出发,多用于金刚石钻头,一般采取从微观到宏观的推导方法,如先计算单粒金刚石推挤、剪切岩体的深度与速度,再通过积分手段计算表面出露的金刚石破碎岩石的体积。本章使用了金刚石钻头进行实验,无法得到标准微钻实验的可钻性级值,且前两类数学模型为充分考虑破岩过程,故采用力学分析法建立钻进速度的数学模型。

如图 7-31 所示,基于力学分析法,假设:金刚石在胎体内均匀分布,唇面金刚石均匀出刃;钻头钻进平稳,岩石重复破碎率低;轴向载荷均匀作用在钻头底唇面;则孕镶金刚石钻头钻进未经加热岩石的钻进速度 v 可表示为(梅冬等,2015)

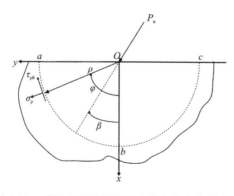

图 7-31　单粒金刚石使岩石内产生的应力示意图

$$v = \frac{PN}{2}\left(\frac{1}{\sigma_c} + \frac{1-\cos\beta}{\sigma_t \cos\beta}\right)[\pi(D^3-d^3) - 1.5ml(D^2-d^2)]/AA_0 \times 10^{-2} \quad (7-8)$$

式中:v 为钻头钻进速度(m/h);P 为作用在钻头上的轴向载荷(N);N 为钻头转速(r/min);σ_c 为岩石的压入硬度(MPa);σ_t 即为岩石的抗拉强度(MPa);D,d 分别为钻头的外径与内径

(mm);m,l 分别为水口个数与水口长度(mm) A 为钻头底端面面积(mm^2),由下式计算;A_0 为钻头的唇面面积(mm^2),由下式计算。

$$A = \frac{\pi}{4}(D^2 - d^2) \tag{7-9}$$

$$A_0 = \frac{\pi}{4}(D^2 - d^2) - \frac{1}{2}ml(D - d) \tag{7-10}$$

考虑未经加热岩石的钻进速度,由式(7-8)可知,该速度函数是 P,N,β,σ_c,σ_t,D,d,m,l 多个参数的函数,而当钻压、转速、钻头结构一定时,只需考虑β,σ_c,σ_t的影响。而β只与钻头与岩石间的摩擦系数μ有关。综合上述分析,当钻压、转速、钻头结构一定时,钻进速度只为μ,σ_c和σ_t的函数。高温岩石遇水冷却后,由于物理力学性质的改变,这3个变量有明显变化,因而考虑μ,σ_c和σ_t的改变,建立高温遇水冷却的岩石钻进速度数学模型。

由于现有实验设备的限制,无法直接测得钻头与岩石之间的摩擦系数,参考张巨川等(2010)对含金刚石胎体与花岗岩摩擦的实验研究,该研究中改变胎体条件时摩擦系数变化不大,在 0.36~0.48 之间,因此本模型中取摩擦系数$\mu=0.4$,继而考虑高温快速冷却后花岗岩压入硬度与抗拉强度的变化情况。

考虑到在 400℃ 与 500℃ 之间岩样的压入硬度有一明显的减速放缓的区间,且 500℃ 后曲线有急剧的下跌,此时线性函数不能准确反映其变化规律,采用三次多项式对实验结果进行拟合,得到压入硬度与加热温度之间的函数关系:

$$\sigma_c = 2541.249 - 5.089T + 0.013T^2 - 1.568 \times 10^{-5} T^3 \tag{7-11}$$

式中:T 即为加热温度(℃)。该多项式拟合的相关系数 $R^2=0.938$,图 7-32 为压入硬度的实测值与拟合函数曲线,由图线可以看出,三次多项式可以很好地拟合压入硬度随加热温度的变化趋势。

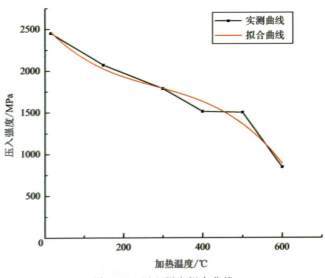

图 7-32 压入硬度拟合曲线

抗拉强度与加热温度的关系曲线中,虽有斜率相对趋缓的区间,但趋缓阶段与 500℃ 之后的下跌阶段斜率变化并不急剧,为选择拟合形式,分别用一次与三次多项式进行拟合,如图 7-33 所示。由图中可以看出,三次多项式与实测数据十分贴合,一次函数也可以较好地拟合实测数据。鉴于三次函数的数学形式较为复杂,故采用一次多项式拟合,其相关系数为 $R^2=0.943$,拟合结果为

$$\sigma_t = 11.147 - 0.012T \tag{7-12}$$

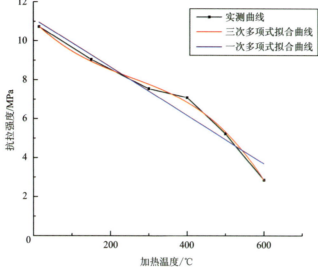

图 7-33 抗拉强度拟合曲线

将式(7-11)、式(7-12)与式(7-8)联立,即得到金刚石钻进遇水冷却的高温岩石的钻进速度:

$$\begin{cases} v = \dfrac{\dfrac{PN}{2}\left(\dfrac{1}{\sigma_c} + \dfrac{1-\cos\beta}{\sigma_t\cos\beta}\right)[\pi(D^3 - d^3) - 1.5ml(D^2 - d^2)]}{AA_0} \times 10^{-2} \\ \sigma_c = 2\,541.249 - 5.089T + 0.013\,T^2 - 1.568 \times 10^{-5}\,T^3 \\ \sigma_t = 11.147 - 0.012T \end{cases} \tag{7-13}$$

为验证此数学模型的准确性,将微钻实验的钻头与规程数据带入式(7-13)并化简,可得:

$$v = 6703 \times \left(\dfrac{1}{2\,541.249 - 5.089T + 0.013\,T^2 - 1.568 \times 10^{-5}\,T^3} + \dfrac{0.077}{11.147 - 0.012T}\right) \tag{7-14}$$

式(7-14)预测的钻速与试验时的实测钻速对比,如图 7-34 所示,其相对误差见表 7-8。可见,理论曲线与实测曲线的形状几乎一致,理论与实测数值相差不大,该数学模型可以较好地反映金刚石钻进遇水冷却高温花岗岩的钻进速度,具有较高的准确性,因而用此模型评价及预测高温花岗岩遇水冷却的可钻性是可行的。

同时,模型的计算数值比实际钻速偏大,且加热温度较小时,此偏差较小,而当温度大于 150℃ 后,理论值比实测值偏大 20%～35%,说明此模型仍然存在一定的不足。其主要原因为计算剪切深度时,将岩石内一点的应力状态由弹性解得到,而事实上经过较高温度并快速

冷却处理后,岩石已呈现出低塑性。计算时由拉应力与抗拉强度恰好相等得到其破碎的临界条件,但有一定塑性的岩石更容易发生张拉破坏,即由此方法求得的剪切破碎深度偏大,因而最终导致了钻进速度的理论数值比实测数值更大。

表7-8 理论与实测钻速对照表

加热温度	室温	150℃	300℃	400℃	500℃	600℃
钻速理论计算值/m·h^{-1}	49.7	58.5	72.2	85.6	105.5	139.3
钻速实测值/m·h^{-1}	43.2	46.4	52.9	64.1	86.0	110.4
相对误差/%	15.2	26.1	35.4	33.5	22.6	26.3

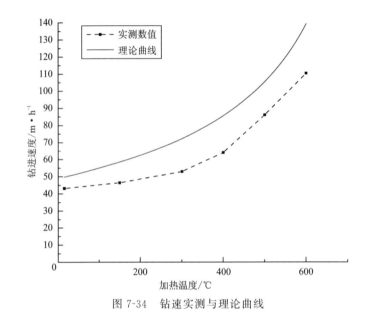

图7-34 钻速实测与理论曲线

第八章 高温岩石统计热损伤本构模型研究

建立本构模型是研究岩石变形破坏行为的重要途径。统计损伤本构模型可以直接而又准确地描述岩石损伤演化过程的缺陷,从而更好地刻画岩石损伤的力学机制,在此基础上,许多学者通过统计方法和连续介质力学相结合建立了各种岩石本构模型,主要集中在应力状态和损伤阈值的影响、微元强度的度量方法、微元强度随机分布形式、本构参数的确定方法以及残余强度阶段模拟方法等方面。然而,这些模型无法反映高温作用后的岩石力学性质的变化。

本章是课题组在上述试验研究的基础上开展的理论研究成果。基于 Lemaitre 应变等价性理论的岩石损伤模型,假定受热损伤的岩石微元强度服从正态分布,考虑温度对岩石力学参数的影响,引入热损伤变量,在微元破坏符合 Mohr-Coulomb 准则条件下,建立了高温作用后岩石统计热损伤本构模型。

第一节 基于正态分布的岩石统计热损伤本构模型研究

一、模型建立

1. 本构关系与损伤变量

高温后岩石骨架部分的变形包括弹性变形和不可恢复的塑性变形。根据连续介质力学理论,一旦施加的外部应力超过岩石屈服强度,就会发生损伤,并诱发非线性变形。大量研究表明,岩石内部含有微裂隙和孔洞等天然缺陷,高温作用会引起这些缺陷不断破坏、连接和贯通(图 3-38),即为损伤的典型表现,高温后岩石的屈服强度随温度发生劣化。承受外部荷载的岩石的力学特性通常与岩石内部微观结构变化有关。因此,岩石的实际宏观行为可以通过岩石在微观尺度上力学性质的统计变化来表征。在加载过程中,考虑到岩石微观的强度水平服从随机分布(Cao et al.,2019),高温后岩石微观强度水平也被认为是随机分布的 (Xu and Karakus,2018)。

依据损伤理论,高温对岩石的损伤为统计损伤,受热损伤的岩石微元体强度服从统计分布。本书定义热损伤变量 D_T 为岩石经历高温作用后在某一应力状态下,已破坏微元体数目 N_{Tf} 与总微元体数目 N_T 的比值,即:

$$D_T = \frac{N_{Tf}}{N_T} \tag{8-1}$$

假设经高温作用后微元体强度概率密度函数为 $P(F_T)$，当应力水平 F_T 超过一定强度时，超过强度的单元就相继破裂。在区间 $[F_T, F_T + \mathrm{d}F_T]$ 内，若新破坏的微元体数目为 $NP(F_T)\mathrm{d}F_T$，则 D_T 为：

$$D_T = \frac{N_{Tf}}{N_T} = \frac{\int_0^{F_T} NP(F_T)\mathrm{d}F_T}{N_T} = \int_0^{F_T} P(F_T)\mathrm{d}F_T \tag{8-2}$$

如图 8-1 所示，当高温作用后岩石在荷载作用下，假设 A 为岩石初始横截面总面积，A^* 为岩石受损后的有效承载面积，则 $A - A^*$ 为在加载过程中出现损伤后的截面面积。由式 (8-1) 可得

$$D_T = \frac{A - A^*}{A} = 1 - \frac{A^*}{A} \tag{8-3}$$

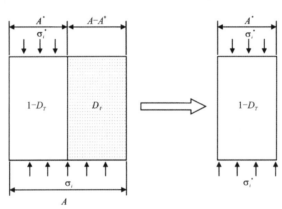

图 8-1 应变等效性假设示意图

根据 Lemaitre 应变等价理论(Lemaitre,1984)，名义应力下含损伤岩石产生的应变等价于有效应力下含损伤岩石产生的有效应变(其中名义应力即为试验测得的应力)，则考虑温度作用后岩石含损伤的名义应力 $\sigma_i(i=1,2$ 和 $3)$ 和有效应力 $\sigma_i^*(i=1,2$ 和 $3)$ 的关系为：

$$\sigma_i^* = \frac{\sigma_i}{1 - D_T}(i = 1, 2 \text{ 和 } 3) \tag{8-4}$$

如图 3-14 所示，经历高温作用后岩石应力-应变曲线依然存在明显的弹性阶段，且弹性参数(弹性模量 E、泊松比 ν)依赖于温度，故令依赖于损伤温度的弹性模量和泊松比分别为 E_T 和 v_T。假设高温作用后未受损伤的岩石部分处于完全弹性状态，根据广义胡克定律可知

$$\sigma_i^* = E_T^* \varepsilon_i^* + \nu_T^* (\sigma_j^* + \sigma_k^*) \tag{8-5}$$

式中：$(i, j, k) = (1, 2, 3), (2, 3, 1)$ 或 $(3, 1, 2)$。E_T^* 和 ν_T^* 分别为不同温度作用后岩石有效弹性模量和有效泊松比，ε_i^* 为与有效应力 σ_i^* 所对应的有效应变。

由式 (8-4) 和式 (8-5) 可得

$$\frac{\sigma_i}{1 - D_T} = E_T^* \varepsilon_i^* + \nu_T^* \left(\frac{\sigma_j}{1 - D_T} + \frac{\sigma_k}{1 - D_T} \right) \tag{8-6}$$

第八章 高温岩石统计热损伤本构模型研究

根据 Lemaitre 应变等价理论可得

$$\varepsilon_i^* = \varepsilon_i \quad (i = 1,2 \text{ 和 } 3) \tag{8-7}$$

岩石弹性模量定义为岩石处在弹性阶段轴向应力和轴向应变之比,在经历初始压实阶段后,岩石中的孔隙被认为是完全压实的。也就是说,高温后岩石的骨架部分在弹性变形阶段将表现为无损状态,因此可认为

$$E_T^* = E_T \tag{8-8}$$

不同温度作用后岩石泊松比可以表示为 $\nu_T = |\varepsilon_3/\varepsilon_1|$,同时有效岩石泊松比表示为 $\nu_T^* = |\varepsilon_3^*/\varepsilon_1^*|$,因而可知

$$\nu_T^* = \nu_T \tag{8-9}$$

将式(8-4)、式(8-7)、式(8-8)和式(8-9)代入式(8-6)可得出

$$\frac{\sigma_i}{1-D_T} = E_T \varepsilon_i + \nu_T \left(\frac{\sigma_j}{1-D_T} + \frac{\sigma_k}{1-D_T} \right) \tag{8-10}$$

对上式进行简化可得到岩石材料经历热损伤作用的各向同性弹性损伤本构关系为

$$\sigma_i = E_T \varepsilon_i (1-D_T) + \nu_T (\sigma_j + \sigma_k) \tag{8-11}$$

式中:$(i,j,k) = (1,2,3),(2,3,1)$ 或 $(3,1,2)$。E_T 和 ν_T 为岩石经历不同温度作用后的弹性模量和泊松比。对于含初始损伤的岩石,D_T 的取值范围为 $0 \leqslant D_T \leqslant 1$;$D_T = 0$ 时,表示岩石材料未经高温作用处于初始无损状态;$D_T = 1$ 时,则表示岩石材料经高温作用后处于完全损伤状态。

应用此热损伤本构方程时,需要着重考虑以下两个问题:①高温作用后岩石微元体应力水平 F_T 的确定;②高温作用后微元强度概率密度函数 $P(F_T)$ 的选择。

2. 应力水平

经高温作用后岩石微观破坏准则可用有效应力和岩石材料参数来表示

$$f_T(\sigma^*) - K_T = 0 \tag{8-12}$$

式中:K_T 为与经高温作用后岩石材料参数有关的常数;σ^* 为岩石内部微元体的有效应力。当 $f_T(\sigma^*) \geqslant K_T$ 时,岩石微元单元产生破坏;因此,$f_T(\sigma^*)$ 可以作为微元体应力水平,用来反映岩石微观破坏程度,即

$$F_T = f_T(\sigma^*) \tag{8-13}$$

前文试验结果表明,岩石的内摩擦角随温度的升高而增大,黏聚力随温度的升高而降低(图 3-24)。线性 Mohr-Coulomb 准则具有参数形式简单且适用于岩石介质及应用广泛等特点。利用有效应力和岩石力学参数表示的考虑温度效应的 Mohr-Coulomb 准则可表示为

$$\sigma_1^* - \sigma_3^* - (\sigma_1^* + \sigma_3^*) \sin \phi_T - 2 c_T \cos \phi_T = 0 \tag{8-14}$$

式中:ϕ_T 和 c_T 为依赖温度的岩石内摩擦角和黏聚力;σ_i^* ($i=1,2$ 和 3)为有效应力下三个主应力分量。因此,经高温作用后岩石微元应力水平 F_T 可表示为

$$F_T = \sigma_1^* - \sigma_3^* - (\sigma_1^* + \sigma_3^*) \sin \phi_T \tag{8-15}$$

上式包含有效应力,因此,需要得到用名义应力表示的应力水平。根据式(8-4)可得:

$$\sigma_1^* = \frac{\sigma_1}{1-D_T} \tag{8-16}$$

$$\sigma_3^* = \frac{\sigma_3}{1-D_T} \tag{8-17}$$

由式(8-11)可得

$$1-D_T = \frac{\sigma_1 - \nu_T(\sigma_2+\sigma_3)}{E_T \varepsilon_1} \tag{8-18}$$

将式(8-18)分别代入式(8-16)和(8-17)可得

$$\sigma_1^* = \frac{\sigma_1 E_T \varepsilon_1}{\sigma_1 - \nu_T(\sigma_2+\sigma_3)} \tag{8-19}$$

$$\sigma_3^* = \frac{\sigma_3 E_T \varepsilon_1}{\sigma_1 - \nu_T(\sigma_2+\sigma_3)} \tag{8-20}$$

将式(8-19)和式(8-20)代入式(8-15)则可得到基于 Mohr-Coulomb 准则的高温作用后微元体应力水平

$$F_T = \frac{E_T \varepsilon_1 [\sigma_1 - \sigma_3 - (\sigma_1+\sigma_3)\sin\phi_T]}{\sigma_1 - \nu_T(\sigma_2+\sigma_3)} \tag{8-21}$$

3. 统计热损伤本构模型

假设高温作用后岩石微元体强度服从正态分布,类比常温状态下概率密度函数(Cao et al.,2007),则高温作用后概率密度函数表示为

$$P(F_T) = \frac{1}{S_0\sqrt{2\pi}}\exp\left[-\frac{1}{2}\left(\frac{F_T-F_{n0}}{S_0}\right)^2\right] \tag{8-22}$$

式中:F_T 为微元强度随机分布的应力水平;S_0 及 F_{n0} 为不同温度作用后正态分布参数,它们反映岩石材料经历不同温度作用后的力学性质。

将上式代入式(8-2)可得:

$$D_T = \frac{1}{S_0\sqrt{2\pi}}\int_{-\infty}^{F_T}\exp\left[-\frac{1}{2}\left(\frac{x-F_{n0}}{S_0}\right)^2\right]dx \tag{8-23}$$

将式(8-23)代入式(8-11),根据广义胡克定律,基于正态分布下高温作用后岩石统计热损伤的本构方程则可表示为

$$\sigma_1 = E_T \varepsilon_1\left\{1 - \frac{1}{S_0\sqrt{2\pi}}\int_{-\infty}^{F_T}\exp\left[-\frac{1}{2}\left(\frac{x-F_{n0}}{S_0}\right)^2\right]dx\right\} + \nu_T(\sigma_2+\sigma_3) \tag{8-24}$$

二、参数确定

本书所提出的岩石统计热损伤模型[式(8-24)]涉及到的参数包括 E_T、ν_T、c_T 和 ϕ_T,均可通过高温作用后岩石常规三轴试验测得。不同温度作用下正态分布参数 S_0 和 F_{n0} 可以依据 Li 等(2012)提出的极值法确定,具体求解过程如下。

岩石于低围压条件下会表现出屈服的特征,应力达到峰值后随应变的增加而降低。因此,对应峰值点的导数等于0,即:

$$\left.\frac{d\sigma_1}{d\varepsilon_1}\right|_{\substack{\sigma_1=\sigma_{sc}\\ \varepsilon_1=\varepsilon_{sc}}} = 0 \tag{8-25}$$

式中:σ_{sc} 和 ε_{sc} 分别为峰值应力及相对应的峰值应变。

将峰值点坐标$(\sigma_{sc}, \varepsilon_{sc})$代入式(8-21)和式(8-24),可分别得到

$$F_{sc} = \frac{E_T \varepsilon_{sc} (\sigma_{sc} - \sigma_3 - \sigma_{sc} \sin\phi_T - \sigma_3 \sin\phi_T)}{\sigma_{sc} - \nu_T (\sigma_2 + \sigma_3)} \tag{8-26}$$

$$\sigma_{sc} = E_T \varepsilon_{sc} (1 - D_T) + \nu_T (\sigma_2 + \sigma_3) \tag{8-27}$$

式中:F_{sc} 为 $\sigma_1 = \sigma_{sc}$ 且 $\varepsilon_1 = \varepsilon_{sc}$ 时的岩石微元体强度 F_T。

由式(8-19)、式(8-20)和式(8-24)可得出

$$D_T = \frac{\nu_T (\sigma_2 + \sigma_3) - \sigma_1}{E_T \varepsilon_1} + 1 \tag{8-28}$$

结合式(8-23)和式(8-26),D_T 可以表示为

$$D_T = \Phi\left(\frac{F_T - F_{n0}}{S_0}\right) = \frac{\nu_T (\sigma_2 + \sigma_3) - \sigma_1}{E_T \varepsilon_1} + 1 \tag{8-29}$$

式中:$\Phi[(F_T - F_{n0})/S_0]$代表正态分布标准函数。将峰值点坐标$(\sigma_{sc}, \varepsilon_{sc})$代入上式,可得

$$D_{sc} = \Phi\left(\frac{F_{sc} - F_{n0}}{S_0}\right) = \frac{\nu_T (\sigma_2 + \sigma_3) - \sigma_{sc}}{E_T \varepsilon_{sc}} + 1 \tag{8-30}$$

式中:D_{sc} 为 $\sigma_1 = \sigma_{sc}$ 且 $\varepsilon_1 = \varepsilon_{sc}$ 时的热损伤变量 D_T。F_{sc} 如式(8-26)所示。

结合式(8-26)、式(8-27)和式(8-30),式(8-25)可以表示成

$$1 - \frac{1}{(1 - D_{sc})^2} \frac{1}{S_0 \sqrt{2\pi}} \exp\left[-\frac{1}{2}\left(\frac{F_{sc} - F_{n0}}{S_0}\right)^2\right](\sigma_{sc} - \sigma_3 - \sigma_{sc}\sin\phi_T - \sigma_3 \sin\phi_T) = 0 \tag{8-31}$$

假设式(8-30)中 $Z = (F_{sc} - F_{n0})/S_0$,$Z$ 值可查看标准正态分布表获得,因此结合式(8-30)和式(8-31),不同高温作用后 S_0 则可表示为

$$S_0 = \frac{1}{(1 - D_{sc})^2} \frac{1}{\sqrt{2\pi}} \exp\left(-\frac{1}{2} Z^2\right)(\sigma_{sc} - \sigma_3 - \sigma_{sc}\sin\phi_T - \sigma_3 \sin\phi_T) \tag{8-32}$$

同时,不同温度作用后 F_{n0} 可表示为

$$F_{n0} = F_{sc} - S_0 Z \tag{8-33}$$

三、模型验证

此处引用田红等(2016)所做的高温后花岗岩单轴和三轴压缩试验的相关研究成果,以验证本书所提出的岩石统计热损伤本构模型的合理性及适用性。此项研究中,岩样常温下纵波波速4800m/s,完整性和均匀性相对较好,平均密度 2.72g/cm³,平均单轴抗压强度83.33MPa,泊松比0.141,内摩擦角48.38°,黏聚力19.81MPa。X射线衍射分析其矿物成分的质量百分含量为:石英(42%)、斜长石(39%)、微斜长石(14%)和云母(5%)。试验过程中,高温处置的升温速率为3℃/min,目标温度为100℃、200℃、300℃、400℃和500℃,岩样温度达到目标温度后恒温2h,再在高温炉内自然冷却。三轴试验的围压为5MPa,15MPa和25MPa。各个温度和围压作用下试验样本数均为3个。

根据田红等(2016)试验,本书所建模型参数取值见表8-1。表中各温度和围压作用下正态分布参数 S_0 和 F_{n0} 通过式(8-32)和式(8-33)得出。由式(8-24)可得不同温度和不同围压作用下岩石应力-应变关系的理论曲线(图8-2)。通过对比试验数据与理论曲线可知,本书

提出的考虑温度效应的统计热损伤本构模型能够比较充分地反映岩石峰后软化特征和岩石强度依赖于温压状态的特征,同时能更好地表征不同温度和不同围压条件下岩石应力-应变曲线全过程,围压越高,吻合程度越好。

表 8-1 不同温度下损伤岩石的模型计算参数

$T/$℃	$\phi_T/$°	$c_T/$MPa	$\sigma_3/$MPa	S_0	F_{n0}	$\sigma_{sc}/$MPa	ε_{sc}	$E_T/$GPa	v_T
20	48.38	19.81	0	14.09	37.49	83.34	4.80	24.20	0.125
			5	122.44	444.08	140.00	6.22	28.00	0.154
			15	130.30	553.67	183.08	7.85	27.60	0.102
			25	187.76	697.64	259.67	9.49	33.00	0.172
100	52.57	14.65	0	12.65	38.23	86.08	4.80	24.20	0.125
			5	10.20	43.00	141.18	6.43	26.20	0.141
			15	17.57	55.91	230.06	8.92	33.20	0.140
			25	21.89	71.38	311.94	11.14	36.80	0.188
200	52.65	14.41	0	17.05	50.26	93.36	4.89	25.70	0.155
			5	19.86	64.51	149.44	6.21	31.00	0.162
			15	15.45	63.39	209.69	7.58	32.60	0.212
			25	27.12	97.95	326.70	10.77	37.10	0.180
300	48.96	17.58	0	19.31	50.78	90.47	5.11	25.10	0.130
			5	29.96	79.45	169.47	7.09	33.30	0.120
			15	43.57	82.15	216.64	10.83	32.00	0.159
			25	32.02	72.05	258.78	10.73	35.00	0.150
400	48.56	15.15	0	127.98	325.52	90.90	5.84	22.20	0.144
			5	288.37	525.55	136.40	6.71	33.30	0.175
			15	260.32	833.42	247.94	9.86	32.00	0.230
			25	460.68	1 042.40	282.78	11.76	35.20	0.137
500	49.27	16.48	0	87.57	201.77	59.48	4.81	18.40	0.120
			5	156.42	451.91	141.80	6.96	27.20	0.234
			15	252.98	652.33	199.04	8.97	30.50	0.211
			25	300.64	891.51	283.10	11.46	32.10	0.190

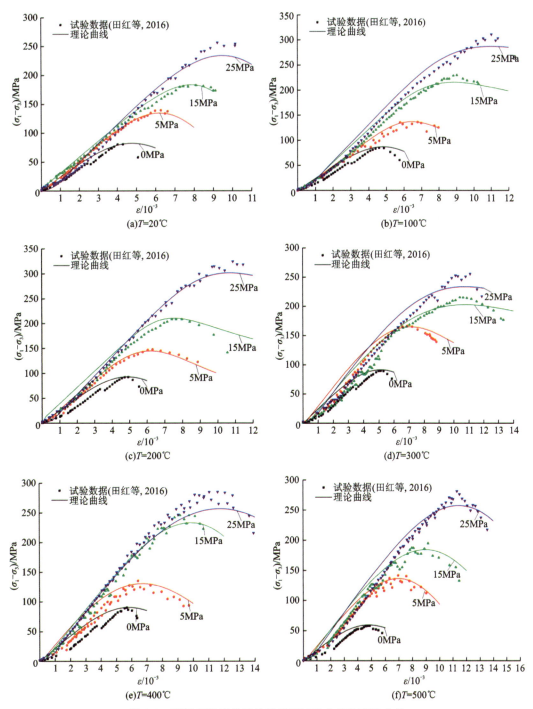

图 8-2　不同高温后岩石单轴压缩试验曲线和理论曲线

在求解方法上，本书依据岩石屈服概念，利用极值法确定模型参数；此确定方法适用于不同温度和围压作用下加载试验数据的求解，不包含非常规岩石力学参数，工程应用更加方便。在岩石统计热损伤模型建立的过程中，模型所用力学参数和统计分布参数与岩性无关，故本模型同样适用于其他不同岩性的岩石。

值得注意的是，在进行单轴试验时，岩石应力-应变曲线通常有原生裂隙和孔隙的压密阶段，表现出明显的非线性特征。本书所提出的岩石统计热损伤本构模型是基于广义胡克定律建立的，认为岩石受压后即进入弹性阶段，忽略了岩石原生裂隙、孔隙及受热损伤所产生微裂隙闭合的影响。因此，在单轴压缩条件下理论曲线和试验数据之间存在一定的偏差，偏差在合理的范围内，这与徐银花和徐小丽（2017）所建立的单轴压缩条下模型和试验曲线的对比结果一致。进行三轴压缩试验时，在围压的作用下岩石中的微裂隙和孔隙发生闭合，应力-应变曲线压密阶段不明显，且随着围压的升高，应力-应变曲线起始阶段越表现为线性特征，所以理论曲线与三轴压缩试验曲线吻合良好。

第二节　考虑压密阶段的岩石统计热损伤本构模型研究

第八章第一节中建立了高温作用后岩石统计热损伤本构模型，但是模型中没有包含孔隙压实阶段的特征，在屈服阶段之前，模型预测的应力-应变曲线中有一条具有恒定弹性模量的直线。由于田红等（2016）试验中应力-应变曲线压密阶段不明显，经高温作用后岩石仍具有较强的脆性特征，所提出的模型能够比较充分地反映岩石强度依赖于温压状态的特征，围压越高，吻合程度越好。然而，岩石经历长期的地质作用不可避免地存在许多原生的孔隙和裂隙，这些存在的微缺陷经高温作用后逐渐扩展，并在岩体中产生新的裂隙和微裂纹。如图 3-39 和图 5-17 所示，本书所用 NA 和 SZ 花岗岩存在一定的微裂隙和孔洞，且高温作用后 NA 和 SZ 花岗岩应力应变曲线压密阶段比较明显（图 3-14 和图 5-11），因此，在建立高温后岩石变形分析模型时，应考虑微观缺陷的影响。

一、模型建立

1. 高温作用后岩石变形分析

岩石不可避免地含有微缺陷，高温作用后，这些现有的微缺陷进一步扩展和发展，并在岩体中逐渐萌生新的微缺陷。根据有效介质理论选择沿主应力方向 $\sigma_i(i=1,2$ 或 $3)$ 的代表性柱单元（RCE），如图 8-3 所示。l_0 定义为 RCE 的初始全长，由孔隙部分 l_0^v 和岩石骨架部分 l_0^s 组成。因此，RCE 的全长可以表示为：

$$l_0 = l_0^v - l_0^s \tag{8-34}$$

假设 RCE 在主应力 s_i 方向上的宏观变形为 Δl，其可表示为：

$$\Delta l = \Delta l^v - \Delta l^s \tag{8-35}$$

式中：Δl^v 为孔隙部分产生的宏观变形；Δl^s 为岩石骨架部分产生的宏观变形。

因此，可以得出高温后岩石 RCE 的宏观主应变：

$$\varepsilon_i = \Delta l / l_0 = (\Delta l^v + \Delta l^s) / l_0 \tag{8-36}$$

高温后岩石的孔隙部分 ε_i^v 和骨架部分 ε_i^s 的微观应变可确定为：

$$\varepsilon_i^v = \Delta l^v / \Delta l_0^v \tag{8-37}$$

$$\varepsilon_i^s = \Delta l^s / \Delta l_0^s \tag{8-38}$$

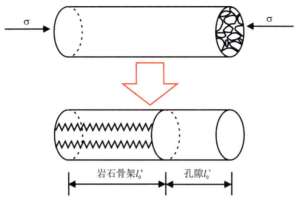

图 8-3 高温后岩石变形分析示意图

通过令 $\xi_0 = l_0^v / l_0$，式(8-36)可重写如下：

$$\varepsilon_i = \Delta l / l_0 = (\Delta l^v + \Delta l^s) / l_0 \tag{8-39}$$

因此，在计算岩石高温后的宏观应力应变时，应首先确定其两部分(ε_i^v 和 ε_i^s)的微观应变。

2. 高温作用后岩石空隙部分变形分析

高温后岩石孔隙部分的微观应变(ε_i^v)无法通过实验室试验直接测量。为了获得岩石孔隙部分的微观应变，应首先根据式(8-37)获得由孔隙部分产生的宏观变形(Δl^v)。根据孔隙部分非线性变形的特点，将主应力(σ_i)分为 n 个多级应力增量 $\Delta s_i^s (s=1, 2, \cdots, n)$，然后将每个应力增量逐步作用于高温作用后岩石的孔隙部分，主应力可表示为：

$$\sigma_i = \sum_{s=1}^{n} \Delta \sigma_i^s \tag{8-40}$$

Δl^v 可视为应力增量 Δs_i^m 产生的微观变形 Δl^{vs} 的累积。我们假设在外加应力增量 Δs_i^s 下岩石孔隙部分的瞬时长度为 l_s^v。根据材料力学变形分析，高温后岩石孔隙部分的瞬态应变(ε_i^{vs})可描述为：

$$\varepsilon_i^{vs} = \int_{l_{s-1}^v}^{l_s^v} \frac{dl}{l} = -\ln \frac{l_s^v}{l_{s-1}^v} \tag{8-41}$$

当多级应力增量(n)足够大时，应力增量(Δs_i^s)与高温作用后岩石空隙部分(Δl^{vs})无限小部分的瞬态应变(ε_i^{vs})之间的关系符合广义胡克定律。瞬态应变可表示为：

$$\varepsilon_i^{vs} = [\Delta \sigma_i^s - v_T^{vs} (\Delta \sigma_j^s + \Delta \sigma_k^s)] / E_T^{vs} \tag{8-42}$$

式中：E_T^{vs} 和 v_T^{vs} 是施加应力增量 Δs_i^s 下高温作用后岩石孔隙部分的弹性模量和泊松比。

因此，式(8-42)可以进一步表示为

$$\sum_{s=1}^{n} \varepsilon_i^{vs} = \sum_{s=1}^{n} \left\{ \frac{1}{E_T^{vs}} \left[\Delta \sigma_i^s - v_T^{vs} \left(\sum_{s=1}^{n} \Delta \sigma_j^s + \sum_{s=1}^{n} \Delta \sigma_k^s \right) \right] \right\} \tag{8-43}$$

对于每个外加应力增量，很难获得此部分高温后岩石孔隙部分的弹性模量和泊松比。为了简便计算，本文假设 E_T^{vs} 和 v_T^{vs} 是常数，式(8-43)可以重写为：

$$\sum_{s=1}^{n} \varepsilon_i^{vs} = \frac{1}{E_T^v} \Big[\sum_{s=1}^{n} \Delta \sigma_i^s - v_T^v \Big(\sum_{s=1}^{n} \Delta \sigma_j^s + \sum_{s=1}^{n} \Delta \sigma_k^s \Big) \Big] \tag{8-44}$$

式中:E_T^v 和 v_T^v 分别为高温后岩石孔隙部分的弹性模量和泊松比。

将式(8-40)和式(8-41)代入式(8-44)可得

$$-\ln(l_n^v / l_0^v) = [\sigma_i - v_T^v (\sigma_j + \sigma_k)] / E_T^v \tag{8-45}$$

因此,高温后岩石孔隙部分的微观应变(ε_i^v)可导出为:

$$\varepsilon_i^v = \frac{\Delta l^v}{l_0^v} = \frac{l_0^v - l_n^v}{l_0^v} = 1 - \exp\Big[-\frac{\sigma_i - v_T^v (\sigma_j + \sigma_k)}{E_T^v}\Big] \tag{8-46}$$

如式(8-46)所示,高温后岩石孔隙部分的应力应变关系服从负指数函数。这与 Peng 等(2015)的实验结果一致(图8-4)。由此可见,本文的上述假设是合理的。

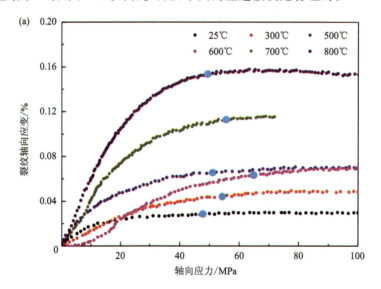

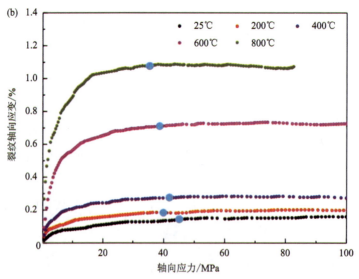

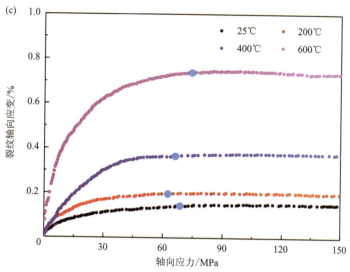

图 8-4　高温后不同岩石裂纹轴向应变与轴向应力的关系(Peng et al.,2015)

3. 高温作用后岩石骨架部分变形分析

根据第八章第一节的分析,在加载过程中,高温后岩石微观强度水平被认为是随机分布的。依据损伤理论,高温对岩石的损伤为统计损伤,受热损伤的岩石微元体强度服从统计分布。加载条件下高温后岩石骨架部分的变形(ε_i^s)可以通过第八章第一节计算得出

$$\varepsilon_i^s = [\sigma_i - v_T(\sigma_j + \sigma_k)]/[E_T(1-D_T)] \tag{8-47}$$

结合式(8-39)和式(8-47),高温后岩石骨架部分的损伤变量 D_T 可以表示为

$$D_T = 1 - \frac{(1-\xi_0)[\sigma_i - v_T(\sigma_j + \sigma_k)]}{E_T(\varepsilon_i - \xi_0 \varepsilon_i^v)} \tag{8-48}$$

式中:ε_i^v 为高温后岩石孔隙部分的微观应变,可以通过式(8-46)计算得到。

岩石骨架部分在加载过程中受到损伤时,岩石中孔隙的压密阶段已经基本完成,也就是说 ε_i^v 的值已达到最大值。公式(8-48)可简化为:

$$D_T = 1 - \frac{(1-\xi_0)[\sigma_i - v_T(\sigma_j + \sigma_k)]}{E_T(\varepsilon_i - \xi_0)} \tag{8-49}$$

将式(8-49)代入式(8-21),高温后岩石骨架部分的应力水平可以表示为:

$$F_T = \frac{E_T(\varepsilon_i - \xi_0)[\sigma_1 - \sigma_3 - (\sigma_1 + \sigma_3)\sin\phi_T]}{(1-\xi_0)[\sigma_i - v_T(\sigma_j + \sigma_k)]} \tag{8-50}$$

此外,结合统计损伤理论,高温后岩石骨架部分的应力水平 F_T 反映了高温后岩石骨架部分的损伤程度,F_T 概率密度函数服从正态随机分布,可以用式(8-22)表示,将其代入式(8-2)可以得到

$$D_T = \begin{cases} 0 & F_T < K_T \\ \dfrac{1}{S_0 \sqrt{2\pi}} \displaystyle\int_{-\infty}^{F_T} \exp\left[-\dfrac{1}{2}\left(\dfrac{x-F_{n0}}{S_0}\right)^2\right]\mathrm{d}x & F_T \geqslant K_T \end{cases} \tag{8-51}$$

将式(8-51)代入式(8-47)，高温后岩石骨架部分的微观应变(ε_i^s)可推导为

$$D_T = \begin{cases} [\sigma_i - v_T(\sigma_j + \sigma_k)]/E_T & F_T < K_T \\ \dfrac{[\sigma_i - v_T(\sigma_j + \sigma_k)]}{E_T}\left[1 - \dfrac{1}{S_0\sqrt{2\pi}}\int_{-\infty}^{F_T}\exp\left[-\dfrac{1}{2}\left(\dfrac{x-F_{n0}}{S_0}\right)^2\right]\mathrm{d}x\right]^{-1} & F_T \geqslant K_T \end{cases} \quad (8\text{-}52)$$

式中：当 $F_T \geqslant K_T$ 时，高温后岩石的骨架部分发生损伤；当 $F_T < K_T$ 时，高温后岩石的骨架部分不发生损伤。

4. 考虑压密阶段的高温后岩石损伤本构模型

将式(8-46)和(8-52)代入式(8-39)，考虑孔隙压实阶段变形的岩石统计热损伤本构模型可以表示为

$$\varepsilon_i = \begin{cases} \xi_0\left[1 - \exp\left[-\dfrac{\sigma_i - v_T^v(\sigma_j + \sigma_k)}{E_T^v}\right]\right] + (1-\xi_0)\dfrac{[\sigma_i - v_T(\sigma_j + \sigma_k)]}{E_T} & F_T < K_T \\ \xi_0\left[1 - \exp\left[-\dfrac{\sigma_i - v_T^v(\sigma_j + \sigma_k)}{E_T^v}\right]\right] + (1-\xi_0)\dfrac{[\sigma_i - v_T(\sigma_j + \sigma_k)]}{E_T} \\ \left[1 - \dfrac{1}{S_0\sqrt{2\pi}}\int_{-\infty}^{F_T}\exp\left[-\dfrac{1}{2}\left(\dfrac{x-F_{n0}}{S_0}\right)^2\right]\mathrm{d}x\right]^{-1} & F_T \geqslant K_T \end{cases} \quad (8\text{-}53)$$

二、参数确定

本书提出的热损伤统计本构模型中，高温后岩石骨架部分的力学参数（E_T、v_T、c_T 和 ϕ_T）可以通过常规三轴压缩试验获得。然而，高温后岩石孔隙部分的力学参数（ξ_0、E_T^v 和 v_T^v）和正态分布参数（S_0 和 F_{n0}）不能直接由常规三轴压缩试验确定。

1. ξ_0 的确定

基于以上分析，将高温后岩石的变形分为孔隙和骨架两部分。如图 8-5 所示，骨架部分的变形在屈服阶段之前被视为弹性变形。因此，在高温后岩石的压密阶段，孔隙的变形是引起应力-应变曲线初始阶段非线性的主要原因。在常规三轴试验中（$\sigma_2 = \sigma_3$），空隙压实和弹性变形阶段（$F_T < K_T$），式(8-53)中的第一项可改写为：

$$\varepsilon_1 = \xi_0\left[1 - \exp\left(-\dfrac{\sigma_1 - 2v_T^v\sigma_3}{E_T^v}\right)\right] + (1-\xi_0)\dfrac{\sigma_1 - 2v_T\sigma_3}{E_T} \quad (8\text{-}54)$$

如图 8-5 所示，高温后岩石中的孔隙在弹性变形阶段被完全压密，因而 $\exp[-(\sigma_1 - 2v_T^v\sigma_3)/E_T^v]$ 的值趋近于 0。则公式(8-54)可简化如下：

$$\varepsilon_1 = \xi_0 + (1-\xi_0)\dfrac{\sigma_1 - 2v_T\sigma_3}{E_T} \quad (8\text{-}55)$$

显然，ξ_0 的值是垂直坐标上偏应力-应变曲线中弹性变形阶段的截距。同时 ξ_0 值也是高温后岩石孔隙部分压实的最大应变。

2. E_T^v 和 v_T^v 的确定

在常规三轴试验中，E_T^v 和 v_T^v 的值无法直接通过试验测得。高温后岩石孔隙部分的应

变首先随轴向应力增加,然后趋于恒定(图8-5),即孔隙部分的应变与偏应力呈负指数关系(Peng et al.,2015)。根据式(8-54),通过拟合岩石高温后屈服阶段前偏应力应变曲线的试验数据,可以间接得到参数 E_T^v 和 v_T^v 的值。

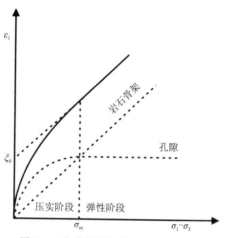

图8-5 孔隙变形与岩石骨架的关系

3. S_0 和 F_{n0} 的确定

正态分布参数(S_0 和 F_{n0})的值可通过极值法确定(Li et al.,2012)。根据高温后岩石应力应变关系峰值处的极值特征,偏应力应变曲线的峰值为0,如式(8-25)所示。在常规三轴试验中,施加围压应力 σ_3 后开始记录应变,而峰值应变 ε_{sc} 等于高温后岩石的偏应力-应变曲线。假设高温后岩石的偏应力-应变曲线的峰值点为$(\sigma'_{sc}, \varepsilon'_{sc})$,可得出以下关系式:

$$\sigma_{sc} = \sigma'_{sc} + \sigma_3 \tag{8-56}$$

$$\varepsilon_{sc} = \varepsilon'_{sc} \tag{8-57}$$

将 σ_{sc} 和 ε_{sc} 的值代入式(8-50)和式(8-53)第二项,可以得到

$$F_{sc} = \frac{E_T(\varepsilon_{sc}-\xi_0)[\sigma_{sc}-\sigma_3-(\sigma_{sc}+\sigma_3)\sin\phi_T]}{(1-\xi_0)(\sigma_{sc}-2v_T\sigma_3)} \tag{8-58}$$

$$\varepsilon_{sc} = \xi_0\left[1-\exp\left[-\frac{\sigma_{sc}-2v_T\sigma_3}{E_T^v}\right]\right] + (1-\xi_0)\frac{\sigma_{sc}-2v_T\sigma_3}{E_T}$$
$$\left[1-\frac{1}{S_0\sqrt{2\pi}}\int_{-\infty}^{F_T}\exp\left[-\frac{1}{2}\left(\frac{x-F_{n0}}{S_0}\right)^2\right]dx\right]^{-1} \tag{8-59}$$

式中:F_{sc} 是高温后岩石微观单元在峰值点的应力水平 F_T 的值。

类似地,因为高温后岩石中的孔隙在弹性变形阶段时,已经被完全压实,所以 $\exp[-(\sigma_1-2v_T^v\sigma_3)/E_T^v]$ 的值趋近于0,式(8-59)可简化为:

$$\varepsilon_{sc} = \xi_0 + (1-\xi_0)\frac{\sigma_{sc}-2v_T\sigma_3}{E_T}\left[1-\frac{1}{S_0\sqrt{2\pi}}\int_{-\infty}^{F_T}\exp\left[-\frac{1}{2}\left(\frac{x-F_{n0}}{S_0}\right)^2\right]dx\right]^{-1} \tag{8-60}$$

结合式(8-51)和式(8-53),当 $F_T \geqslant K_T$ 时,D_T 可以表示为

$$D_T = \Phi\left(\frac{F_T-F_{n0}}{S_0}\right) = 1-\frac{(1-\xi_0)(\sigma_1-2v_T\sigma_3)}{E_T(\varepsilon_1-\xi_0)} \tag{8-61}$$

式中：$\Phi[(F_T-F_{n0})/S_0]$ 代表正态分布标准函数。

将峰值点坐标 $(\sigma_{sc}, \varepsilon_{sc})$ 代入式(8-61)，可得

$$D_{sc} = \Phi\left(\frac{F_{sc}-F_{n0}}{S_0}\right) = 1 - \frac{(1-\xi_0)(\sigma_{sc}-2v_T\sigma_3)}{E_T(\varepsilon_{sc}-\xi_0)} \quad (8\text{-}62)$$

式中：D_{sc} 为 $\sigma_1=\sigma_{sc}$ 且 $e_1=e_{sc}$ 时的热损伤变量 D_T。

结合式(8-58)、式(8-60)和式(8-62)，式(8-25)可以表示为

$$1 - \frac{1}{(1-D_{sc})^2}\frac{1}{S_0}\frac{1}{\sqrt{2\pi}}\exp\left[-\frac{1}{2}\left(\frac{F_{sc}-F_{n0}}{S_0}\right)^2\right](\sigma_{sc}-\sigma_3-\sigma_{sc}\sin\phi_T-\sigma_3\sin\phi_T) = 0 \quad (8\text{-}63)$$

假设式(8-62)中 $Z=(F_{sc}-F_{n0})/S_0$，Z 值可查看标准正态分布表获得，因此结合式(8-62)和式(8-63)，不同高温作用后 S_0 则可表示为

$$S_0 = \frac{1}{(1-D_{sc})^2}\frac{1}{\sqrt{2\pi}}\exp\left(-\frac{1}{2}Z^2\right)(\sigma_{sc}-\sigma_3-\sigma_{sc}\sin\phi_T-\sigma_3\sin\phi_T) \quad (8\text{-}64)$$

同时，不同温度作用后 F_{n0} 可表示为

$$F_{n0} = F_{sc} - S_0 Z \quad (8\text{-}65)$$

三、模型验证

利用第三章第三节不同温度（20℃、200℃、300℃、400℃、500℃和600℃）下 NA 花岗岩单轴和常规压缩试验（20MPa、40MPa 和 60MPa）数据对本书提出的统计损伤本构模型进行验证。NA 南安花岗岩的原始单轴抗压强度（UCS）、弹性模量（E）和纵波速度（V_p）的平均值分别为 162.41MPa、24.18GPa 和 4167m/s。通过单轴和常规三轴压缩试验，得到了高温后花岗岩的力学参数，以此为基础，通过上述理论可以推导出岩石高温后孔隙部分力学参数（ξ_0、E_T^v 和 v_T^v）以及岩石的正态分布参数（S_0 和 F_{n0}）。NA 花岗岩在不同条件下的力学性能和正态统计分布参数见表 8-2。

将表 8-2 中的试验参数和计算的模型参数代入到式(8-53)，用来验证基于正态分布考虑孔隙压密阶段特征的岩石模型的合理性，偏应力与应变关系的理论结果见图 8-6。同时，第八章第一节所建立的初始模型结果（未考虑空隙压密阶段的特征）也放入图 8-6 用以比较。从图中可以看出，本节所提出的考虑孔隙压密阶段特征统计损伤本构模型可以很好地描述了高温后花岗岩的完整应力-应变曲线，理论曲线与实验数据吻合度较高。然而第八章第一节建立的损伤模型未考虑孔隙压缩阶段的特征，即在屈服阶段之前的预测应力应变关系中为一条斜率为弹性模量恒定的直线，与田红等(2016)试验结果不同，本书试验结果表明高温作用后 NA 花岗岩存在明显的压密阶段，所以拟合结果吻合度不高。从图 8-6 可以发现，改进后的本节所建立的损伤模型能很好地反映孔隙压密阶段。

值得注意的是在破坏阶段中，NA 花岗岩在高围压下的峰值应力随轴向应变突然下降，岩石呈现明显的脆性破坏特征，随着 TAW-2000 岩石力学试验机的剧烈运转，偏应力迅速降低，加载系统停止工作，高温后花岗岩的应力-应变曲线在峰后阶段的力学特征没有进行捕获。因此，理论曲线未对峰后阶段的力学特征进行描述。

表 8-2 不同围压和温度下加载本构模型的参数

$T/$℃	$\phi_T/$°	$c_T/$MPa	$\sigma_3/$MPa	S_0	F_{n0}	$\xi_0/$$10^{-3}$	$E_T^v/$MPa	v_T^v	$\sigma_{sc}/$MPa	$\varepsilon_{sc}/$$10^{-3}$	$E_T/$GPa	v_T
20	37.34	43.08	0	344.05	442.36	0.291	7.77	0.092	163.69	9.83	24.025	0.228
			20	577.79	655.57	0.349	15.75	0.030	252.75	14.03	24.351	0.233
			40	601.71	743.18	0.306	23.42	0.421	294.17	16.03	24.434	0.243
			60	686.24	882.58	0.232	31.45	0.123	355.38	16.91	26.247	0.251
200	35.05	42.139 3	0	309.46	434.71	0.271	2.21	0.003	148.05	9.49	22.120	0.227
			20	580.71	668.25	0.335	14.25	0.027	234.44	14.08	22.735	0.232
			40	671.43	765.77	0.297	16.46	0.555	274.87	16.54	23.204	0.238
			60	639.55	861.87	0.238	23.17	0.127	314.45	17.41	24.399	0.246
300	34.11	40.279 1	0	141.34	143.92	0.328	4.66	0.008	128.57	9.16	21.602	0.223
			20	127.53	201.44	0.276	15.55	0.013	230.37	13.74	21.187	0.227
			40	131.48	189.46	0.236	21.34	0.041	268.82	15.93	22.690	0.238
			60	127.50	94.41	0.292	22.01	0.060	286.04	16.21	24.093	0.243
400	33.49	40.79	0	214.82	127.60	0.436	5.94	0.010	130.10	9.83	21.810	0.215
			20	173.49	195.95	0.332	22.17	0.014	223.70	14.29	21.621	0.228
			40	97.84	184.08	0.204	17.38	0.100	269.59	15.32	21.643	0.225
			60	151.10	141.37	0.323	23.53	0.076	278.91	16.43	24.239	0.241
500	31.22	34.54	0	442.78	252.70	0.465	7.09	0.007	124.02	10.30	19.138	0.216
			20	316.64	380.03	0.285	14.57	0.011	172.61	12.09	20.264	0.223
			40	323.66	390.58	0.252	16.81	0.077	190.49	13.06	20.507	0.227
			60	402.42	527.90	0.247	23.42	0.103	261.50	16.10	21.584	0.242
600	31.22	34.54	0	344.81	157.27	0.472	2.49	0.002	71.24	9.40	12.913	0.207
			20	288.57	296.93	0.302	10.66	0.048	112.71	12.44	13.170	0.219
			40	287.07	300.66	0.211	11.44	0.051	121.79	12.42	14.728	0.218
			60	726.06	355.52	0.363	16.21	0.537	179.47	15.57	19.068	0.228

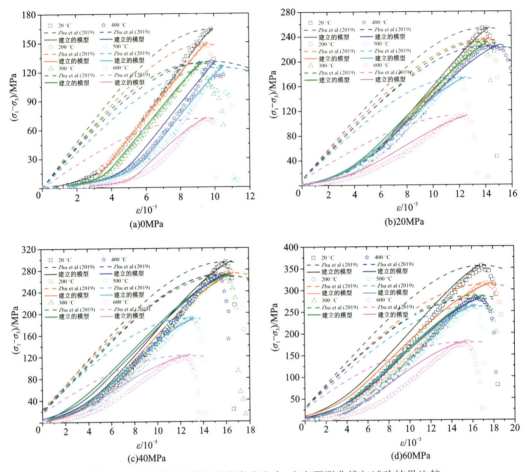

图 8-6 不同围压下高温后花岗岩应力-应变预测曲线与试验结果比较

天然岩石经过长期的地质作用后,不可避免地含有各种初始孔隙。这些现存的微缺陷在高温后逐渐扩展和发展,并在岩体中形成新的微裂隙和裂纹,对岩石的强度有重要的影响。施加荷载应力后,初始孔隙可能被压缩,随着围压应力的增加,初始孔隙压实阶段变得不明显。

如图 3-39 所示,NA 花岗岩原生矿物颗粒之间存在晶间微裂纹。因为矿物颗粒组合中各种矿物的热膨胀行为的变化导致花岗岩在高温后不均匀膨胀,晶间裂纹随温度的升高扩展和延伸。随温度的升高进一步升高,因为同一矿物沿不同晶轴的热膨胀变化会在高温后对花岗岩造成结构损伤,不仅在长石内部,而且在石英内部观察到微裂纹。除了矿物颗粒的进一步热膨胀外,大气压力下 α-石英向 β-石英的转变发生在 573℃,这会导致花岗岩中的热损伤。因此,在 600℃ 时,在石英颗粒中观察到更多的晶内微裂纹,且基本形成了微裂纹网络。通过对不同温度下花岗岩薄片的观察,发现随着温度的升高,微裂纹密度增大,因而在不同的围压应力下,随着温度的升高,孔隙压实阶段变得明显。

在不同的温度和围压条件下,孔隙压实阶段表现出不同的变化趋势。根据初始空隙率的概念,本节模型考虑了高温后花岗岩应变-应力曲线的空隙压实阶段。模型所涉及的基本模型参数可由常规岩石力学试验获得,便于工程应用。此外,正态统计分布与力学参数及岩性无关,对不同岩石具有普适性。由于常规三轴试验未能获得花岗岩高温后应力-应变曲线的峰后阶段特征,我们后续的研究中将对该本构模型进行改进来描绘岩石峰后阶段的力学特征。

第三节 卸荷作用下岩石统计热损伤本构模型研究

一、模型建立

利用 EGS 进行干热岩型地热开发和利用过程中,井壁高温岩石实际处于卸荷状态,岩体在加载与卸荷条件下,其力学特征具有本质区别,因而需要了解卸荷状态下高温岩石的力学特征。Lau 和 Chandler(2004)发现卸荷试验更符合工程实际,采用卸荷条件下的三轴试验测定的岩石力学参数更为准确。为了刻画卸荷条件下干热花岗岩应力-应变关系,本节在本章第二节的基础上,对模型进行简化和改进,建立了卸荷作用下岩石统计热损伤本构模型,并利用本书第三章第四节试验数据对模型进行验证。

如图 3-4 所示,进行卸荷试验时,首先将围压加载到与加载试验相同的水平,然后在轴向位移控制下以 0.005mm/s 的速率加载轴向压力,直到在各个围压下偏应力施加到峰值强度的 70% 时,轴向应力继续增大,而围压以 0.05MPa/s 的速率逐渐卸载,直至岩样破坏。从试验过程可以发现,岩石压密阶段结束时岩石并未进行卸荷。因此,卸荷试验过程中在压密阶段与加载试验相同,本章第二节中关于高温后岩石变形分为孔隙部分 l_0^v 和岩石骨架部分 l_0^s 的假设同样适用于卸荷作用下岩石统计热损伤本构模型,高温作用后岩石空隙部分变形分析同样适用于卸荷作用下岩石统计热损伤本构模型。

在进行卸荷条件下高温作用后岩石骨架部分变形分析时,卸荷后岩石的围压不断降低,本书对此进行简化,以卸荷破坏后的剩余围压 σ_{3f} 来替代不断降低的围压 σ_3,因而卸荷条件下高温后岩石骨架部分的变形(ε_i^s)可以通过第八章第一节计算得出:

$$\varepsilon_i^s = [\sigma_i - v_T(\sigma_{jf} + \sigma_{kf})]/[E_T(1-D_T)] \tag{8-66}$$

式中:σ_{jf} 和 σ_{kf} 为岩石侧向围压,即卸荷破坏后的剩余围压 σ_{3f}。

结合式(8-39)和式(8-66),高温后岩石骨架部分的损伤变量 D_T 可以表示为:

$$D_T = 1 - \frac{(1-\xi_0)[\sigma_i - v_T(\sigma_{jf} + \sigma_{kf})]}{E_T(\varepsilon_i - \xi_0 \varepsilon_i^v)} \tag{8-67}$$

式中:ε_i^v 为高温后岩石孔隙部分的微观应变,可以通过式(8-46)计算得到。

卸荷条件下岩石骨架部分在加载过程中受到损伤时,岩石中孔隙的压密阶段已经基本完成,也就是说 ε_i^v 的值已达到最大值。公式(8-67)可简化为:

$$D_T = 1 - \frac{(1-\xi_0)[\sigma_i - v_T(\sigma_{jf} + \sigma_{kf})]}{E_T(\varepsilon_i - \xi_0)} \tag{8-68}$$

将式(8-68)代入式(8-21),高温后岩石骨架部分的应力水平可以表示为:

$$F_T = \frac{E_T(\varepsilon_i - \xi_0)[\sigma_1 - \sigma_3 - (\sigma_1 + \sigma_3)\sin\phi_T]}{(1-\xi_0)[\sigma_i - v_T(\sigma_{jf} + \sigma_{kf})]} \tag{8-69}$$

此外，结合统计损伤理论，卸荷条件下高温后岩石骨架部分的微观应变(ε_i^s)可推导为

$$D_T = \begin{cases} [\sigma_i - v_T(\sigma_j + \sigma_k)]/E_T & F_T < K_T \\ \dfrac{[\sigma_i - v_T(\sigma_{jf} + \sigma_{kf})]}{E_T}\left[1 - \dfrac{1}{S_0\sqrt{2\pi}}\int_{-\infty}^{F_T}\exp\left[-\dfrac{1}{2}\left(\dfrac{x - F_{n0}}{S_0}\right)^2\right]\mathrm{d}x\right]^{-1} & F_T \geqslant K_T \end{cases} \quad (8\text{-}70)$$

式中：当$F_T \geqslant K_T$时，卸荷条件下高温后岩石的骨架部分发生损伤；当$F_T < K_T$时，卸荷条件下高温后岩石的骨架部分不发生损伤。

将式(8-46)和式(8-70)代入式(8-39)，卸荷条件下考虑孔隙压实阶段变形的岩石统计热损伤本构模型可以表示为

$$\varepsilon_i = \begin{cases} \xi_0\left[1 - \exp\left[-\dfrac{\sigma_i - v_T^v(\sigma_j + \sigma_k)}{E_T^v}\right]\right] + (1 - \xi_0)\dfrac{[\sigma_i - v_T(\sigma_j + \sigma_k)]}{E_T} & F_T < K_T \\ \xi_0\left[1 - \exp\left[-\dfrac{\sigma_i - v_T^v(\sigma_j + \sigma_k)}{E_T^v}\right]\right] + (1 - \xi_0)\dfrac{[\sigma_i - v_T(\sigma_{jf} + \sigma_{kf})]}{E_T} \\ \left[1 - \dfrac{1}{S_0\sqrt{2\pi}}\int_{-\infty}^{F_T}\exp\left[-\dfrac{1}{2}\left(\dfrac{x - F_{n0}}{S_0}\right)^2\right]\mathrm{d}x\right]^{-1} & F_T \geqslant K_T \end{cases} \quad (8\text{-}71)$$

在已建立的加载条件下岩石统计热损伤本构模型的基础上，对此模型进行简化，以卸荷破坏后的剩余围压来替代不断降低的围压，建立了卸荷作用下岩石统计热损伤本构模型，模型同样考虑了高温后花岗岩应变-应力曲线的空隙压实阶段。

二、参数确定

在卸荷作用下岩石统计热损伤本构模型参数确定中，高温后岩石骨架部分的力学参数(E_T、v_T、c_T和ϕ_T)可以通过常规三轴压缩试验获得。由于岩石压密阶段结束时岩石并未进行卸荷，因此高温后岩石孔隙部分的力学参数(ξ_0、E_T^v和v_T^v)的计算方法与第八章第二节相同。

正态分布参数(S_0和F_{n0})的值可通过极值法确定，但参数确定过程中，需要将不断降低的围压σ_3简化为卸荷破坏后的剩余围压σ_{3f}。因此式(8-72)和式(8-73)需要简化为以下式子进行正态分布参数的计算：

将σ_{sc}和ε_{sc}的值代入式(8-69)和式(8-71)第二项，可以得到

$$F_{sc} = \dfrac{E_T(\varepsilon_{sc} - \xi_0)[\sigma_{sc} - \sigma_3 - (\sigma_{sc} + \sigma_3)\sin\phi_T]}{(1 - \xi_0)(\sigma_{sc} - 2v_T\sigma_{3f})} \quad (8\text{-}72)$$

$$\varepsilon_{sc} = \xi_0\left[1 - \exp\left[-\dfrac{\sigma_{sc} - 2v_T\sigma_3}{E_T^v}\right]\right] + (1 - \xi_0)\dfrac{\sigma_{sc} - 2v_T\sigma_3}{E_T}$$

$$\left[1 - \dfrac{1}{S_0\sqrt{2\pi}}\int_{-\infty}^{F_T}\exp\left[-\dfrac{1}{2}\left(\dfrac{x - F_{n0}}{S_0}\right)^2\right]\mathrm{d}x\right]^{-1} \quad (8\text{-}73)$$

式中：F_{sc}是高温后岩石微观单元在峰值点的应力水平F_T的值。

类似地，因为卸荷条件下高温后岩石中的孔隙在弹性变形阶段时，已经被完全压实，所以$\exp[-(\sigma_1 - 2v_T^v s_3)/E_T^v]$的值趋近于0，式(8-73)可简化为

$$\varepsilon_{sc} = \xi_0 + (1 - \xi_0)\dfrac{\sigma_{sc} - 2v_T\sigma_{3f}}{E_T}\left[1 - \dfrac{1}{S_0\sqrt{2\pi}}\int_{-\infty}^{F_T}\exp\left[-\dfrac{1}{2}\left(\dfrac{x - F_{n0}}{S_0}\right)^2\right]\mathrm{d}x\right]^{-1} \quad (8\text{-}74)$$

结合式(8-70)和式(8-71)，当$F_T \geqslant K_T$时，D_T可以表示为

$$D_T = \Phi\left(\frac{F_T - F_{n0}}{S_0}\right) = 1 - \frac{(1-\xi_0)(\sigma_1 - 2\upsilon_T \sigma_{3f})}{E_T(\varepsilon_1 - \xi_0)} \tag{8-75}$$

式中：$\Phi[(F_T - F_{n0})/S_0]$ 代表正态分布标准函数。

将峰值点坐标 $(\sigma_{sc}, \varepsilon_{sc})$ 代入式(8-75)，可得

$$D_{sc} = \Phi\left(\frac{F_{sc} - F_{n0}}{S_0}\right) = 1 - \frac{(1-\xi_0)(\sigma_{sc} - 2\upsilon_T \sigma_{3f})}{E_T(\varepsilon_{sc} - \xi_0)} \tag{8-76}$$

式中：D_{sc} 为 $\sigma_1 = \sigma_{sc}$ 且 $\varepsilon_1 = \varepsilon_{sc}$ 时的热损伤变量 D_T。

结合式(8-72)、式(8-74)和式(8-76)，利用式(8-25)便可以求出卸荷条件下正态分布参数(S_0 和 F_{n0})的值，所有试验和计算的模型整理见表8-3。

表8-3 不同围压和温度下卸荷本构模型的参数

$T/$℃	$\phi_T/$°	$c_T/$MPa	$\sigma_3/$MPa	S_0	F_{n0}	$\varepsilon_{cc}/10^{-3}$	$E_T^v/$MPa	υ_T^v	$\sigma_{sc}/$MPa	$\varepsilon_{sc}/10^{-3}$	$E_T/$GPa	υ_T
20	35.04	43.46	0	344.05	442.36	0.291	7.77	0.092	163.69	9.83	24.025	0.228
			20	430.93	649.48	0.308	18.13	0.018	225.93	13.86	20.756	0.239
			40	540.13	781.97	0.284	22.88	0.060	276.13	14.80	24.388	0.246
			60	442.92	874.13	0.189	30.09	0.123	327.03	15.97	25.235	0.255
200	33.03	42.93	0	309.46	434.71	0.271	2.21	0.003	148.05	9.49	22.120	0.227
			20	409.07	625.54	0.295	18.17	0.023	219.34	13.65	20.681	0.238
			40	528.61	725.79	0.296	24.26	0.107	258.15	14.80	22.935	0.246
			60	564.91	790.52	0.237	32.42	0.097	294.92	15.93	24.341	0.253
300	30.84	41.56	0	141.340	143.919	0.328	4.66	0.008	128.57	9.16	21.602	0.223
			20	285.313	601.793	0.238	15.10	0.059	208.94	13.40	18.456	0.235
			40	548.55	728.34	0.302	34.91	0.126	242.92	14.82	21.643	0.238
			60	541.58	757.94	0.245	22.01	0.076	257.48	15.37	22.516	0.247
400	30.33	41.45	0	214.82	127.60	0.436	5.94	0.010	130.10	9.83	21.810	0.215
			20	368.30	721.83	0.280	16.935	0.039	200.96	12.62	18.428	0.233
			40	544.45	877.87	0.252	19.26	0.110	238.00	14.04	21.620	0.236
			60	756.90	947.55	0.295	22.93	0.031	253.76	15.29	22.077	0.245
500	28.48	35.80	0	442.78	252.70	0.465	7.09	0.007	124.02	10.30	19.138	0.216
			20	306.52	374.11	0.347	13.30	0.024	160.91	12.36	17.314	0.223
			40	353.32	348.952	0.303	15.77	0.073	173.44	14.18	17.465	0.234
			60	379.21	512.81	0.270	27.18	0.120	241.37	15.11	20.890	0.244
600	24.70	22.45	0	344.81	157.27	0.472	2.49	0.002	71.24	9.40	12.913	0.207
			20	387.22	257.65	0.399	7.71	0.041	104.27	12.43	12.409	0.222
			40	422.31	228.96	0.357	10.44	0.101	112.96	13.46	13.432	0.228
			60	424.33	408.36	0.253	16.51	0.142	164.04	13.05	18.815	0.238

三、模型验证

将表 8-3 中的试验参数和计算的模型参数代入到式(8-71),用来验证卸荷作用下岩石统计热损伤本构模型的合理性,图 8-7 为卸荷作用下高温后花岗岩偏应力-应变预测曲线与试验结果对比。如图 8-7 所示,本节所提出的卸荷条件下考虑孔隙压密阶段特征统计损伤本构模型可以很好地描述了卸荷条件下高温后花岗岩的完整应力-应变曲线,理论曲线与实验数据吻合度较高,所建立的损伤模型能很好地反映孔隙压密阶段。

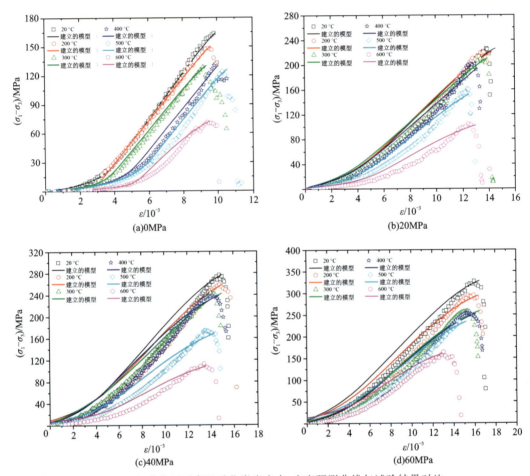

图 8-7 卸荷作用下高温后花岗岩应力-应变预测曲线与试验结果对比

在卸荷试验过程中,岩石压密阶段结束时岩石并未进行卸荷。在不同的温度和围压条件下,本节模型考虑了高温后花岗岩应变-应力曲线的空隙压实阶段,可以反映孔隙压实阶段。模型所涉及的基本模型参数可由常规岩石力学试验获得,便于工程应用,正态统计分布与力学参数及岩性无关,对不同岩石具有普适性。但是,在模型建立过程中不断降低的围压 σ_3 简化为卸荷破坏后的剩余围压 σ_{3f},对岩石屈服阶段应力-应变的刻画具有一定的影响,我们后续的研究中将对该本构模型进行改进来更好地描绘卸荷条件下岩石本构关系。

附 录

附表1 高温自然冷却后NA花岗岩物理力学指标试验数据

T/°C	编号	σ_3/MPa	V_0/cm³	V_1/cm³	V_2/cm³	m_0/g	m_1/g	m_2/g	ρ_0/g·cm⁻³	ρ_1/g·cm⁻³	ρ_2/g·cm⁻³	V_p/m·s⁻¹	$\sigma_1-\sigma_3$/MPa	E/GPa	ε_s/%	v
20	1-0-0	0	192.46	192.46	192.46	499.62	499.62	499.62	2.596	2.596	2.596	4167	163.69	23.29	0.893	0.228
	1-0-1	20	190.33	190.33	190.33	493.12	493.12	493.12	2.591	2.591	2.591	4167	252.75	24.35	1.403	0.233
	1-0-2	40	189.29	189.29	189.29	491.24	491.24	491.24	2.595	2.595	2.595	4167	294.17	24.43	1.603	0.243
	1-0-3	60	193.24	193.24	193.24	501.23	501.23	501.23	2.594	2.594	2.594	4167	355.38	26.25	1.691	0.251
200	1-1-0	0	191.64	190.87	191.84	496.41	495.91	495.47	2.590	2.598	2.583	3571	148.05	22.12	0.949	0.227
	1-1-1	20	190.23	190.87	190.45	494.35	493.32	493.47	2.599	2.585	2.591	3571	234.44	22.74	1.408	0.232
	1-1-2	40	191.75	192.49	191.95	497.07	496.01	496.11	2.592	2.577	2.585	3571	274.87	23.20	1.654	0.238
	1-1-3	60	192.06	192.79	192.26	498.86	497.79	497.91	2.597	2.582	2.590	3571	314.45	24.28	1.741	0.246
300	1-2-0	0	189.76	190.76	190.09	492.30	491.34	491.35	2.594	2.576	2.585	3030	128.57	21.60	0.916	0.223
	1-2-1	20	192.16	193.36	192.53	499.32	498.38	498.49	2.598	2.577	2.589	2941	230.37	21.79	1.374	0.227
	1-2-2	40	192.26	193.30	192.63	498.39	497.30	497.38	2.592	2.573	2.582	3030	268.82	22.69	1.641	0.238
	1-2-3	60	193.19	194.39	193.55	500.79	499.74	499.79	2.592	2.571	2.582	2941	286.04	24.09	1.621	0.243
400	1-3-0	0	189.35	192.14	190.13	491.90	490.83	490.88	2.598	2.555	2.582	2564	130.10	20.20	1.104	0.215
	1-3-1	20	189.60	191.99	190.24	491.53	490.44	490.49	2.592	2.555	2.578	2500	223.70	21.62	1.429	0.228
	1-3-2	40	190.85	193.21	191.56	495.25	494.20	494.19	2.595	2.558	2.580	2564	269.59	21.64	1.532	0.225
	1-3-3	60	190.51	193.42	191.27	494.53	493.51	493.40	2.596	2.552	2.580	2564	278.91	24.24	1.643	0.241
500	1-4-0	0	189.76	193.30	191.08	493.08	491.96	491.99	2.598	2.545	2.575	2000	124.02	19.37	1.184	0.216
	1-4-1	20	190.21	193.20	191.46	492.82	491.73	491.70	2.591	2.545	2.568	2000	172.61	20.26	1.209	0.223
	1-4-2	40	192.27	195.74	193.29	499.41	498.27	498.25	2.597	2.546	2.578	2000	190.49	20.51	1.306	0.227
	1-4-3	60	189.50	192.76	190.73	491.71	490.71	490.52	2.595	2.546	2.572	2041	261.50	21.58	1.365	0.242
600	1-5-0	0	190.86	198.80	193.66	495.01	493.54	493.76	2.594	2.483	2.550	1087	71.24	10.57	1.613	0.207
	1-5-1	20	188.88	196.94	191.87	490.43	489.02	489.19	2.597	2.483	2.550	1064	112.71	13.17	1.244	0.219
	1-5-2	40	191.98	199.05	194.63	497.33	496.01	496.10	2.591	2.492	2.549	1099	121.79	14.73	1.242	0.218
	1-5-3	60	190.05	198.27	193.20	493.36	492.13	492.18	2.596	2.482	2.548	1099	209.54	17.45	1.297	0.228

附表 2 高温遇水冷却后 XZ 花岗岩物理力学指标试验数据

冷却方式	T/°C	编号	D_0/mm	D_a/mm	H_0/mm	H_a/mm	V_0/cm³	V_a/cm³	m_0/g	m_a/g	ρ_0/g·cm⁻³	ρ_a/g·cm⁻³	V_{p0}/m·s⁻¹	V_{pa}/m·s⁻¹	UCS/MPa	E/GPa	ε_s/%
原岩	25	1-0-A	49.55	—	99.90	—	192.63	—	509.49	—	2.645	—	4690	—	103.00	7.99	1.19
		1-0-B	49.66	—	100.03	—	193.77	—	512.96	—	2.647	—	5273	—	102.96	8.09	1.52
		1-0-C	49.67	—	100.27	—	194.30	—	511.78	—	2.634	—	5263	—	100.05	8.01	1.91
		1-0-D	49.63	—	100.11	—	193.58	—	511.96	—	2.645	—	4841	—	100.91	8.13	1.57
高温遇水冷却	200	2-0-A	49.74	49.76	100.02	100.07	194.36	194.61	514.93	514.48	2.649	2.644	5882	4348	83.91	7.91	1.82
		2-0-B	49.65	49.62	99.91	99.89	193.41	193.41	509.66	509.07	2.635	2.632	5896	4353	81.30	8.11	1.76
		2-0-C	49.68	49.71	100.27	100.29	194.37	194.67	515.69	515.15	2.653	2.646	5773	4345	81.02	7.80	1.07
	300	3-0-A	49.83	49.83	99.86	99.95	194.75	194.93	516.59	515.84	2.653	2.646	5882	3448	73.73	7.38	1.55
		3-0-B	49.69	49.72	99.84	99.92	193.59	194.03	515.05	514.41	2.661	2.651	5567	3261	71.06	6.92	1.09
		3-0-C	49.65	49.67	100.04	100.14	193.71	194.01	513.42	512.32	2.650	2.641	5361	3128	72.62	7.15	1.71
	400	4-0-A	49.66	49.74	100.04	100.09	193.77	194.49	512.90	512.19	2.647	2.633	5263	2439	60.73	6.83	1.19
		4-0-B	49.74	49.77	100.24	100.34	194.78	195.21	517.72	516.86	2.658	2.648	5361	2804	59.44	6.65	1.42
		4-0-C	49.42	49.44	99.69	100.16	191.22	192.32	505.36	504.16	2.643	2.621	5175	2560	61.98	6.47	1.83
	500	5-0-A	49.60	49.74	99.95	100.20	193.09	194.72	509.54	508.22	2.639	2.610	5361	2381	47.55	5.99	1.81
		5-0-B	49.65	49.75	100.01	100.18	193.60	194.73	509.88	508.73	2.634	2.612	5361	2400	51.48	6.16	1.48
		5-0-C	49.68	49.80	100.15	100.31	194.15	195.36	517.87	516.75	2.667	2.645	5273	2332	56.64	6.27	1.73
	600	6-0-A	49.61	50.00	99.44	100.17	192.18	196.66	508.25	506.58	2.645	2.576	5273	1351	41.20	5.00	1.82
		6-0-B	49.72	50.09	100.03	100.79	194.25	198.63	514.97	513.98	2.651	2.588	5088	1095	37.33	5.03	1.27
		6-0-C	49.53	49.91	100.06	100.61	192.77	196.86	509.86	508.65	2.645	2.584	4841	1040	42.49	5.36	2.17

续附表 2

冷却方式	T/°C	编号	D_0/mm	D_a/mm	H_0/mm	H_a/mm	V_0/cm³	V_a/cm³	m_0/g	m_a/g	ρ_0/g·cm⁻³	ρ_a/g·cm⁻³	V_{p0}/m·s⁻¹	V_{pa}/m·s⁻¹	UCS/MPa	E/GPa	ε_s/%
高温自然冷却	200	2-1-A	49.65	49.66	100.06	100.13	193.60	193.85	513.97	513.75	2.655	2.649	5273	4348	93.01	8.27	1.37
		2-1-B	49.58	49.60	100.08	100.14	193.10	193.37	513.89	513.65	2.661	2.656	5087	4353	91.37	8.11	1.46
		2-1-C	49.74	49.77	100.07	100.11	194.38	194.68	513.96	513.70	2.644	2.639	4841	4345	93.01	8.01	1.39
	300	3-1-A	49.60	49.63	100.00	100.04	193.14	193.45	514.82	514.52	2.666	2.660	4545	3448	71.06	7.82	1.47
		3-1-B	49.58	49.60	100.06	100.15	193.12	193.42	515.49	515.22	2.669	2.664	4762	3261	85.34	8.02	1.46
		3-1-C	49.63	49.66	99.91	99.96	193.19	193.50	515.49	515.23	2.668	2.663	5000	3128	71.81	7.77	1.32
	400	4-1-A	49.72	49.79	100.01	100.11	194.08	194.81	514.69	514.30	2.652	2.640	5556	2439	71.52	7.07	1.45
		4-1-B	49.69	49.75	99.97	100.08	193.79	194.41	513.62	513.25	2.650	2.640	4920	2804	72.09	7.37	1.64
		4-1-C	49.70	49.78	100.03	100.15	193.93	194.85	514.03	513.67	2.651	2.636	4850	2560	73.17	7.16	1.50
	500	5-1-A	49.71	49.78	99.89	100.07	193.77	194.66	511.19	510.75	2.638	2.624	4965	2381	69.09	6.82	1.91
		5-1-B	49.67	49.74	99.99	100.18	193.66	194.56	510.91	510.44	2.638	2.624	5510	2400	61.74	7.11	1.75
		5-1-C	49.65	49.72	100.01	100.25	193.57	194.52	511.26	510.80	2.641	2.626	5462	2332	58.05	7.16	2.01
	600	6-1-A	49.74	49.90	99.86	100.38	193.92	196.24	509.66	508.97	2.628	2.594	5263	1351	57.02	6.31	2.07
		6-1-B	49.73	49.87	99.91	100.55	194.00	196.30	510.23	509.58	2.630	2.596	4768	1095	61.71	6.24	1.95
		6-1-C	49.71	49.90	100.00	100.41	193.95	196.25	510.79	510.12	2.634	2.599	5088	1040	54.66	6.23	2.05

附表 3 高温遇水冷却循环作用后 SZ 花岗岩物理力学指标试验数据

$T/$ ℃	循环次数	编号	$V_0/$ cm³	$V_a/$ cm³	$m_0/$ g	$m_a/$ g	$\rho_0/$ g·cm⁻³	$\rho_a/$ g·cm⁻³	$V_{p0}/$ m·s⁻¹	$V_{pa}/$ m·s⁻¹	UCS/ MPa	$E/$ GPa	$\varepsilon_s/$ %
20*	0	0-1-A	188.11	188.11	502.28	502.28	2.670	2.670	3812	3812	110.09	17.87	0.86
		0-1-B	190.05	190.05	507.24	507.24	2.669	2.669	3873	3873	120.16	17.77	0.86
		0-1-C	189.27	189.27	504.86	504.86	2.667	2.667	3737	3737	125.40	19.53	0.82
150	1	1-1-A	188.05	188.40	488.07	487.67	2.595	2.588	3759	3127	104.99	16.54	0.88
		1-1-B	188.32	188.46	489.46	489.07	2.599	2.595	3846	3336	102.98	16.76	0.91
		1-1-C	189.88	190.50	491.88	491.45	2.590	2.580	3831	3365	107.35	17.27	0.92
	5	1-2-A	187.50	188.40	488.55	488.13	2.606	2.591	3822	3000	100.16	11.37	0.98
		1-2-B	193.86	194.41	507.92	507.54	2.620	2.611	3814	3066	95.37	13.30	0.99
		1-2-C	194.49	194.97	505.83	505.33	2.601	2.592	3887	3163	102.36	12.23	0.95
	10	1-3-A	195.32	196.27	506.25	505.73	2.592	2.577	3774	3000	87.76	11.70	0.97
		1-3-B	186.55	187.15	483.31	482.81	2.591	2.580	3906	3032	88.61	12.39	1.01
		1-3-C	187.86	188.71	488.77	488.29	2.602	2.588	3690	3062	89.04	12.49	0.99
	20	1-4-A	192.76	193.72	500.27	499.72	2.595	2.580	3831	3062	82.62	8.70	1.13
		1-4-B	188.38	189.20	487.72	487.11	2.589	2.575	3802	2981	69.32	8.50	1.16
		1-4-C	186.94	187.95	484.33	483.78	2.591	2.574	3774	3000	83.82	8.67	1.10
	30	1-5-A	184.63	185.74	479.96	479.38	2.599	2.581	3615	2885	61.37	5.52	1.45
		1-5-B	184.89	186.06	480.69	480.10	2.600	2.580	3823	2943	66.43	5.38	1.48
		1-5-C	185.72	186.77	484.74	484.14	2.610	2.592	3887	2580	63.52	5.76	1.47

续附表 3

$T/$ ℃	循环次数	编号	$V_0/$ cm³	$V_a/$ cm³	$m_0/$ g	$m_a/$ g	$\rho_0/$ g·cm⁻³	$\rho_a/$ g·cm⁻³	$V_{p0}/$ m·s⁻¹	$V_{p,a}/$ m·s⁻¹	UCS/ MPa	$E/$ GPa	$\varepsilon_s/$ %
300	1	2-1-A	194.43	195.87	505.58	505.01	2.600	2.578	3812	2525	99.77	13.71	0.96
		2-1-B	194.27	195.24	503.29	502.81	2.591	2.575	3873	2489	95.08	15.15	0.94
		2-1-C	194.82	196.33	506.56	506.02	2.600	2.577	3737	2516	97.08	14.05	0.94
	5	2-2-A	187.35	189.02	487.79	487.16	2.604	2.577	3759	2463	89.77	11.76	1.02
		2-2-B	186.67	188.19	482.07	481.52	2.582	2.559	3846	2459	82.26	12.44	0.96
		2-2-C	184.89	186.72	481.72	481.15	2.606	2.577	3831	2459	83.97	11.88	1.05
	10	2-3-A	195.32	197.32	507.94	507.27	2.601	2.571	3822	2191	64.55	8.77	1.03
		2-3-B	190.09	191.95	495.90	495.24	2.609	2.580	3814	2206	75.90	10.94	1.04
		2-3-C	186.96	188.83	486.56	485.94	2.602	2.573	3887	2190	67.04	8.88	1.04
	20	2-4-A	186.76	188.83	484.62	483.89	2.595	2.563	3774	1961	63.39	8.39	1.24
		2-4-B	187.43	189.42	488.44	487.71	2.606	2.575	3906	2113	54.69	5.70	1.13
		2-4-C	187.78	189.88	484.08	483.36	2.578	2.546	3690	2100	45.55	5.22	1.06
	30	2-5-A	194.09	196.25	506.34	505.49	2.609	2.576	3831	1974	49.04	4.77	1.51
		2-5-B	193.15	195.62	501.63	500.79	2.597	2.560	3802	2098	48.89	4.73	1.50
		2-5-C	194.30	196.41	507.24	506.54	2.611	2.579	3774	2114	44.46	4.27	1.53

续附表 3

$T/$ ℃	循环次数	编号	$V_0/$ cm³	$V_a/$ cm³	$m_0/$ g	$m_a/$ g	$\rho_0/$ g·cm⁻³	$\rho_a/$ g·cm⁻³	$V_{p0}/$ m·s⁻¹	$V_{pa}/$ m·s⁻¹	UCS/ MPa	$E/$ GPa	$\varepsilon_s/$ %
400	1	3-1-A	188.11	190.38	489.37	488.80	2.601	2.568	3623	1961	91.48	13.97	0.99
		3-1-B	188.86	191.03	482.76	482.21	2.556	2.524	3937	2069	89.55	13.13	0.96
		3-1-C	196.13	198.57	505.96	505.32	2.580	2.545	3650	2143	87.85	13.45	1.03
	5	3-2-A	194.29	196.88	506.08	505.35	2.605	2.567	3615	1676	75.06	9.27	1.02
		3-2-B	185.90	188.61	481.70	481.06	2.591	2.551	3571	1829	78.67	9.25	1.12
		3-2-C	186.40	189.05	485.21	484.45	2.603	2.563	3660	1852	76.48	11.07	1.00
	10	3-3-A	195.79	198.56	507.29	506.47	2.591	2.551	3717	1464	58.36	7.00	1.15
		3-3-B	197.25	200.41	505.34	504.61	2.562	2.518	3846	1604	60.97	6.63	1.19
		3-3-C	184.94	187.89	480.21	479.39	2.597	2.551	3788	1714	74.80	10.90	1.12
	20	3-4-A	195.98	199.41	506.93	505.99	2.587	2.537	3704	1339	43.67	4.12	1.26
		3-4-B	195.69	199.33	506.09	505.02	2.586	2.534	3704	1436	61.69	6.90	1.36
		3-4-C	195.58	198.93	507.22	506.22	2.593	2.545	3704	1531	41.11	4.78	1.08
	30	3-5-A	193.15	196.92	506.47	505.29	2.622	2.566	3615	1310	43.82	4.12	1.65
		3-5-B	191.56	195.32	494.91	493.93	2.584	2.529	3704	1376	42.60	4.18	1.54
		3-5-C	194.55	198.23	508.25	507.11	2.612	2.558	3615	1422	40.66	4.13	1.66

续附表3

$T/$ ℃	循环次数	编号	$V_0/$ cm³	$V_a/$ cm³	$m_0/$ g	$m_a/$ g	$\rho_0/$ g·cm⁻³	$\rho_a/$ g·cm⁻³	$V_{p0}/$ m·s⁻¹	$V_{pa}/$ m·s⁻¹	UCS/ MPa	$E/$ GPa	$\varepsilon_s/$ %
500	1	4-1-A	194.29	197.66	507.18	506.43	2.610	2.562	3788	1613	82.00	12.02	1.07
		4-1-B	189.50	192.95	492.82	492.02	2.601	2.550	3984	1530	74.57	10.49	1.12
		4-1-C	195.71	198.90	506.02	505.13	2.585	2.540	3846	1658	80.41	11.70	1.06
	5	4-2-A	191.12	195.06	494.29	493.25	2.586	2.529	3799	1172	64.42	6.13	1.51
		4-2-B	193.86	197.58	503.01	502.04	2.595	2.541	3615	1261	67.10	6.40	1.57
		4-2-C	187.26	191.03	485.46	484.49	2.592	2.536	3571	1409	60.85	6.30	1.55
	10	4-3-A	196.79	201.08	508.62	507.48	2.585	2.524	3788	1068	37.23	4.02	1.78
		4-3-B	195.63	200.70	507.46	506.28	2.594	2.523	3937	1141	39.73	4.29	1.76
		4-3-C	195.40	198.89	506.71	505.46	2.593	2.541	3891	1310	35.18	4.39	1.77
	20	4-4-A	198.12	202.57	512.13	510.92	2.585	2.522	3891	880	26.78	2.11	2.06
		4-4-B	188.07	192.62	487.47	486.01	2.592	2.523	3846	971	24.94	2.17	2.03
		4-4-C	196.18	201.20	506.76	505.24	2.583	2.511	3774	1132	27.82	2.25	2.02
	30	4-5-A	185.75	190.39	486.51	484.74	2.619	2.546	3707	648	25.13	2.07	2.13
		4-5-B	194.14	201.58	505.88	503.71	2.606	2.499	3701	826	25.55	2.25	2.22
		4-5-C	195.22	202.60	506.54	504.61	2.595	2.491	3704	1091	24.33	2.07	2.19

附表 4 水化学作用后花岗岩基本物性均值数据

T/°C	遇水冷却				pH = 2				pH = 3				pH = 4			
	m/g	V/cm³	ρ/g·cm⁻³	V_p/m·s⁻¹	m/g	V/cm³	ρ/g·cm⁻³	V_p/m·s⁻¹	m/g	V/cm³	ρ/g·cm⁻³	V_p/m·s⁻¹	M/g	V/cm³	ρ/g·cm⁻³	V_p/m·s⁻¹
25	516.44	194.55	2.655	5263	516.44	194.55	2.655	4776	516.44	194.55	2.655	4899	516.44	194.55	2.655	5000
200	513.46	196.29	2.616	4762	511.37	195.19	2.620	4235	512.22	195.39	2.622	4352	512.87	195.32	2.626	4598
300	512.16	197.75	2.560	4071	509.84	195.33	2.610	3528	510.10	196.65	2.594	3692	510.92	197.33	2.589	3912
400	510.44	199.22	2.562	3478	506.84	197.06	2.572	3204	508.37	198.38	2.563	3311	509.01	199.06	2.557	3417
500	502.03	204.43	2.456	2022	505.11	201.99	2.501	2531	504.43	202.13	2.496	2310	503.77	203.13	2.480	2179
600	498.55	210.44	2.369	1220	503.81	206.63	2.438	1922	502.22	208.72	2.406	1645	500.03	209.72	2.384	1319

主要参考文献

蔡燕燕,罗承浩,俞缙,等,2014.热损伤花岗岩三轴卸围压力学特性试验研究[J].岩土工程学报,37(7):1173-1180.

曹文贵,方祖烈,唐学军,1998.岩石损伤软化统计本构模型之研究[J].岩石力学与工程学报,17(6):628-633.

陈亮,刘建锋,王春萍,等,2014.压缩应力条件下花岗岩损伤演化特征及其对渗透性影响研究[J].岩石力学与工程学报,33(2):287-295.

陈四利,冯夏庭,李邵军,2003.化学腐蚀下三峡花岗岩的破裂特征[J].岩土力学,24(5):817-21.

陈有亮,邵伟,周有成,2011.高温作用后花岗岩力学性能试验研究[J].力学季刊,32(3):397-402.

崔翰博,唐巨鹏,姜昕彤,2019.自然冷却和遇水冷却后高温花岗岩力-声特性试验研究[J].固体力学学报,40(6):571-582.

崔强,冯夏庭,薛强,等,2008.化学腐蚀下砂岩孔隙结构变化的机制研究[J].岩石力学与工程学报,27(6):1209-1216.

邓华锋,胡安龙,李建林,等,2017.水岩作用下砂岩劣化损伤统计本构模型[J].岩土力学,38(3):631-639.

邓龙传,李晓昭,吴云,等,2020.不同冷却方式对花岗岩力学损伤特征影响[J].煤炭学报,10:1284.

丁歌,朱占平,禚志博,等,2017.浅部流体对花岗岩储集空间改造作用实验研究[J].世界地质,36(1):217-225.

董楠楠,2018.高温遇水冷却循环作用下花岗岩损伤研究[D].武汉:中国地质大学(武汉).

董青青,梁小丛,2012.基于优化的BP神经网络地层可钻性预测模型[J].探矿工程(岩土钻掘工程),X9(11):26-28.

杜守继,刘华,陈浩华,等,2003.高温后花岗岩密度及波动特性的试验研究[J].上海交通大学学报,37(12):1900-1904.

杜守继,刘华,职洪涛,等,2004.高温后花岗岩力学性能的试验研究[J].岩石力学与工程学报,23(14):2359-2364.

方新宇,许金余,刘石,等,2016.高温后花岗岩的劈裂试验及热损伤特性研究[J].岩石力学与工程学报（S1）：2687-2694.

方圆,张万益,曹佳文,等,2018.我国能源资源现状与发展趋势[J].矿产保护与利用,4：34-42.

冯子军,赵阳升,张渊,等,2014.热破裂花岗岩渗透系数变化的临界温度[J].煤炭学报,39（10）：1987-1992.

冯子军,赵阳升,赵金昌,等,2010.高温4000m静水压力下钻进过程中花岗岩体变形特征[J].岩石力学与工程学报,29(增2):4108-4112.

高峰,徐小丽,杨效军,等,2009.岩石热黏弹塑性模型研究[J].岩石力学与工程学报,28(1)：74-80.

韩铁林,陈蕴生,师俊平,等,2013.水化学腐蚀对砂岩力学特性影响的试验研究[J].岩石力学与工程学报,32(增2):3064-3072.

何春明,郭建春,2013.酸液对灰岩力学性质影响的机制研究[J].岩石力学与工程学报,32(S2):3016-3021.

侯公羽,梁金平,胡涛,等,2019.不同围压下卸荷速率对围岩变形与破坏的影响[J].岩石力学与工程学报,38(3)：433-444.

胡少华,章光,张焱,等,2016.热处理北山花岗岩变形特性试验与损伤力学分析[J].岩土力学,37(12):3428-3436.

胡绍波,2019.基于模糊数学方法评价机械钻速[J].化学工程与装备(11):116-119.

黄润秋,黄达,2008.卸荷条件下花岗岩力学特性试验研究[J].岩石力学与工程学报,27(11)：2205-2213.

黄中伟,温海涛,武晓光,等,2019.液氮冷却作用下高温花岗岩损伤实验[J].中国石油大学学报(自然科学版),43(2)：73-81.

霍润科,2006.酸性环境下砂浆、砂岩材料的受酸腐蚀过程及其基本特性劣化规律的试验研究[D].西安:西安理工大学.

姜尧发,孙宝玲,钱汉东,2009.矿物岩石学[M].北京:地质出版社.

解元,徐能雄,秦严,等,2019.遇水快速冷却与自然冷却对高温花岗岩物理性质影响实验研究[J].工程勘察,47(4):1-5.

靳佩桦,胡耀青,邵继喜,等,2018.急剧冷却后花岗岩物理力学及渗透性质试验研究[J].岩石力学与工程学报,37(11)：2556-2564.

荆铁亚,赵文韬,郜时旺,等,2018.干热岩地热开发实践及技术可行性研究[J].中外能源,23（11）:17-22.

康健,2008.岩石热破裂的研究及应用[M].大连:大连理工大学出版社.

雷治红,2020.青海共和盆地干热岩储层特征及压裂试验模型研究[D].长春:吉林大学.

李斌,张先普,1989.岩石的主要物理力学性质与岩石可钻性的关系探讨[C].第四届全国岩石破碎学术讨论会论文集.

李长春,付文生,袁建新,等,1991.考虑温度效应的岩石损伤内时本构关系[J].岩土力学，12(3)：1-10.

李地元，孙志，李夕兵，等，2016.不同应力路径下花岗岩三轴加卸载力学响应及其破坏特征[J].岩石力学与工程学报(s2):3449-3457.

李二兵，王永超，陈亮，等，2018.北山花岗岩热损伤力学特性试验研究[J].中国矿业大学学报，47(4):735-741.

李光雷，蔚立元，靖洪文，等，2017 酸腐蚀后灰岩动态压缩力学性质的试验研究[J].岩土力学(11):174-181.

李鹏，刘建，李国和，等，2011.水化学作用对砂岩抗剪强度特性影响效应研究[J].岩土力学，32(2):380-386.

李天斌，高美奔，陈国庆，等，2017.应脆性岩石热-力-损伤本构模型及其初步运用[J].岩土工程学报，39(8):1477-1484.

李文，孔祥军，袁利娟，等，2020.中国地热资源概况及开发利用建议[J].中国矿业，29(增1):22-26.

李志国，2009.深部井眼岩石可钻性与岩石力学特性实验研究[D].重庆:重庆大学.

梁铭，张绍和，舒彪，2018.不同冷却方式对高温花岗岩巴西劈裂特性的影响[J].水资源与水工程学报，29(2):186-193.

梁源凯，2019.热力耦合作用下花岗岩热破裂规律数值模拟研究[D].太原:太原理工大学.

蔺文静，王凤元，甘浩男，等，2015.福建漳州干热岩资源选址与开发前景分析[J].科技导报，33(19):28-34.

蔺文静，王贵玲，邵景力，等，2021.我国干热岩资源分布及勘探:进展与启示[J].地质学报，95(5):1366-1381.

凌斯祥，巫锡勇，孙春卫，等，2016.水岩化学作用对黑色页岩的化学损伤及力学劣化试验研究[J].试验力学，31(4):511-524.

刘泉声，王崇革，2002.岩石时-温等效原理的理论与实验研究——第一部分:岩石时-温等效原理的热力学基础[J].岩石力学与工程学报，21(2):193-198.

刘泉声，许锡昌，2000.温度作用下脆性岩石的损伤分析[J].岩石力学与工程学报，19(4):408.

刘泉声，许锡昌，山口勉，等，2002.岩石时-温等效原理的理论与实验研究——第二部分:岩石时-温等效原理主曲线与移位因子[J].岩石力学与工程学报，21(3):320-325.

刘之的，夏宏泉，陈平，等，2004.基于灰色GM(0,N)法的测井预测岩石可钻性研究[J].天然气工业(11):76-78+19-20.

卢世红，胡湘炯，陈庭根，1984.刮刀钻头钻速规律的初步研究[J].华东石油学院学报(1):65-72.

卢运虎，王世永，陈勉，等，1984.高温热处理共和盆地干热岩力学特性实验研究[J].地下空间与工程学报，16(1):114-121.

陆川,王贵玲,2015.干热岩研究现状与展望[J].科技导报,33(19):13-21.

吕琪,2019.鲁灰花岗岩高温遇水冷却后断裂特性研究[D].太原:中北大学.

罗生银,窦斌,田红,等,2020.自然冷却后与实时高温下花岗岩物理力学性质对比试验研究[J].地学前缘,141(1):182-188.

罗生银,2020.水化学作用后高温花岗岩溶蚀损伤机理研究[D].武汉:中国地质大学(武汉).

马啸,马东东,胡大伟,等,2019.实时高温真三轴试验系统的研制与应用[J].岩石力学与工程学报,38(8):1605-1614.

毛翔,国殿斌,罗璐,等,2019.世界干热岩地热资源开发进展与地质背景分析[J].地质评论,65(6):1462-1472.

苗胜军,蔡美峰,冀东,等,2016.酸性化学溶液作用下花岗岩力学特性与参数损伤效应[J].煤炭学报,41(4):829-835.

闵明,张强,蒋斌松,等,2020.实时高温下北山花岗岩劈裂试验及声发射特性[J].长江科学院院报,37(3):108-113.

牛传星,秦哲,冯佰研,等,2016.水岩作用下蚀变岩力学性质损伤规律[J].长江科学院院报,33(8):75-79.

钱伯章,2010.水力能与海洋能及地热能技术与应用[M].北京:科学出版社.

乔丽苹,刘建,冯夏庭,2007.砂岩水物理化学损伤机制研究[J].岩石力学与工程学报,26(10):2117-2124.

秦严,2017.高温后花岗岩物理力学性质试验研究[D].北京:中国地质大学(北京).

邱一平,林卓英,2006.花岗岩样品高温后损伤的试验研究[J].岩土力学,27(6):1005-1010.

沙林秀,张奇志,贺星耀,2013.基于SDCQGA优化BP神经网络的岩石可钻性建模[J].西安石油大学学报(自然科学版),28(2):92-97.

申林方,冯夏庭,潘鹏志,等,2010.单裂隙花岗岩在应力-渗流-化学耦合作用下的试验研究[J].岩石力学与工程学报,29(7):1379-1388.

史晓亮,段隆臣,王蕾,等,2002.微钻法进行岩石可钻性分级[J].金刚石与磨料磨具工程(3):32-34.

汤连生,张鹏程,王思敬,2002.水岩化学作用的岩石宏观力学效应的试验研究[J].岩石力学与工程学报,21(4):526-531.

唐春安,1993.岩石破裂过程中的灾变[M].北京:煤炭工业出版社.

田红,梅钢,郑明燕,2016.高温作用后岩石物理力学特性[M].武汉:中国地质大学出版社.

万志军,2006.非均质岩体热力耦合作用及煤炭地下气化通道稳定性研究[D].徐州:中国矿业大学.

王博,2016.腐蚀砂岩受酸过程的物理性质及其细观特性研究[D].西安:西安建筑科技大学.

王成福,赵玉,过广华,2020.地热能产业现状与可持续发展对策[J].宏观经济管理(6):61-67.

王传乐,杜广印,李二兵,等,2021.北山深部花岗岩常规三轴压缩条件下的强度参数演化及能量耗散[J].岩石力学与工程学报,36(7):1599-1610.

王贵玲,刘彦广,朱喜,等,2020.中国地热资源现状及发展趋势[J].地学前缘,27(1):1-9.

王贵玲,张薇,梁继运,等,2017.中国地热资源潜力评价[J].地球学报,38(4):449-459.

王宏伟,冀东,武旭,2016.水化学腐蚀对花岗岩力学特性影响的试验研究[J].矿业研究与开发,36(8):109-113.

王靖涛,赵爱国,黄明昌,1989.花岗岩断裂韧度的高温效应[J].岩土工程学报,11(6):113-110.

王苏然,陈有亮,周倩,等,2018.酸性溶液化学腐蚀作用下花岗岩单轴压缩力学性能试验[J].地质学刊,42(4):686-693.

王伟,李雪浩,朱其志,等,2017.水化学腐蚀对砂板岩力学性能影响的试验研究[J].岩土力学,38(9):2559-2566+2573.

王伟,刘桃根,李雪浩,等,2015.化学腐蚀下花岗岩三轴压缩力学特性试验[J].中南大学学报(自然科学版),46(10):3801-3807.

王学怀,2019.花岗岩高温自然冷却后的断裂力学[D].太原:中北大学.

王志刚,蒋庆哲,董秀成,等,2020.中国油气产业发展分析与展望报告蓝皮书(2019-2020)[M].北京:中国石化出版社.

王转转,欧成华,王红印,等,2019.国内地热资源类型特征及其开发利用进展[J].水利水电技术,50(6):187-195.

吴刚,翟松韬,王宇,2015.高温下花岗岩的细观结构与声发射特性研究[J].岩土力学,36(增1):351-356.

吴海东,2017.高温条件下金刚石钻头钻进实验研究[D].长春:吉林大学.

吴顺川,郭沛,张诗淮,等,2018.基于巴西劈裂试验的花岗岩热损伤研究[J].岩石力学与工程学报,37(S2):3805-3816.

吴阳春,邵保平,王磊,等,2020.高温后花岗岩的物理力学特性试验研究[J].中南大学学报(自然科学版),51(1):193-203.

伍英,2009.黑云母向绿泥石转化过程中微观形态及光性特征[J].内蒙古石油化工(10):5-7.

武强,涂坤,徐生恒,等,2020.我国能源供给与消费优化精准配置探讨——以浅层地热能与建筑物供暖制冷配置为例[J].中国能源,42(5):4-8.

邵保平,吴阳春,赵阳升,等,2020.不同冷却模式下花岗岩强度对比与热破坏能力表征试验研究[J].岩石力学与工程学报,39(2):286-300.

邵保平,赵阳升,万志军,等,2009.热力耦合作用下花岗岩流变模型的本构关系研究

[J]. 岩石力学与工程学报, 28(5): 956-967.

邵保平, 赵阳升, 2010. 600℃内高温状态花岗岩遇水冷却后力学特性试验研究[J]. 岩石力学与工程学报, 29(5): 892-898.

谢祥俊, 张琥, 范翔宇, 2010. 基于最小二乘支持向量机的岩石可钻性研究[J]. 西南石油大学学报(自然科学版), 32(1): 145-147+203.

徐达, 2018. 高温花岗岩遇水冷却可钻性研究[D]. 武汉: 中国地质大学(武汉).

徐世光, 郭远生, 2009. 地热学基础[M]. 北京: 科学出版社.

徐小丽, 2008. 温度载荷作用下花岗岩力学性质演化及其微观机制研究[D]. 徐州: 中国矿业大学.

徐小丽, 高峰, 张志镇, 2014. 高温后围压对花岗岩变形和强度特性的影响[J]. 岩土工程学报, 36(12): 2246-2252.

徐小丽, 高峰, 张志镇, 等, 2015. 实时高温下加载速率对花岗岩力学特性影响的试验研究[J]. 岩土力学, 36(8): 2184-2192.

徐银花, 徐小丽, 2017. 高温下岩石损伤本构模型研究[J]. 广西大学学报(自然科学版), 42(1): 226-235.

许天福, 胡子旭, 李胜涛, 等, 2018. 增强型地热系统: 国际研究进展与我国研究现状[J]. 地质学报, 92(9): 1936-1947.

许天福, 张延军, 曾昭发, 等, 2012. 增强型地热系统(干热岩)开发技术进展[J]. 科技导报, 30(32): 42-45.

许锡昌, 刘泉声, 2000. 高温下花岗岩基本力学性质初步研究[J]. 岩土工程学报, 22(3): 332-335.

鄢泰宁, 孙友宏, 彭振斌, 等, 2001. 岩土钻掘工程学[M]. 武汉: 中国地质大学出版社.

杨圣奇, 田文岭, 董晋鹏, 2021. 高温后两种晶粒花岗岩破坏力学特性试验研究[J]. 岩土工程学报, 43(2): 281-289.

杨玮, 2014. 高压高温岩石可钻性实验研究[D]. 成都: 西南石油大学.

阴伟涛, 赵阳升, 冯子军, 2020. 高温三轴应力下裂隙后期充填花岗岩渗透特性试验研究[J]. 岩石力学与工程学报, 39(11): 2234-2243.

尤明庆, 华安增, 1998. 岩石试样的三轴卸围压试验[J]. 岩石力学与工程学报, 17(1): 24.

余莉, 彭海旺, 李国伟, 等, 2021. 花岗岩高温-水冷循环作用下的试验研究[J]. 岩土力学, 42(4): 1-11.

喻勇, 2020. 不同冷却方式下高温花岗岩损伤机理研究[D]. 武汉: 中国地质大学(武汉).

岳高凡, 李晓媛, 甘浩男, 等, 2020. 花岗岩酸岩作用反应动力学研究[J]. 地质学报, 94(7): 2107-2114.

岳汉威, 马振珠, 包亦望, 2011. 酸腐蚀作用对岩石的接触变形和损伤的影响[J]. 中南大学学报(自然科学版), 42(5): 1282-1289.

主要参考文献

张洪伟,万志军,周长冰,等,2021.干热岩高温力学特性及热冲击效应分析[J].采矿与安全工程学报,38(1):138-145.

张厚美,薛佑刚,1999.岩石可钻性表示方法探讨[J].钻采工艺(1):18-21.

张晶瑶,马万昌,张凤鹏,等,1996.高温条件下岩石结构特征的研究[J].东北大学学报(自然科学版),17(1):5-9.

张静华,王靖涛,赵爱国,1987.高温下花岗岩断裂特性的研究[J].岩土力学,8(4):13-18.

张巨川,段隆臣,石浩,等,2010.干摩擦条件下钻头胎体与花岗石摩擦特性的试验研究[J].金刚石与磨料磨具工程,30(4):49-53.

张伟,2016.高温岩体热能开发及钻进技术[J].探矿工程(岩土钻掘工程),43(10):219-224.

张卫强,2017.岩石热损伤微观机制与宏观物理力学性质演变特征研究[D].徐州:中国矿业大学.

张晓东,易发全,张强,等,2003.PDC钻头与岩石相互作用规律试验研究[J].江汉石油学院学报(S1):64-65+7.

赵国凯,胡耀青,靳佩桦,等,2019.实时温度与循环载荷作用下花岗岩单轴力学特性实验研究[J].岩石力学与工程学报,38(5):927-937.

赵金昌,万志军,李义,等,2009.高温高压条件下花岗岩切削破碎试验研究[J].岩石力学与工程学报,28(7):1432-1438.

赵旭,杨艳,刘雨虹,等,2020.全球地热产业现状与技术发展趋势[J].世界石油工业,27(1):53-58.

赵亚永,魏凯,周佳庆,等,2017.三类岩石热损伤力学特性的试验研究与细观力学分析[J].岩石力学与工程学报(1):142-151.

赵阳升,孟巧荣,康天合,等,2008.显微CT试验技术与花岗岩热破裂特征的细观研究[J].岩石力学与工程学报,27(1):28-34.

赵阳升,万志军,张渊,等,2008.20MN伺服控制高温高压岩体三轴试验机的研制[J].岩石力学与工程学报,27(1):1-8.

支乐鹏,许金余,刘军忠,等,2012a.花岗岩高温后的超声性质及力学性能研究[J].地下空间与工程学报,8(4):716-721.

支乐鹏,许金余,刘军忠,等,2012b.花岗岩高温后巴西劈裂抗拉实验及超声特性研究[J].岩土力学,33(增1):61-66.

周总瑛,刘世良,刘金侠,2015.中国地热资源特点与发展对策[J].自然资源学报,30(7):1210-1221.

朱合华,闫治国,邓涛,等,2006.3种岩石高温后力学性质的试验研究[J].岩石力学与工程学报,25(10):1945-1950.

朱振南,2021.干热岩井壁围岩物理力学特性研究[D].武汉:中国地质大学(武汉).

朱振南,田红,董楠楠,等,2018.高温花岗岩遇水冷却后物理力学特性试验研究[J].岩土力学,39(S2):169-176

自然资源部中国地质调查局,2019. 全球矿业发展报告2019[R]. 北京:中国矿业报社.

自然资源部中国地质调查局,等,2018. 中国地热能发展报告(2018)[M]. 北京:中国石化出版社.

邹乾胜,2017. 酸性环境饱水时间对红砂岩力学参数劣化规律研究[J]. 能源与环保,39(11):170-174.

ALM O, JAKTLUND L L, SHAOQUAN K, 1985. The influence of microcrack density on The elastic and fracture mechanical properties of Stripa granite[J]. Physics of the Earth and Planetary Interiors, 40(3): 161-179.

ANEMANGELY M, RAMEZANZADEH A, MOHAMMADI BEHBOUD M, 2019. Geomechanical parameter estimation from mechanical specific energy using artificial intelligence[J]. Journal of Petroleum Science and Engineering, 175: 407-429.

ANN B, JUHA A, TOBIAS B, et al., 2008. Numerical modelling of uniaxial compressive failure of granite with and without saline porewater[J]. International Journal of Rock Mechanics & Mining Sciences, 45(7): 1126-1142.

AR E, RANJITH P G, VIETE D R, 2011. An experimental investigation into the drilling and physico-mechanical properties of a rock-like brittle material[J]. Journal of Petroleum Science and Engineering. 76(3-4): 185-193.

BAI Y, SHAN R, JU Y, et al., 2020. Study on the mechanical properties and damage constitutive model of frozen weakly cemented red sandstone[J]. Cold Regions Science and Technology, 171: 102980.

BARSHAD I, 1952. Temperature and heat of reaction calibration of the differential thermal analysis apparatus[J]. American Mineralogist, 37(8): 667-694.

BERTANI R, 2012. Geothermal power generation in the world 2005—2010 update report[J]. Geothermics, 41: 1-29.

BERTANI R, 2015. Geothermal power generation in the world 2010—2014 update report[J]. Geothermics, 60: 31-43.

BREEDE K, DZEBISASHVILI K, LIU X, et al., 2013. A systematic review of enhanced (or engineered) geothermal systems: past, present and future[J]. Geothermal Energy, 1:4.

CAO W G, LI X, ZHAO H, 2007. Damage constitutive model for strain-softening rock based on normal distribution and its parameter determination[J]. Journal of Central South University of Technology, 14(5): 719-724.

CAO W G, TAN X, ZHANG C, et al., 2019. Constitutive model to simulate full deformation and failure process for rocks considering initial compression and residual strength behaviors[J]. Canadian Geotechnical Journal, 56(5): 649-661.

CHAKI S, TAKARLI M, AGBODJAN W P, 2008. Influence of thermal damage on physical properties of a granite rock: porosity, permeability and ultrasonic wave evolutions[J]. Construction and Building Materials, 22: 1456-1461.

CHEN G, LI T, LI G, et al., 2018. Influence of temperature on the brittle failure of granite in deep tunnels determined from triaxial unloading tests[J]. European Journal of Environmental and Civil Engineering, 22(S1): 1-17.

CHEN J H, FENG Y, HAN Y N, et al., 2017. Continuous rock drillability measurements using scratch tests[J]. Journal of Petroleum Science and Engineering, 159: 783-790.

CHEN L, LIU J F, WANG C P, et al., 2015. Experimental investigation on the creep behaviour of Beishan granite under different temperature and stress conditions[J]. European Journal of Environmental and Civil Engineering, 19(S1): 43-53.

CHEN S W, YANG C, WANG G, 2017. Evolution of thermal damage and permeability of Beishan granite[J]. Applied Thermal Engineering, 110: 1533-1542.

CHEN Y L, WANG S R, NI J, et al., 2017. An experimental study of the mechanical properties of granite after high temperature exposure based on mineral characteristics[J]. Engineering Geology, 220: 234-242.

DAI B, ZHAO G Y, KONIETZKY H, et al., 2018. Experimental and numerical study on the damage evolution behaviour of granitic rock during loading and unloading[J]. KSCE Journal of Civil Engineering, 22(9): 3278-3291.

DENG J, GU D S, 2011. On a statistical damage constitutive model for rock materials[J]. Computers & Geosciences, 37: 122-128.

DWIVEDI R D, GOEL R K, PRASAD V V R, et al., 2008. Thermo-mechanical properties of Indian and other granites[J]. International Journal of Rock Mechanics and Mining Sciences, 45(3): 303-315.

FAN L F, GAO J W, WU Z J, et al., 2018. An investigation of thermal effects on micro-properties of granite by X-ray CT technique[J]. Applied Thermal Engineering, 140: 505-519.

FAN L F, WU Z J, WAN Z, et al., 2017. Experimental investigation of thermal effects on dynamic behavior of granite[J]. Applied Thermal Engineering, 125: 93-103.

FENG X T, DING W X, ZHANG D X, 2009. Multi-crack interaction in limestone subject to stress and flow of chemical solutions[J]. International Journal of Rock Mechanics & Mining Sciences, 46: 159-171.

FENG Y J, SU H J, ZHANG W Q, et al., 2021. Experimental Study on Mechanical Behaviors and Fracture Features of Coarse Marble Specimens after Thermal Shock[J]. Int. J. Geomech., 21(6): 06021013.

FENG Z J, ZHAO Y S, YUAN Z, et al., 2018. Real-time Permeability evolution of thermally cracked granite at triaxial stresses[J]. Applied Thermal Engineering, 133: 194-200.

GALLUP D L, 2009. Production engineering in geothermal technology: a review[J]. Geothermics, 38(3): 326-334.

GAUTAM P K, VERMA A K, JHA M K, et al., 2018. Effect of high temperature on physical and mechanical properties of Jalore granite[J]. Journal of Applied Geophysics, 159: 460-474.

GE Z L, SUN Q, 2018. Acoustic emission (AE) characteristics of granite after heating and cooling cycles[J]. Engineering Fracture Mechanics, 200: 418-429.

GéRAUD Y, MAZEROLLE F, RAYNAUD S, 1992. Comparison between connected and overall porosity of thermally stressed granites[J]. Journal of Structural Geology, 14(8/9): 981-990.

GRIFFITHS L, LENGLINé O, HEAP M J, et al., 2018. Thermal Cracking in Westerly Granite Monitored Using Direct Wave Velocity, Coda Wave Interferometry, and Acoustic Emissions[J]. Journal of Geophysical Research Solid Earth, 123(3): 2246-2261.

HE L X, YIN Q, JING H W, 2018. Laboratory Investigation of Granite Permeability after High-Temperature Exposure[J]. Processes, 6(4): 36.

HEARD H C, PAGE L, 1982. Elastic moduli, thermal expansion, and inferred permeability of two granites to 350°C and 55 megapascals[J]. Journal of Geophysical Research Solid Earth, 87(B11): 9340-9348.

HEUZE F E, 1983. High-temperature mechanical, physical and Thermal properties of granitic rocks- a review[J]. International Journal of Rock Mechanics and Mining Sciences & Geomechanics Abstracts, 20(1): 3-10.

HOMAND-ETIENNE F, HOUPERT R, 1989. Thermally induced microcracking in granites: characterization and analysis[J]. International Journal of Rock Mechanics and Mining Sciences & Geomechanics Abstracts, 26(2): 125-134.

HOMAND-ETIENNE F, TROALEN J P, 1984. Behaviour of granites and limestones subjected to slow and homogeneous temperature changes[J]. Engineering Geology, 20: 219-33.

HOMAND-ETIENNE F, 1989. Heating effect on rock properties: Thermal expansion and microcracking[C]. International Symp. on Rock Mechanics, Pau, France.

HOSEINIE S H, AGHABABAEI H, POURRAHIMIAN Y, 2008. Development of a new classification system for assessing of rock mass drillability index[J]. International Journal of Rock Mechanics and Mining Sciences, 45(1): 1-10.

HU J J, XIE H P, LI C B, et al., 2021. Effect of cyclic thermal shock on granite pore permeability[J]. Lithosphere, 5: 1-11.

HUANG Y H, YANG S Q, TIAN W L, et al., 2017. Physical and mechanical behavior of granite containing pre-existing holes after high temperature treatment[J]. Archives of Civil and Mechanical Engineering, 17(4): 912-925.

HUECKEL T, PEANO A, PELLEGRINI R, 1994. A thermo-plastic constitutive law for brittle-plastic behavior of rocks at high temperatures[J]. Pure & Applied Geophysics, 143(1-3): 483-510.

ISAKA B L A, RANJITH P G, RATHNAWEERA T D, et al., 2018. An Influence of Thermally-Induced Micro-Cracking under Cooling Treatments: Mechanical Characteristics of Australian Granite[J]. Energies, 11(6): 1338.

JIANG G H, ZUO J P, LI L Y, et al., 2018. The Evolution of Cracks in Maluanshan Granite Subjected to Different Temperature Processing[J]. Rock Mechanics and Rock Engineering, 51: 1683-1695.

JIN P H, HU Y Q, SHAO J X, et al., 2019. Influence of different thermal cycling treatments on the physical, mechanical and transport properties of granite[J]. Geothermics, 78: 118-128.

KANG F, JIA T R, Li Y C, et al., 2021. Experimental study on the physical and mechanical variations of hot granite under different cooling treatments[J]. Renewable Energy, 7: 132.

KANT M A, AMMANN J, ROSSI E, et al., 2017. Thermal properties of Central Aare granite for temperatures up to 500°C: Irreversible changes due to thermal crack formation[J]. Geophysical Research Letters, 44(2): 771-776.

KOZUSNIKOVA A, KONECNY P, PLEVOVA E, et al., 2017. Changes of Physical Properties of Silesian Granite Due to Heat Loading[J]. Procedia Engineering, 191: 426-433.

KUMARI W G P, BEAUMONT D M, RANJITH P G, et al., 2019. An experimental study on tensile characteristics of granite rocks exposed to different high-temperature treatments[J]. Geomechanics and Geophysics for Geo-Energy and Geo-Resources, 5(1): 47-64.

KUMARI W G P, RANJITH P G, PERERA M S A, et al., 2017. Mechanical behaviour of Australian Strathbogie granite under in-situ stress and temperature conditions: An application to geothermal energy extraction[J]. Geothermics, 65: 44-59.

KUMARI W G P, RANJITH P G, PERERA M S A, et al., 2017. Temperature-dependent mechanical behaviour of Australian Strathbogie granite with different cooling treatments[J]. Engineering Geology, 229: 31-44.

LAU J S O, CHANDLER N A, 2004. Innovative laboratory testing[J]. International Journal of Rock Mechanics & Mining Sciences, 41(8): 1427-1445.

LEI Z H, ZHANG Y J, YU Z W, et al., 2019. Exploratory research into the enhanced geothermal system power generation project: The Qiabuqia geothermal field, Northwest China[J]. Renewable Energy, 139: 52-70.

LEI Z, ZHANG Y, ZHANG S, et al., 2020. Electricity generation from a three-horizontal-well enhanced geothermal system in the Qiabuqia geothermal field, China: Slickwater fracturing treatments for different reservoir scenarios[J]. Renewable Energy, 145: 65-83.

LEMAITRE J, 1984. How to use damage mechanics[J]. Nuclear Engineering and Design, 80(2): 233-245.

LI B Y, JU F, XIAO M, et al., 2019. Mechanical stability of granite as thermal energy storage material: An experimental investigation [J]. Engineering Fracture Mechanics, 211: 61-69.

LI B, JU F, 2018. Thermal stability of granite for high temperature thermal energy storage in concentrating solar power plants[J]. Applied Thermal Engineering, 138: 409-416.

LI C, HU Y Q, MENG T, et al., 2020. Experimental study of the influence of temperature and cooling method on mechanical properties of granite: Implication for geothermal mining[J]. Energy Science & Engineering, 8: 1716-1728.

LI X, CAO W G, SU Y H, et al., 2012. A statistical damage constitutive model for softening behavior of rocks[J]. Engineering Geology, 144: 1-17.

LI Y, JIA D, RUI Z, et al., 2017. Evaluation method of rock brittleness based on statistical constitutive relations for rock damage[J]. Journal of Petroleum Science and Engineering, 153: 123-132.

LIN W R, 2002. Permanent strain of thermal expansion and thermally induced microcracking in Inada granite[J]. Journal of Geophysical Research, 107(B10): 2215.

LIU S, XU J, 2015. An experimental study on the physico-mechanical properties of two post-high-temperature rocks[J]. Engineering Geology, 185(4): 63-70.

LOKAJíCEK T, RUDAJEV V, DWIVEDI R D, et al., 2012. Influence of thermal heating on elastic wave velocities in granulite[J]. International Journal of Rock Mechanics & Mining Sciences, 54: 1-8.

LU S M, 2018. A global review of enhanced geothermal system(EGS)[J]. Renewable and Sustainable Energy Reviews, 81: 2902-2921.

LUO J, ZHU Y, GUO Q, et al., 2018. Chemical Stimulation on the hydraulic properties of artificially fractured granite for enhanced geothermal system[J]. Energy, 142: 754-764.

MA X, WANG G, HU D, et al., 2020. Mechanical properties of granite under real-time high temperature and three-dimensional stress[J]. International Journal of Rock Mechanics and Mining Sciences, 136(1): 104521.

MAINPRICE D, BOUCHEZ J L, BLUMENFELD P, et al., 1986. Dominant c slip in naturally deformed quartz: Implications for dramatic plastic softening at high temperature [J]. Geology, 14: 812-822.

MENG L B, LI T B, LIAO A J, et al., 2018. Anisotropic Mechanical Properties of Sandstone Under Unloading Confining Pressure at High Temperatures [J]. Arabian Journal for Science & Engineering (43): 5283-5294.

MENG X X, LIU W T, MENG T, 2018. Experimental Investigation of Thermal Cracking and Permeability Evolution of Granite with Varying Initial Damage under High Temperature and Triaxial Compression[J]. Advances in Materials Science and Engineering (4):1-9.

MIAO S T, PAN P Z, ZHAO X G, et al., 2020. Experimental Study on Damage and Fracture Characteristics of Beishan Granite Subjected to High-temperature Treatment with DIC and AE Techniques[J]. Rock Mechanics and Rock Engineering(1-3):1-23.

MICHEL R, AMMAR M R, VéRON E, et al., 2014. Investigating the mechanism of phase transformations and migration in olivine at high temperature[J]. Rsc Advances, 4: 26645-26652.

MOLEN V D, 1981. The shift of the a-b transition temperature of quartz associated with the thermal expansion of granite at high pressure[J]. Tectonophsics, 73: 323-342.

NASSERI M H B, SCHUBNEL A, BENSON M P, et al., 2009. Common Evolution of Mechanical and Transport Properties in Thermally Cracked Westerly Granite at Elevated Hydrostatic Pressure[J]. Pure Appl. Geophys, 166: 927-948.

NASSERI M H B, SCHUBNEL A, YOUNG R P, 2007. Coupled evolutions of fracture toughness and elastic wave velocities at high crack density in thermally treated Westerly granite[J]. International Journal of Rock Mechanics & Mining Sciences, 44(4): 601-616.

NASSERI M H B, TATONE B S A, GRASSELLI G, et al., 2009. Fracture toughness and fracture roughness interrelationship in thermally treated westerly granite [J]. Pure Appl. Geophys., 166: 801-822.

NELSON D O, GUGGENHEIM S, 1993. Inferred limits to the oxidation of Fe in chlorites: a high-temperature single-crystal X-ray study[J]. American Mineralogist, 78: 1197-1207.

NI J, CHEN Y L, WANG P, et al., 2013. Experimental study on mechanical properties of heated granite under different cooling ways [J]. Advanced Materials Research, 774-776: 1281-1286.

PAVESE A, CURETTI N, DIELLA V, et al., 2007. P-V and T-V Equations of State of natural biotite: An in-situ high-pressure and high-temperature powder diffraction study, combined with Mössbauer spectroscopy[J]. American Mineralogist, 92:1158-1164.

PENG J, RONG G, CAI M, et al., 2015. A model for characterizing crack closure effect of rocks[J]. Engineering Geology, 189: 48-57.

PENG K, ZHANG J, ZUO Q L, et al., 2020. Deformation characteristics of granites at different unloading rates after high-temperature treatment[J]. Environmental Earth Sciences, 79: 343.

PENG K, LV H, ZOU Q L, et al., 2020. Evolutionary characteristics of mode-I fracture toughness and fracture energy in granite from different burial depths under high-temperature effect[J]. Engineering Fracture Mechanics, 239: 107306.

PIETRUSZCZAK S, LYDZBA D, SHAO J F, 2006. Modelling of deformation response and chemo-mechanical coupling in chalk[J]. International Journal for Numerical and Analytical Methods in Geomechanic, 30(10): 997-1018.

QIN Y, TIAN H, XU N X, et al., 2020. Physical and Mechanical Properties of Granite After High-Temperature Treatment[J]. Rock Mechanics and Rock Engineering, 53(1): 305-322.

RAO GMN, MURTHY CR, 2001. Dual role of microcracks: toughening and degradation[J]. Canadian Geotechnical Journal, 38(2): 427-440.

REINSCH T, DOBSON P, ASANUMA H, et al., 2017. Utilizing supercritical geothermal systems: a review of past ventures and ongoing research activities[J]. Geothermal Energy, 5:16.

RONG G, PENG J, CAI M, et al., 2018. Experimental investigation of thermal cycling effect on physical and mechanical properties of bedrocks in geothermal fields[J]. Applied Thermal Engineering, 141: 174-185.

RONG G, SONG S, LI B W, et al., 2021. Experimental investigation on physical and mechanical properties of granite subjected to cyclic heating and liquid nitrogen cooling[J]. Rock Mechanics and Rock Engineering, 54:2383-2403.

RU Z, ZHAO H, ZHU C, 2019. Probabilistic evaluation of drilling rate index based on a least square support vector machine and Monte Carlo simulation[J]. Bulletin of Engineering Geology and the Environment, 78:3111-3118.

SANDRINE P, FRANCOIS-DAVID V, PATRICK K N, et al., 2009. Chemical stimulation techniques for geothermal wells: experiments on the three-well EGS system at Soultz-sous-Forets, France[J]. Geothermics, 38: 349-359.

SCHMIDBAUER E, KUNZMANN T, FEHR T, et al., 2000. Electrical resistivity and 57 Fe Mössbauer spectra of Fe-bearing calcic amphiboles[J]. Physics and Chemistry of Minerals, 27:347-356.

SHANG X J, ZHENG Z Z, XU X L, et al., 2019. Mineral Composition, Pore

Structure, and Mechanical Characteristics of Pyroxene Granite Exposed to Heat Treatments[J]. Minerals, 9(9): 553.

SHAO S S, RANJITH P G, WASANTHA P L P, et al., 2015. Experimental and numerical studies on the mechanical behaviour of Australian Strathbogie granite at high temperatures: an approach to geothermal energy[J]. Goethermics, 54: 96-108.

SHI X C, GAO L Y, ZHU C, 2020. Effects of cyclic heating and water cooling on thephysical characteristics of granite[J]. Energies, 13(9):2136.

SIEGESMUND S, MOSCH S, SCHEFFZüK C, et al., 2008. The bowing potential of granitic rocks: rock fabrics, thermal properties and residual strain[J]. Environmental Geology, 55: 1437-1448.

SIRATOVICH P A, VILLENEUVE M C, COLE J W, et al., 2015. Saturated heating and quenching of three crustal rocks and implications for thermal stimulation of permeability in geothermal reservoirs[J]. International Journal of Rock Mechanics and Mining Sciences, 80: 562-280.

SOMERTON W H, 1992. Thermal Properties and Temperature-related Behavior of Rock/ Fluid Systems[M]. United States Elsevier:22-29.

SUN Q, ZHANG W Q, ZHU Y M, et al., 2019. Effect of High Temperatures on the Thermal Properties of Granite[J]. Rock Mechanics and Rock Engineering, 52(8): 2691-2699.

SUN Q, ZHANGD W Q, XUE L, 2015. Thermal damage pattern and thresholds of granite[J]. Environ Earth Sci, 74: 2341-2349.

TANG Z C, SUN M, PENG J, 2020. Influence of high temperature duration on physical, thermal and mechanical properties of a fine-grained marble[J]. Applied Thermal Engineering, 156: 34-50.

TANG Z C, ZHANG Y, 2020. Temperature-dependent peak shear-strength criterion for granite fractures[J]. Engineering Geology, 269(12): 105552.

TIAN H, MEI G, JIANG G S, et al, 2017. High-Temperature Influence on Mechanical Properties of Diorite[J]. Rock Mechanics and Rock Engineering, 50(6): 1661-1666.

TIAN W L, YANG S Q, ELSWORTH D, et al., 2020. Permeability evolution and crack characteristics in granite under treatment at high temperature [J]. International Journal of Rock Mechanics and Mining Sciences, 134:104461.

TUTTI F, DUBROVINSKY L S, NYGREN M, 2000. High-temperature study and thermal expansion of phlogopite[J]. Physics and Chemistry of Minerals, 27:599-603.

WANG F, FRUHWIRT T, KONIETZKY H, 2020. Influence of repeated heating on physical-mechanical properties and damage evolution of granite[J]. International Journal of Rock Mechanics & Mining Sciences, 136: 104514.

WANG P, YIN T, LI X, et al., 2019. Dynamic properties of thermally treated granite subjected to cyclic impact loading[J]. Rock Mech. Rock Eng. 52: 991-1010.

WANG Y, LIU B L, ZHU H Y, et al., 2014. Thermophysical and mechanical properties of granite and its effects on borehole stability in high temperature and three-dimensional stress[J]. The Scientific World Journal, (3-4): 650683.

WANG Z L, HE A, SHI G, et al., 2018. Temperature Effect on AE Energy Characteristics and Damage Mechanical Behaviors of Granite[J]. International Journal of Geomechanics, 18(3): 04017163.

WANG Z L, LI Y C, WANG J G, 2007. A damage-softening statistical constitutive model considering rock residual strength[J]. Computers and Geosciences, 33(1): 1-9.

WENG L, WU Z, LIU Q, 2020. Influence of heating/cooling cycles on the micro/macrocracking characteristics of Rucheng granite under unconfined compression [J]. Bulletin of Engineering Geology and the Environment, 79(3): 1289-1309.

WU Q, WENG L, ZHAO Y, et al., 2019b. On the tensile mechanical characteristics of fine-grained granite after heating/cooling treatments with different cooling rates[J]. Engineering Geology, 253: 94-110.

WU X G, HUANG Z W, CHENG Z, et al., 2019c. Effects of cyclic heating and LN2-cooling on the physical and mechanical properties of granite[J]. Appl. Therm. Eng. 156: 99-110.

WU X G, HUANG Z W, SONG H Y, et al., 2019a. Variations of physical and mechanical properties of heated granite after rapid cooling with liquid nitrogen[J]. Rock Mechanics and Rock Engineering, 52(7): 2123-2139.

XIE S J, LIN H, CHEN Y F, et al., 2020. A damage constitutive model for shear behavior of joints based on determination of the yield point[J]. International Journal of Rock Mechanics and Mining Sciences, 128: 104269.

XU X L, GAO F, SHEN X M, et al., 2008. Mechanical characteristics and microcosmic mechanisms of granite under temperature loads [J]. Journal of China University of Mining & Technology, 18(3):413-417.

XU X L, KARAKUS M, 2018. A coupled thermo-mechanical damage model for granite[J]. International Journal of Rock Mechanics & Mining Sciences, 103:195-204.

YAMANAKA T, HIRANO M, TAKEUCHI Y, 1985. A high temperature transition in MgGeO3 from clinopyroxene (C2/c) type to orthopyroxene (Pbca) type[J]. American Mineralogist, 70:365-374.

YANG S Q, RANJITH P G, JING H W, et al., 2017. An experimental investigation on thermal damage and failure mechanical behavior of granite after exposure to different high temperature treatments[J]. Geothermics, 65: 180-197.

YANG S Q, TIAN W L, ELSWORTH D, et al., 2020. An Experimental Study of Effect of High Temperature on the Permeability Evolution and Failure Response of Granite Under Triaxial Compression[J]. Rock Mechanics and Rock Engineering, 53(10): 4403-4427.

YARALI O, SOYER E, 2013. Assessment of relationships between drilling rate index and mechanical properties of rocks[J]. Tunnelling and Underground Space Technology, 33: 46-53.

YA YIN T B, SHU R H, LI X B, et al., 2016. Comparison of mechanical properties in high temperature and thermal treatment granite[J]. Transactions of Nonferrous Metals Society of China, 26(7): 1926-1937.

YIN T B, WU Y, WANG C, et al., 2020. Mixed-modeI+II tensile fracture analysis of thermally treated granite using straight-through notch Brazilian disc specimens[J]. Engineering Fracture Mechanics, 234: 107111.

YIN W T, FENG Z J, ZHAO Y S, 2021. Effect of Grain Size on the Mechanical Behaviour of Granite Under High Temperature and Triaxial Stresses[J]. Rock Mechanics and Rock Engineering, 54(2): 745-758.

YIN W T, ZHAO Y S, FENG Z J, 2020. Experimental research on the permeability of fractured-subsequently-filled granite under high temperature-high pressure and the application to HDR geothermal mining[J]. Renewable Energy, 153: 499-508.

YU P, PAN P Z, FENG G, et al., 2020. Physico-mechanical properties of granite after cyclic thermal shock[J]. Journal of Rock Mechanics and Geotechnical Engineering, 12: 693-706.

YU L, PENG H W, ZHANG Y, et al., 2021. Mechanical test of granite with multiple water-thermal cycles[J]. Geothermal Energy, 9: 2.

ZHANG B, TIAN H, DOU B, et al., 2021. Macroscopic and microscopic experimental research on granite properties after high-temperature and water-cooling cycles[J]. Geothermics, 93: 102079.

ZHANG F, ZHAO J, HU D, et al., 2018. Laboratory investigation on physical and mechanical properties of granite after heating and water-cooling treatment[J]. Rock Mechanics & Rock Engineering, 51: 677-694.

ZHANG F, ZHAO Y H, YU Y D, et al., 2020a. Influence of cooling rate on thermal degradation of physical and mechanical properties of granite[J]. International Journal of Rock Mechanics & Mining Sciences, 129: 104285.

ZHANG H M, MENG X Z, YANG G S, 2020c. A study on mechanical properties and damage model of rock subjected to freeze-thaw cycles and confining pressure[J]. Cold Regions Science and Technology, 174: 103056.

ZHANG H, GUO B Y, GAO D L, et al., 2016. Effects of rock properties and temperature differential in laboratory experiments on under balanced drilling[J]. International Journal of Rock Mechanics and Mining Sciences. 83: 248-251.

ZHANG W, QIAN H, SUN Q, CHEN Y H, 2015. Experimental study of the effect of high temperature on primary wave velocity and microstructure of limestone[J]. Environmental Earth Sciences, 74(7): 1-10.

ZHANG Z Y, MA B, RANJITH P G, et al., 2020b. Indications of risks in geothermal systems caused by changes in pore structure and mechanical properties of granite: an experimental study[J]. Bulletin of Engineering Geology and the Environment, 79: 5399-5414.

ZHAO X G, WANG J, CHEN F, et al., 2016. Experimental investigations on the thermal conductivity characteristics of Beishan granitic rocks for China's HLW disposal [J]. Tectonophysics, 683: 124-137.

ZHAO X G, ZHAO Z, GUO Z, et al., 2018a. Influence of thermal treatment on the thermal conductivity of Beishan granite[J]. Rock Mechanics and Rock Engineering, 51 (7): 2055-2074.

ZHAO X, WAN G, 2014. Current Situation and Prospect of China's Geothermal Resources[J]. Renewable and Sustainable Energy Reviews, 32: 651-661.

ZHAO Y S, WAN Z J, FENG Z J, et al., 2017. Evolution of mechanical properties of granite at high temperature and high pressure[J]. Geomechanics and Geophysics for Geo-Energy and Geo-Resources, 3(2): 199-210.

ZHAO Y, FENG Z, XI B, et al., 2015. Deformation and instability failure of borehole at high temperature and high pressure in Hot Dry Rock exploitation[J]. Renewable Energy, 77(1): 159-165.

ZHAO Z, LIU Z, PU H, et al., 2018b. Effect of thermal treatment on brazilian tensile strength of granites with different grain size distributions[J]. Rock Mechanics & Rock Engineering, 51(4): 1-11.

ZHU D, JING H, YIN Q, et al., 2018. Experimental study on the damage of granite by acoustic emission after cyclic heating and cooling with circulating water[J]. Processes, 6(8): 101.

ZHU D, JING H, YIN Q, et al., 2020. Mechanical characteristics of granite after heating and water-cooling cycles[J]. Rock Mech. Rock Eng., 53: 2015-2025.

ZHU S, ZHANG W Q, SUN Q, et al., 2017. Thermally induced variation of primary wave velocity in granite from Yantai: Experimental and modeling results[J]. International Journal of Thermal Sciences, 114: 320-326.

ZHU Z N, TIAN H, CHEN J, et al., 2020. Experimental investigation of thermal cycling effect on physical and mechanical properties of heated granite after water cooling [J]. Bulletin of Engineering Geology and the Environment, 79(5): 2457-2465.

ZHU Z N, TIAN H, JIANG G S, et al., 2020. Effects of high temperature on rock bulk density[J]. Geomechanics and Geoengineering(8):1-11.

ZHU Z N, TIAN H, MEI G, et al., 2020. Experimental investigation on physical and mechanical properties of thermal cycling granite by water cooling [J]. Acta Geotechnica, 15:1881-1893.

ZUO J P, XIE H P, ZHOU H W, et al., 2010. SEM in situ investigation on thermal cracking behaviour of Pingdingshan sandstone at elevated temperatures[J]. Geophysical Journal International, 181(2):593-603.

ZUO J P, WANG J T, SUN Y J, et al., 2017. Effects of thermal treatment on fracture characteristics of granite from Beishan, a possible high-level radioactive waste disposal site in China[J]. Engineering Fracture Mechanics, 182: 425-437.